Grundzüge der Konvexen Analysis

Oliver Stein

Grundzüge der
Konvexen Analysis

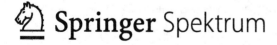 Springer Spektrum

Oliver Stein
Institut für Operations Research (IOR)
Karlsruher Institut für Technologie (KIT)
Karlsruhe, Baden-Württemberg, Deutschland

ISBN 978-3-662-62756-3   ISBN 978-3-662-62757-0   (eBook)
https://doi.org/10.1007/978-3-662-62757-0

Die Deutsche Nationalbibliothek verzeichnet diese Publikation in der Deutschen Nationalbibliografie;
detaillierte bibliografische Daten sind im Internet über http://dnb.d-nb.de abrufbar.

Planung/Lektorat: Annika Denkert
Springer Spektrum ist ein Imprint der eingetragenen Gesellschaft Springer-Verlag GmbH, DE und ist ein Teil
von Springer Nature.
Die Anschrift der Gesellschaft ist: Heidelberger Platz 3, 14197 Berlin, Germany

I learned very early the difference between knowing the name of something and knowing something.

(Richard P. Feynman)

Vorwort

Dieses Lehrbuch ist aus den Lecture Notes zu meiner Vorlesung „Konvexe Analysis" entstanden, die ich am Karlsruher Institut für Technologie seit 2014 regelmäßig halte. Die Adressaten dieser Vorlesung sind in erster Linie Studierende des Wirtschaftsingenieurwesens im Masterprogramm. Im vorliegenden Buch spiegelt sich dies darin wider, dass mathematische Sachverhalte zwar stringent behandelt, aber erheblich ausführlicher motiviert und illustriert werden als in einem Lehrbuch für einen rein mathematischen Studiengang. Das Buch richtet sich daher an Studierende, die mathematisch fundierte Verfahren in ihrem Studiengang verstehen und anwenden möchten, wie dies etwa in den Natur-, Ingenieur- und Wirtschaftswissenschaften der Fall ist. Da die ausführlichere Motivation naturgemäß auf Kosten des Stoffumfangs geht, beschränkt dieses Buch sich auf die Darstellung von *Grundzügen* der konvexen Analysis.

Gegenstand des Buchs ist die Untersuchung von Eigenschaften konvexer Funktionen und konvexer Mengen. Die Inhalte werden anhand der geometrisch leicht nachvollziehbaren Fragestellung entwickelt, wie sich Hindernismengen oder Verbotszonen modellieren lassen. Insbesondere wird uns interessieren, wie man Höchst- und Mindestabstände zu einem Hindernis garantieren kann. Dieses Beispiel ist dem Artikel [27] von O. Stein und P. Steuermann entnommen, in dem sich in teils verkürzter, teils auch allgemeinerer Form wichtige Aspekte dieses Buchs wiederfinden.

Eine große Stärke der konvexen Analysis besteht darin, dass sie ohne Differenzierbarkeitsvoraussetzungen an die beteiligten Funktionen auskommt, indem sie einen für konvexe Funktionen geeigneten verallgemeinerten Differenzierbarkeitsbegriff einführt. Dadurch bildet die konvexe Analysis den Grundpfeiler der nichtglatten Analysis, in der solche Differenzierbarkeitsbegriffe (unter höherem Aufwand) auch für allgemeinere Funktionenklassen betrachtet werden (für eine Einführung siehe z. B. [1]).

Da ein konvexes Optimierungsproblem durch eine konvexe Zielfunktion und eine konvexe zulässige Menge gegeben ist, lassen sich mit Hilfe der konvexen Analysis auch nichtdifferenzierbare konvexe Optimierungsprobleme untersuchen. Neben der Behandlung von Hindernisproblemen werden wir daher als zweite Anwendung auch einige grundlegende Resultate zur nichtglatten konvexen Optimierung herleiten.

In Kap. 1 führen wir zunächst das Hindernisproblem und die zur seiner Behandlung benutzte entropische Glättung sowie einige Grundlagen zu Konvexität ein. Kap. 2 zeigt, wie sich mit dem Konzept von globalen Fehlerschranken Höchstabstände zum Hindernis garantieren lassen. Die Berechnung der dafür benötigten Hoffman-Konstanten wird zunächst für den Fall eines differenzierbar konvex beschriebenen Hindernisses diskutiert. Kap. 3 untersucht im Anschluss, welche Glattheitseigenschaften allgemeine konvexe Funktionen besitzen und wann sich Hoffman-Konstanten auch für nichtdifferenzierbar konvex beschriebene Hindernisse angeben lassen.

Da die dabei entstehenden hinreichenden Bedingungen für die Existenz globaler Fehlerschranken umständlich zu handhaben sind, führt Kap. 4 schließlich als verallgemeinertes Ableitungskonzept das Subdifferential konvexer Funktionen ein und formuliert mit seiner Hilfe unter anderem übersichtliche hinreichende Bedingungen für die Existenz globaler Fehlerschranken sowie Formeln für die zugehörigen Hoffman-Konstanten.

Basierend auf diesen Überlegungen zeigt Kap. 5, wie sich durch die Ausnutzung von globalen Lipschitz-Abschätzungen und der Berechnung zugehöriger Lipschitz-Konstanten Mindestabstände zum Hindernis garantieren lassen. Dies komplettiert die Behandlung des Hindernisproblems. Das abschließende Kap. 6 diskutiert einige Ergebnisse, die sich durch die Anwendung der eingeführten Techniken auf nichtdifferenzierbare konvexe Optimierungsprobleme erzielen lassen.

Dieses Lehrbuch kann als Grundlage einer vierstündigen Vorlesung dienen. Es stützt sich teilweise auf Darstellungen der Autoren A. Bagirov, N. Karmitsa und M.M. Mäkelä [1], J. Borwein und A. Lewis [4], S. Boyd und L. Vandenberghe [5], O. Güler [8], J.-B. Hiriart-Urruty und C. Lemaréchal [10], B. Mordukhovich und N.M. Nam [16], R.T. Rockafellar [20] sowie R.T. Rockafellar und R.J.B. Wets [21]. Neben Grundkenntnissen in Analysis und linearer Algebra wird auch eine gewisse Vertrautheit mit der endlichdimensionalen nichtlinearen Optimierung vorausgesetzt. Zu Grundlagen der (glatten) konvexen und globalen Optimierung sei auf [24] verwiesen, zur (lokalen) nichtlinearen Optimierung auf [25] und zu allgemeinen Grundlagen der Optimierung auf [8, 18].

An dieser Stelle möchte ich Frau Dr. Annika Denkert vom Springer-Verlag herzlich für die Einladung danken, dieses Buch zu publizieren. Frau Bianca Alton und Frau Regine Zimmerschied danke ich für die sehr hilfreiche Zusammenarbeit bei der Gestaltung des Manuskripts. Ein großer Dank gilt außerdem meinem Mitarbeiter Dr. Robert Mohr sowie zahlreichen Studierenden, die mich während der Entwicklung dieses Lehrmaterials auf inhaltliche und formale Verbesserungsmöglichkeiten aufmerksam gemacht haben. Der vorliegende Text wurde in LaTeX2e gesetzt. Die Abbildungen stammen aus *Xfig* oder wurden als Ausgabe von *Matlab* erzeugt.

In kleinerem Schrifttyp gesetzter Text bezeichnet Material, das zur Vollständigkeit angegeben ist, beim ersten Lesen aber übersprungen werden kann.

Karlsruhe   Oliver Stein
im September 2020

Inhaltsverzeichnis

Entropische Glättung und Konvexität

1

Inhaltsverzeichnis

Dieses einführende Kapitel formuliert in Abschn. 1.1 das im Buch zentrale motivierende Beispiel eines Hindernisproblems und erklärt in Abschn. 1.2 das zu seiner Behandlung benutzte Konzept der entropischen Glättung. Grundlagen zu Konvexität und zu glatten konvexen Funktionen aus [24] wiederholen Abschn. 1.3 bzw. Abschn. 1.4. Mit diesen Hilfsmitteln weist Abschn. 1.5 wichtige Konvexitätseigenschaften der entropischen Glättung nach. Abschließend wiederholen Abschn. 1.6 und 1.7 aus [24, 25] das Konzept von Constraint Qualifications sowie Optimalitätsbedingungen erster Ordnung für glatte konvexe Probleme.

1.1   Das Beispiel der Mengenapproximation

Als durchgängiges Beispiel betrachten wir in diesem Lehrbuch die Behandlung von Hindernismengen. Der vorliegende Abschnitt erklärt die grundlegende Problematik, während formale Definitionen der auftretenden Begriffe später nachgeliefert werden.

Geometrische Hindernisse treten in vielen Anwendungen auf, etwa wenn ein Roboter auf seinem Weg durch eine Werkshalle nicht mit stationären Einrichtungen kollidieren oder wenn ein Flugzeug ein Bergmassiv oder ein Schlechtwettergebiet umfliegen soll (Abb. 1.1). Optimierungsprobleme entstehen daraus zum Beispiel, wenn die Trajektorien von Roboter oder Flugzeug kürzestmöglich gewählt werden sollen. Weitere Anwendungen sind Probleme

O. Stein, *Grundzüge der Konvexen Analysis*,
https://doi.org/10.1007/978-3-662-62757-0_1

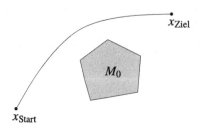

Abb. 1.1 Trajektorie um ein Hindernis herum

der optimalen Standortplanung [17], bei denen gewisse Bereiche für den Standort als Verbotszone ausgeschlossen sind (Abb. 1.2). Hindernismengen wie in diesen Beispielen werden wir mit M_0 bezeichnen. In Abb. 1.1 und 1.2 liegen sie im $\mathbb{R}^2$, im Allgemeinen werden wir aber $M_0 \subseteq \mathbb{R}^n$ mit $n \in \mathbb{N}$ zulassen.

Häufig lässt sich ein Hindernis durch endlich viele stetig differenzierbare konvexe oder sogar lineare Funktionen $g_i : \mathbb{R}^n \to \mathbb{R}$, $i \in I = \{1, \ldots, p\}$, mit $p \in \mathbb{N}$ als

$$M_0 = \{x \in \mathbb{R}^n |\, g_i(x) \leq 0, \ i \in I\}$$

beschreiben. Da Differenzierbarkeit in diesem Lehrbuch wie angekündigt keine wesentliche Rolle spielt, können wir M_0 auch mit Hilfe einer einzigen (allerdings im Allgemeinen nichtglatten) Funktion beschreiben: Mit dem punktweisen Maximum $g_0(x) := \max_{i \in I} g_i(x)$ für $x \in \mathbb{R}^n$ gilt

$$M_0 = \{x \in \mathbb{R}^n |\, g_0(x) \leq 0\}.$$

Unter unseren Voraussetzungen sind die Funktion g_0 und damit die Hindernismenge M_0 konvex. Dies scheint eine günstige Eigenschaft zu sein, denn zum Beispiel Optimierungsprobleme mit konvexen zulässigen Mengen und Zielfunktionen sind häufig erheblich einfacher zu lösen als nichtkonvexe Probleme [24]. Allerdings fungiert die Menge M_0 hier gerade *nicht* als Menge von zulässigen Punkten, sondern als Menge von *un*zulässigen Punkten. Die Trajektorie in Abb. 1.1 muss zum Beispiel komplett außerhalb von M_0 liegen, und auch der optimale Standort in Abb. 1.2 muss außerhalb der konvexen Verbotszone liegen. Die Menge

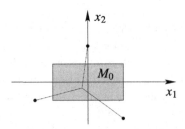

Abb. 1.2 Standortproblem mit Verbotszone

der zulässigen Punkte lautet also

$$M_0^c = \{x \in \mathbb{R}^n \mid g_0(x) > 0\}$$

und kann damit als „$\mathbb{R}^n$ mit einem konvexen Loch" aufgefasst werden. Bis auf einige Spezialfälle ist M_0^c also selbst *keine* konvexe Menge. Da auf $\mathbb{R}^n$ konvexe Funktionen stetig sind, ist M_0^c außerdem eine *offene* Menge.

1.1.1 Übung   Geben Sie für $p = 1$ eine differenzierbare konvexe Funktion g_1 an, bei der sowohl M_0 als auch M_0^c nichtleer und konvex sind.

1.1.2 Bemerkung   In Anwendungen lässt sich ein nichtkonvexes Hindernis M_0 häufig per Vereinigung endlich vieler konvexer Mengen

$$M_0^k = \{x \in \mathbb{R}^n \mid g_0^k(x) \le 0\}, \quad k = 1, \dots, K,$$

als $M_0 = \bigcup_{k=1}^K M_0^k$ beschreiben, worauf wir im Folgenden nicht weiter eingehen. Wir halten lediglich fest, dass diese *disjunktive* Struktur des Hindernisses zu einer *konjunktiven* Struktur der zulässigen Menge führt, nämlich

$$M_0^c = \bigcap_{k=1}^K (M_0^k)^c = \{x \in \mathbb{R}^n \mid g_0^k(x) > 0, \ k = 1, \dots, K\}.$$

Die für die Anwendung von Algorithmen der nichtlinearen Optimierung [25] störende Offenheit der zulässigen Menge M_0^c beheben wir vorerst dadurch, dass wir sie zur Menge

$$\{x \in \mathbb{R}^n \mid g_0(x) \ge 0\}$$

vergrößern (wobei wir diese Konstruktion später durch eine andere ersetzen und daher hier die unterschiedlichen Geometrien der Mengen $\{x \in \mathbb{R}^n \mid g_0(x) > 0\}$ und $\{x \in \mathbb{R}^n \mid g_0(x) \ge 0\}$ nicht weiter diskutieren).

Im Fall $p > 1$ tritt allerdings ein weiteres Problem auf. Falls nämlich ein Hindernis M_0 so detailliert modelliert werden soll, dass zumindest zwei glatte konvexe Funktionen g_i, $i \in I$, für seine Beschreibung erforderlich sind, dann ist die Menge

$$\{x \in \mathbb{R}^n \mid g_0(x) \ge 0\} = \{x \in \mathbb{R}^n \mid g_1(x) \ge 0 \text{ oder } \dots \text{ oder } g_p(x) \ge 0\}$$

disjunktiv beschrieben. Für solche Oder-Verknüpfungen der die zulässige Menge beschreibenden Funktionen sind die Algorithmen der nichtlinearen Optimierung nicht ausgelegt.

Im Gegensatz dazu gilt im Fall $p = 1$ wegen $g_0 = g_1$, dass die Menge $\{x \in \mathbb{R}^n \mid g_1(x) \ge 0\}$ zwar nichtkonvex, aber wenigstens durch eine einzige glatte Funktion beschrieben ist. In einigen Anwendungen sind die Hindernisse so einfach geformt oder so klein, dass sie sich tatsächlich mit einer einzigen glatten Funktion beschreiben lassen, im $\mathbb{R}^2$ zum Beispiel als Kreisscheiben oder Ellipsen. Verfahren der nichtlinearen Optimierung finden für die Optimierung einer glatten Zielfunktion unter der glatten, aber nichtkonvexen Nebenbedingung

$g_1(x) \geq 0$ dann zumindest lokale Optimalpunkte (dass die Berechnung *globaler* Minimal-punkte erheblich aufwendiger wäre, lässt sich auch bei unserem später vorgestellten Ansatz nicht vermeiden, da Nichtkonvexität eine intrinsische Eigenschaften von Hindernisproble-men ist).

Für den Fall $p > 1$ stellt sich nun die Frage, ob es eine Möglichkeit gibt, das Hinder-nis M_0 nicht durch die Funktion g_0 mit Maximumstruktur, sondern alternativ durch eine einzelne glatte Funktion $\widetilde{g}$ zu beschreiben, um zumindest die Disjunktivität der Beschrei-bung der Obermenge $\{x \in \mathbb{R}^n \,|\, g_0(x) \geq 0\}$ von M_0^c zu eliminieren. Dies ist zwar möglich (Übung 1.1.3), aber nur um den Preis der Degenerierung dieser funktionalen Beschreibung.

Aus algorithmischer Sicht und aus Stabilitätsgründen wäre es nämlich wünschenswert, dass die Lineare-Unabhängigkeits-Bedingung (LUB; vgl. [25] und Abschn. 1.6) überall in $M_0 = \{x \in \mathbb{R}^n \,|\, \widetilde{g}(x) \leq 0\}$ (und damit auch in $\{x \in \mathbb{R}^n \,|\, \widetilde{g}(x) \geq 0\}$) gilt, dass aus $\widetilde{g}(x) = 0$ für den Gradienten von $\widetilde{g}$ also stets $\nabla \widetilde{g}(x) \neq 0$ folgt. Da unter dieser Bedingung der Rand von M_0 allerdings überall glatt wäre (als Folgerung aus dem Satz über implizite Funktionen [9]), ist eine solche Beschreibung für $p > 1$ üblicherweise unmöglich.

1.1.3 Übung Für $a \in \mathbb{R}$ sei $a^+ := \max\{0, a\}$ die *Plusfunktion*, die jeder Zahl $a \in \mathbb{R}$ ihren nichtnegativen Anteil zuordnet. Zeigen Sie, dass die Funktion

$$\widetilde{g}(x) := \sum_{i \in I} (g_i^+(x))^2$$

auf $\mathbb{R}^n$ stetig differenzierbar ist und dass $M_0 = \{x \in \mathbb{R}^n \,|\, \widetilde{g}(x) \leq 0\}$ gilt. Zeigen Sie außerdem, dass aber an jedem $x \in \mathbb{R}^n$ mit $\widetilde{g}(x) = 0$ auch $\nabla \widetilde{g}(x) = 0$ gilt.

Um für $p > 1$ eine disjunktive Struktur der zulässigen Menge zu vermeiden, sind wir also gezwungen, die Menge M_0 durch glatt beschriebene Mengen zu *approximieren*. Dazu wer-den wir die Funktion g_0 *glätten*. Genauer gesagt führen wir mit einem Glättungsparameter $t > 0$ glatte konvexe Funktionen g_t ein, die die Funktion g_0 für $t \searrow 0$ beliebig genau approximieren. Dies sorgt dafür, dass die durch g_t beschriebenen Mengen

$$M_t = \{x \in \mathbb{R}^n \,|\, g_t(x) \leq 0\}, \quad t > 0,$$

das Hindernis M_0 für $t \searrow 0$ beliebig genau approximieren. Als Approximation der zulässigen Menge benutzen wir dann die abgeschlossenen, aber nichtkonvexen Mengen $\{x \in \mathbb{R}^n \,|\, g_t(x) \geq 0\}$, $t > 0$, für die wir auch die LUB nachweisen können.

Eine solche Approximation birgt natürlich das Risiko, dass M_t für $t > 0$ nicht alle Punkte von M_0 abdeckt, was zu Kollisionen mit dem Hindernis führen würde. Wir konstruieren g_t daher so, dass $M_0 \subseteq M_t$ für alle $t > 0$ gilt (Abb. 1.3), dass die Mengen M_t also konvexe Relaxierungen von M_0 bilden [24]. Außerdem werden die Mengen M_t, $t > 0$, „ineinander-verschachtelt" sein, also die Monotonieeigenschaft $M_{t_1} \subseteq M_{t_2}$ für $t_1 \leq t_2$ besitzen.

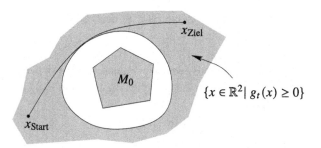

Abb. 1.3 Trajektorie um ein geglättetes Hindernis herum

Für die praktische Einsetzbarkeit dieses Ansatzes sind Abstandsmessungen erforderlich. Einerseits sollte nämlich t so gewählt werden, dass M_t „nicht viel größer" als M_0 ist, und andererseits wäre ein „Sicherheitsabstand" zwischen beiden Mengen wünschenswert.

Die erste Forderung bezieht sich auf den *Approximationsfehler* zwischen den Mengen, der durch ihren *Exzess* $\mathrm{ex}(M_t, M_0)$ beschrieben wird. Um ihn formal zu definieren, erinnern wir daran [24], dass $\mathrm{dist}(a, B) := \inf_{b \in B} \|b - a\|_2$ den euklidischen Abstand eines Punkts $a \in \mathbb{R}^n$ von der Menge $B \subseteq \mathbb{R}^n$ bezeichnet. Der Exzess von $A \subseteq \mathbb{R}^n$ über B ist als maximaler euklidischer Abstand von Punkten aus A zu B definiert, also als

$$\mathrm{ex}(A, B) := \sup_{a \in A} \mathrm{dist}(a, B).$$

Für einen vorgeschriebenen Approximationsfehler $\varepsilon > 0$ ist man also an einer Schranke $\delta > 0$ interessiert, mit der $\mathrm{ex}(M_t, M_0) \leq \varepsilon$ für alle $t \in [0, \delta]$ gilt (Abb. 1.4). Während die bloße *Existenz* einer solchen Schranke in unserem Ansatz nicht schwer zu sehen sein wird, werden wir mit einigem Aufwand außerdem eine Formel für ihre *Berechnung* angeben, wodurch dieses Resultat praktisch anwendbar wird.

1.1.4 Übung Für zwei Mengen $A, B \subseteq \mathbb{R}^n$ heißt

$$H(A, B) := \max\left(\mathrm{ex}(A, B), \mathrm{ex}(B, A)\right)$$

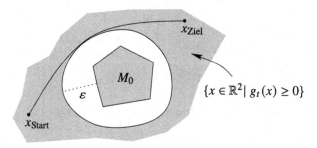

Abb. 1.4 Approximationsfehler ε der Glättung

Hausdorff-Abstand zwischen A und B. Zeigen Sie für den Fall $\emptyset \neq B \subseteq A$ die Beziehung $H(A, B) = \mathrm{ex}(A, B)$.

Die Forderung eines Sicherheitsabstands zwischen M_0 und M_t lässt sich mittels einer Unterschranke $\sigma > 0$ für den minimalen Abstand zwischen M_0 und dem Rand *(boundary)* bd M_t von M_t modellieren, also als

$$\inf_{x \in \mathrm{bd}\, M_t} \mathrm{dist}(x, M_0) \geq \sigma$$

(Abb. 1.5).

Im Gegensatz zur Einhaltung des Approximationsfehlers muss t nun offenbar hinreichend *groß* sein, wir benötigen also eine Unterschranke $\tau > 0$ an t, so dass $\inf_{x \in \mathrm{bd}\, M_t} \mathrm{dist}(x, M_0) \geq \sigma$ für alle $t \geq \tau$ gilt. Wiederum werden wir nicht nur die Existenz einer solchen Unterschranke τ zeigen können, sondern auch eine Formel für ihre Berechnung herleiten. Aus geometrischen Überlegungen heraus ist klar, dass sich Sicherheitsabstände σ und Approximationsfehler ε gleichzeitig nur für $\sigma \leq \varepsilon$ realisieren lassen.

1.1.5 Übung Zeigen Sie formal, dass für nichtleere abgeschlossene Mengen M_0, M_t und bd M_t die Bedingungen $\mathrm{ex}(M_t, M_0) \leq \varepsilon$ und $\inf_{x \in \mathrm{bd}\, M_t} \mathrm{dist}(x, M_0) \geq \sigma$ die Relation $\sigma \leq \varepsilon$ nach sich ziehen.

Wir können als Arbeitsprogramm für dieses Lehrbuch nun zusammenfassen, dass wir für das Hindernis M_0 *sichere, glatte und konvexe äußere Approximationen* suchen. Genauer formuliert sind dies Mengen

$$M_t = \{x \in \mathbb{R}^n \mid g_t(x) \leq 0\}$$

mit einem Glättungsparameter $t > 0$, so dass die folgenden Eigenschaften (P1) bis (P8) gelten:

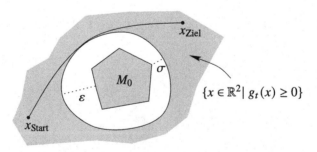

Abb. 1.5 Approximationsfehler ε und Sicherheitsabstand σ der Glättung

- $g_t : \mathbb{R}^n \to \mathbb{R}$ ist stetig differenzierbar für alle $t > 0$. (P1)

- $g_t : \mathbb{R}^n \to \mathbb{R}$ ist konvex für alle $t > 0$. (P2)

- Für alle $t > 0$ gilt die LUB überall in M_t. (P3)

- Für alle $0 < t_1 \leq t_2$ gilt $M_0 \subseteq M_{t_1} \subseteq M_{t_2}$. (P4)

- Für alle $\varepsilon > 0$ existiert ein $\delta > 0$ (P5)

  mit $\mathrm{ex}(M_t, M_0) \leq \varepsilon$ für alle $t \in (0, \delta]$.

- Zu gegebenem ε in (P5) lässt sich ein δ explizit berechnen. (P6)

- Für alle hinreichend kleinen $\sigma \leq \varepsilon$ existiert ein $\tau > 0$ (P7)

  mit $\displaystyle\inf_{x \in \mathrm{bd}\, M_t} \mathrm{dist}(x, M_0) \geq \sigma$ für alle $t \in [\tau, \delta]$.

- Zu gegebenem σ in (P7) lässt sich ein τ explizit berechnen. (P8)

Die Bedingungen (P1) bis (P8) stellen sicher, dass Intervallgrenzen τ und δ berechenbar sind, so dass für jedes $t \in [\tau, \delta]$ die Menge $M_t = \{x \in \mathbb{R}^n \mid g_t(x) \leq 0\}$ eine sichere, glatte und konvexe äußere Approximation an M_0 darstellt. Mit dem im folgenden Abschnitt vorgestellten Konzept der entropischen Glättung gelingt es uns schon im vorliegenden Kapitel, die Forderungen (P1) bis (P4) zu erfüllen.

Der Nachweis der Eigenschaften (P5) und (P6) erfordert hingegen die Einführung von Techniken der konvexen Analysis, was Kap. 2, 3 und 4 übernehmen. Kap. 5 zeigt danach, wie sich außerdem die Bedingungen (P7) und (P8) erfüllen lassen.

1.2 Entropische Glättung

Dieser Abschnitt führt eine explizite Möglichkeit ein, beliebig genaue glatte Approximationen g_t, $t > 0$, der Funktion g_0 zu konstruieren. Dass sie die beiden Eigenschaften (P1) und (P4) erfüllen, sehen wir bereits im vorliegenden Abschnitt.

Die Grundidee dieses Glättungsansatzes besteht darin, dass die Funktion

$$g_0(x) = \max_{i=1,\dots,p} g_i(x)$$

als verkettete Funktion aufgefasst werden kann, deren innere Funktionen g_i ohnehin stetig differenzierbar sind und deren äußere Funktion der Maximierungsoperator ist. Zu glätten ist demnach nur der Maximierungsoperator, denn die Verkettung stetig differenzierbarer Funktionen ist wieder stetig differenzierbar.

Formal schreiben wir dies auf, indem wir die Funktion $\varphi : \mathbb{R}^p \to \mathbb{R}$ mit

$$\varphi(a) := \max\{a_1, \dots, a_p\}$$

einführen, um den Maximierungsoperator darzustellen. Mit ihr können wir g_0 durch $g_0(x) = \varphi(g_1(x), \ldots, g_p(x))$ als verkettete Funktion schreiben. Wenn wir noch die vektorwertige Funktion $g : \mathbb{R}^n \to \mathbb{R}^p$ durch

$$g(x) := \begin{pmatrix} g_1(x) \\ \vdots \\ g_p(x) \end{pmatrix}$$

definieren, verkürzt sich diese Darstellung sogar zu $g_0 = \varphi \circ g$.

Die oben skizzierte Idee besteht expliziter nun darin, die nichtglatte Funktion φ durch stetig differenzierbare Funktionen φ_t, $t > 0$, zu approximieren und

$$g_t := \varphi_t \circ g, \quad t > 0,$$

zu setzen. Die Funktionen g_t, $t > 0$, sind dann sicherlich stetig differenzierbar, womit die Forderung (P1) erfüllt wäre.

Es bleibt zu klären, wie sich der Maximierungsoperator φ glätten lässt. Für die *zweistellige* Maximierung (d. h. für $p = 2$) gibt es dafür diverse Ansätze [27], die sich prinzipiell durch Verschachtelung auf unser Problem anwenden ließen. Falls nämlich ψ_t eine Glättung des zweistelligen Maximierungsoperators $\psi(a, b) = \max\{a, b\}$ ist, dann ist $\psi_t(a, \psi_t(b, c))$ eine Glättung des dreistelligen Maximierungsoperators $\max\{a, b, c\} = \max\{a, \max\{b, c\}\}$, usw. Diese Verschachtelungen erweisen sich allerdings als ineffizient und unübersichtlich.

Für $p \geq 2$ ist stattdessen eine gängige Möglichkeit, den p-stelligen Maximierungsoperator zu glätten, die *entropische Glättung*. Die zugehörige Glättungsfunktion, die wir für den Rest dieses Buchs in dieser bzw. später in leicht modifizierter Form benutzen werden, lautet

$$\varphi_t(a) := t \log \left(\sum_{i=1}^p \exp(a_i/t) \right)$$

mit $t > 0$. Die approximierenden Mengen des Hindernisses M_0 sind entsprechend

$$M_t = \{x \in \mathbb{R}^n \mid g_t(x) \leq 0\}, \quad t > 0,$$

mit

$$g_t(x) = (\varphi_t \circ g)(x) = \varphi_t(g(x)) = t \log \left(\sum_{i=1}^p \exp(g_i(x)/t) \right).$$

Da φ_t beliebig oft differenzierbar ist, folgt zumindest die stetige Differenzierbarkeit von g_t sofort, also (P1).

1.2.1 Bemerkung Die Terminologie „entropische Glättung" geht auf folgenden Ansatz zur Herleitung der Funktionen φ_t, $t > 0$, zurück (s. [15] für weitere Einzelheiten). Man stellt zunächst fest, dass $\varphi(a)$ als Optimalwertfunktion des vom Parameter a abhängigen linearen Optimierungsproblems

$$P_0(a): \quad \max_{\lambda \in \mathbb{R}^p} \sum_{i=1}^{p} \lambda_i a_i \quad \text{s.t.} \quad \sum_{i=1}^{p} \lambda_i = 1, \ \lambda \geq 0,$$

aufgefasst werden kann. Dies folgt sofort aus dem Eckensatz der linearen Optimierung [18]. Die zulässigen Punkte $\lambda \in \mathbb{R}^p$ von $P_0(a)$ lassen sich ferner als diskrete Wahrscheinlichkeiten und die Zielfunktion von $P_0(a)$ als ein zugehöriger Erwartungswert interpretieren. Geht man nun nach dem zum Beispiel aus der Stochastik bekannten Prinzip der Entropiemaximierung vor, dann sind die Wahrscheinlichkeiten dafür, dass a_i mit $\varphi(a)$ übereinstimmt, so zu wählen, dass ihre (Shannon'sche) Entropie $-\sum_{i=1}^{p} \lambda_i \log(\lambda_i)$ maximiert wird, dass sie also möglichst wenig A-priori-Information enthalten. Es sei darauf hingewiesen, dass sich für jedes $i \in \{1, \ldots, p\}$ die für $\lambda_i > 0$ definierte Funktion $\lambda_i \log(\lambda_i)$ durch den Wert null stetig auf $\lambda_i = 0$ fortsetzen lässt.

Durch einen Skalarisierungsansatz mit Gewicht $t > 0$ kombinieren wir nun beide Zielfunktionen und erhalten die Optimierungsprobleme

$$P_t(a): \quad \max_{\lambda \in \mathbb{R}^p} \sum_{i=1}^{p} \lambda_i a_i - t \sum_{i=1}^{p} \lambda_i \log(\lambda_i) \quad \text{s.t.} \quad \sum_{i=1}^{p} \lambda_i = 1, \ \lambda \geq 0,$$

mit $t > 0$. Für jedes $t > 0$ und $a \in \mathbb{R}^p$ berechnet man als eindeutigen Optimalpunkt von $P_t(a)$ den Vektor $\lambda(t, a)$ mit

$$\lambda_i(t, a) = \frac{\exp(a_i/t)}{\sum_{i=1}^{p} \exp(a_i/t)}, \quad i \in I.$$

Als zugehörige Optimalwertfunktion ergibt sich genau die Funktion $\varphi_t(a)$, d. h., es gilt

$$\varphi_t(a) = t \log\left(\sum_{i=1}^{p} \exp(a_i/t) \right) = \sum_{i=1}^{p} \lambda_i(t, a) a_i - t \sum_{i=1}^{p} \lambda_i(t, a) \log(\lambda_i(t, a)).$$

1.2.2 Übung Zeigen Sie, dass für $a \in \mathbb{R}^p$ und $t > 0$ Optimalpunkt und Optimalwert des Problems $P_t(a)$ aus Bemerkung 1.2.1 tatsächlich so lauten wie dort angegeben.

1.2.3 Übung Zeigen Sie, dass das Problem

$$P_\infty: \quad \max_{\lambda \in \mathbb{R}^p} -\sum_{i=1}^{p} \lambda_i \log(\lambda_i) \quad \text{s.t.} \quad \sum_{i=1}^{p} \lambda_i = 1, \ \lambda \geq 0$$

den Optimalpunkt $\lambda = p^{-1} e$ und den Optimalwert $\log(p)$ besitzt, wobei e den Einservektor im $\mathbb{R}^p$ bezeichnet.

Das folgende Lemma ist grundlegend für die gewünschten Eigenschaften der entropischen Glättung.

1.2.4 Lemma *Für alle $t > 0$ und $a \in \mathbb{R}^p$ gilt*

$$0 \leq \varphi_t(a) - \varphi(a) \leq t \log(p).$$

Beweis Indem wir $\varphi(a)$ „künstlich kompliziert" als $t \log\left(\exp(\varphi(a)/t)\right)$ schreiben, erhalten wir

$$\varphi_t(a) - \varphi(a) \; = \; t \log\left(\sum_{i=1}^{p} \exp(a_i/t)\right) - t \log\left(\exp(\varphi(a)/t)\right) \; = \; t \log\left(\sum_{i=1}^{p} \exp\left(\frac{a_i - \varphi(a)}{t}\right)\right).$$

Da für alle $i \in I$ wegen $a_i \leq \varphi(a)$

$$\exp\left(\frac{a_i - \varphi(a)}{t}\right) \; \leq \; 1$$

gilt, folgt

$$t \log\left(\sum_{i=1}^{p} \exp\left(\frac{a_i - \varphi(a)}{t}\right)\right) \; \leq \; t \log(p).$$

Andererseits muss für mindestens ein $j \in \{1, \ldots, p\}$ die Gleichheit $a_j = \varphi(a)$ gelten, woraus

$$\sum_{i=1}^{p} \exp\left(\frac{a_i - \varphi(a)}{t}\right) \; \geq \; \exp\left(\frac{a_j - \varphi(a)}{t}\right) \; = \; 1$$

und damit

$$t \log\left(\sum_{i=1}^{p} \exp\left(\frac{a_i - \varphi(a)}{t}\right)\right) \; \geq \; t \log(1) \; = \; 0$$

folgt.   □

Lemma 1.2.4 liefert unter anderem die Approximationseigenschaft der Funktionen φ_t für den Maximierungsoperator.

1.2.5 Satz *Die entropischen Glättungsfunktionen φ_t, $t > 0$, konvergieren punktweise gegen den Maximierungsoperator φ, d. h., für alle $a \in \mathbb{R}^p$ gilt*

$$\lim_{t \searrow 0} \varphi_t(a) \; = \; \varphi(a) \; = \; \max\{a_1, \ldots, a_p\}.$$

Beweis Zu gegebenem $a \in \mathbb{R}^p$ gilt nach Lemma 1.2.4 für alle $t > 0$

$$0 \; \leq \; |\varphi_t(a) - \varphi(a)| \; = \; \varphi_t(a) - \varphi(a) \; \leq \; t \log(p),$$

woraus die Behauptung per Sandwich-Theorem folgt.   □

1.2.6 Beispiel

Wir betrachten die entropische Glättung der Box $M_0 = [-2, 2] \times [-1, 1]$ aus Abb. 1.2. Sie lässt sich durch die vier linearen Ungleichungsfunktionen

$$g_1(x) = x_1 - 2,$$
$$g_2(x) = x_2 - 1,$$
$$g_3(x) = -x_1 - 2,$$
$$g_4(x) = -x_2 - 1$$

beschreiben. Insbesondere gilt $p = 4$. Abb. 1.6 zeigt den Rand der Box gemeinsam mit den Rändern der Mengen M_t, $t \in \{0.1, 0.5, 0.9, 0.99\}$. Es zeigt sich, dass die Mengen M_t zwar glatt beschrieben sind und die Mengenkonvergenzeigenschaft $\lim_{t \searrow 0} \mathrm{ex}(M_0, M_t) = 0$ zu besitzen scheinen, allerdings erfolgt diese Konvergenz leider von *innen*. Diese Glättung liefert also *nicht* die in (P4) gewünschte äußere Approximation. ◄

Der in Beispiel 1.2.6 beobachtete Effekt ist nicht überraschend, wenn man sich überlegt, dass aus der unteren Abschätzung in Lemma 1.2.4 die Ungleichung $\varphi(a) \leq \varphi_t(a)$ für alle $a \in \mathbb{R}^p$ und $t > 0$ folgt. Sie impliziert $g_0(x) = \varphi(g(x)) \leq \varphi_t(g(x)) = g_t(x)$ für alle $x \in \mathbb{R}^n$ und damit $M_t \subseteq M_0$ für alle $t > 0$. Abb. 1.7 illustriert das entsprechende Verhalten der Funktionen aus Beispiel 1.2.6 .

Für unsere Zwecke wäre eine Funktion φ_t besser geeignet, die für alle $a \in \mathbb{R}^p$ und $t > 0$ die Ungleichung $\varphi(a) \geq \varphi_t(a)$ erfüllt, weil daraus analog $M_t \supseteq M_0$ für alle $t > 0$ folgen würde. Eine solche Funktion erhalten wir zum Glück aus der oberen Abschätzung in Lemma 1.2.4 durch die Modifikation

$$\varphi_{t,r}(a) := \varphi_t(a) - tr \log(p) = t \log \left(\sum_{i=1}^{p} \exp(a_i/t) \right) - tr \log(p)$$

Abb. 1.6 Glättung einer Box von innen

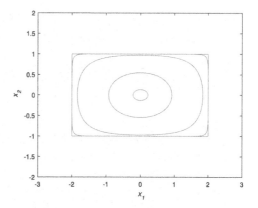

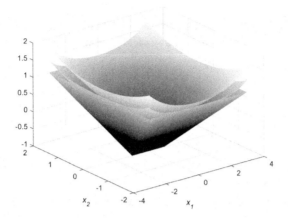

Abb. 1.7 Funktionen g_t, $t \in \{0, 0.5, 1\}$ in Beispiel 1.2.6

von φ_t mit $r \geq 1$ (wobei die Möglichkeit, Parameterwerte $r > 1$ wählen zu können, erst in Kap. 5 relevant wird). Nach Lemma 1.2.4 gilt für diese Funktion die Einschließung

$$0 \leq t(r-1)\log(p) \leq \varphi(a) - \varphi_{t,r}(a) \leq tr\log(p) \qquad (1.1)$$

für alle $a \in \mathbb{R}^p$, $t > 0$ und $r \geq 1$, wobei die erste Ungleichung wegen $p \geq 1$ gültig ist. Daraus folgt wie in Satz 1.2.5 für jedes $r \geq 1$ die punktweise Konvergenz der Funktionen $\varphi_{t,r}$, $t > 0$, gegen den Maximierungsoperator.

Wir definieren für $x \in \mathbb{R}^n$, $t > 0$ und $r \geq 1$

$$g_{t,r}(x) := \varphi_{t,r}(g(x))$$

sowie

$$M_{t,r} := \{x \in \mathbb{R}^n \mid g_{t,r}(x) \leq 0\}.$$

Aus (1.1) ergibt sich das folgende Lemma.

1.2.7 Lemma *Für alle $t > 0$, $r \geq 1$ und $x \in \mathbb{R}^n$ gilt*

$$0 \leq t(r-1)\log(p) \leq g_0(x) - g_{t,r}(x) \leq tr\log(p).$$

Lemma 1.2.7 impliziert insbesondere für alle $t > 0$, $r \geq 1$ und $x \in \mathbb{R}^n$ die Abschätzung $g_{t,r}(x) \leq g_0(x)$. Dies liefert die gewünschte *äußere* Approximation $M_0 \subseteq M_{t,r}$ für alle $t > 0$ und $r \geq 1$.

1.2.8 Beispiel

Für die Situation aus Beispiel 1.2.6 zeigt Abb. 1.8 den Rand der Box M_0 gemeinsam mit den Rändern der Mengen $M_{t,1}, t \in \{0.1, 0.5, 0.9, 0.99\}$. Im Gegensatz zu Beispiel 1.2.6 entstehen jetzt *äußere* Approximationen, die sich für $t \searrow 0$ auf die Box M_0 „zusammen-ziehen". Formaler ausgedrückt scheint $\lim_{t \searrow 0} \mathrm{ex}(M_{t,1}, M_0) = 0$ zu gelten, also (P5). Abb. 1.9 illustriert außerdem das entsprechende Verhalten der Funktionen. ◄

Um auch die Verschachtelungseigenschaft aus (P4), also $M_{t_1,r} \subseteq M_{t_2,r}$ für alle $0 < t_1 \leq t_2$ und $r \geq 1$ nachzuweisen, benutzen wir das folgende Lemma.

1.2.9 Lemma *Für jedes $a \in \mathbb{R}^p$ und $r \geq 1$ ist $\varphi_{t,r}(a)$ monoton fallend in t.*

Beweis Wir zeigen $\frac{d}{dt}\varphi_{t,r}(a) \leq 0$ für alle $t > 0$. Tatsächlich gilt zunächst

$$\frac{d}{dt}\varphi_{t,r}(a) = \frac{d}{dt}\varphi_t(a) - r\log(p)$$

$$= \log\left(\sum_{i=1}^{p}\exp\left(\frac{a_i}{t}\right)\right) + t\left(\sum_{i=1}^{p}\exp\left(\frac{a_i}{t}\right)\right)^{-1}\left(\sum_{i=1}^{p}\left(-\frac{a_i}{t^2}\right)\exp\left(\frac{a_i}{t}\right)\right) - r\log(p)$$

$$= \frac{1}{t}\left(\varphi_t(a) - \sum_{i=1}^{p}\lambda_i(t,a)\,a_i\right) - r\log(p)$$

mit den in Bemerkung 1.2.1 definierten Funktionen $\lambda_i(t,a), i \in I$. Die von dort bekannte Beziehung

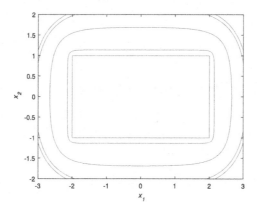

Abb. 1.8 Glättung einer Box von außen

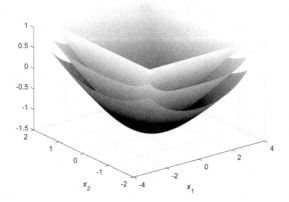

Abb. 1.9 Funktionen $g_{t,1}$, $t \in \{0, 0.5, 1\}$ in Beispiel 1.2.8

$$\varphi_t(a) = \sum_{i=1}^{p} \lambda_i(t, a) \, a_i - t \sum_{i=1}^{p} \lambda_i(t, a) \log(\lambda_i(t, a))$$

impliziert nun

$$\frac{d}{dt} \varphi_{t,r}(a) = -\sum_{i=1}^{p} \lambda_i(t, a) \log(\lambda_i(t, a)) - r \log(p).$$

Die Zulässigkeit des Vektors $\lambda(t, a)$ für das Problem $P_t(a)$ impliziert auch diejenige für das Problem P_∞, so dass aus Übung 1.2.3 und $r \geq 1$ schließlich die Behauptung folgt. $\square$

1.2.10 Satz *Für alle $0 < t_1 \leq t_2$ und $r \geq 1$ gilt $M_{t_1,r} \subseteq M_{t_2,r}$.*

Beweis Es sei $x \in M_{t_1,r}$. Dann gilt nach Lemma 1.2.9

$$0 \geq g_{t_1,r}(x) = \varphi_{t_1,r}(g(x)) \geq \varphi_{t_2,r}(g(x)) = g_{t_2,r}(x)$$

und damit $x \in M_{t_2,r}$. $\square$

Die entropische Glättung erfüllt also die Forderung (P4).

1.3   Konvexität

Wir wiederholen in diesem und im folgenden Abschnitt einige Grundbegriffe zu Konvexität und zu glatten konvexen Funktionen aus [24], mit denen wir unter anderem in Abschn. 1.5 die Konvexität der entropischen Glättung und damit die Forderung (P2) nachweisen.

1.3.1 Definition (Konvexe Mengen und Funktionen)
a) Eine Menge $X \subseteq \mathbb{R}^n$ heißt *konvex*, falls

$$\forall\, x, y \in X,\ \lambda \in (0,1):\quad (1-\lambda)x + \lambda y \in X$$

gilt (d.h., die Verbindungsstrecke von je zwei beliebigen Punkten in X gehört komplett zu X; Abb. 1.10).
b) Für eine konvexe Menge $X \subseteq \mathbb{R}^n$ heißt eine Funktion $f : X \to \mathbb{R}$ *konvex (auf X)*, falls

$$\forall\, x, y \in X,\ \lambda \in (0,1):\quad f\big((1-\lambda)x + \lambda y\big) \le (1-\lambda)f(x) + \lambda f(y)$$

gilt (d.h., der Funktionsgraph von f verläuft *unter* jeder seiner Sekanten; Abb. 1.11). Die Funktion f heißt *konkav (auf X)*, falls $-f$ konvex auf X ist.

Die folgenden Beispiele illustrieren das Konzept der Konvexität von Mengen und Funktionen.

- Die Mengen $\emptyset$ und $\mathbb{R}^n$ sind konvex.
- Die Menge $\big\{ x \in \mathbb{R}^2 \,|\, x_1 \ge 0 \big\}$ ist konvex (konvexe Mengen brauchen also nicht beschränkt zu sein).
- Die Menge $\big\{ x \in \mathbb{R}^2 \,|\, x_1^2 + x_2^2 < 1 \big\}$ ist konvex (konvexe Mengen brauchen also nicht abgeschlossen zu sein).

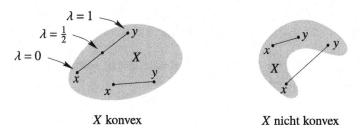

X konvex   X nicht konvex

Abb. 1.10 Konvexität von Mengen in $\mathbb{R}^2$

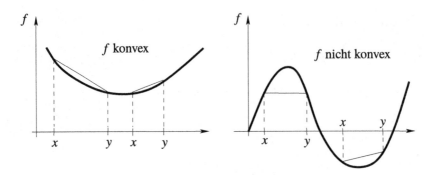

Abb. 1.11 Konvexität von Funktionen auf $\mathbb{R}$

- Die Funktion $f(x) = \sin(x)$ ist konkav auf $X_1 = [0, \pi]$, konvex auf $X_2 = [\pi, 2\pi]$ und weder konvex noch konkav auf $X_3 = [0, 2\pi]$.
- Die Funktion $f(x) = |x|$ ist konvex auf $\mathbb{R}$ (d.h., konvexe Funktionen können wegen „Knickstellen" nichtdifferenzierbar sein).
- Die Funktion $f(x) = -\sqrt{1 - x^2}$ ist konvex auf $[-1, 1]$ (d.h., konvexe Funktionen können wegen „unendlich großer Ableitung" nichtdifferenzierbar sein).
- Jede affin-lineare Funktion $f(x) = a^\mathsf{T} x + b$ mit $a \in \mathbb{R}^n$ und $b \in \mathbb{R}$ ist gleichzeitig konvex und konkav.

1.3.2 Bemerkung In der konvexen Analysis ist es häufig üblich, sogar konvexe Funktionen mit „Werten" in der *Menge der erweiterten reellen Zahlen* $\overline{\mathbb{R}} := \mathbb{R} \cup \{\pm\infty\}$ zu betrachten [20, 21]. Dadurch ist es zum einen möglich, etwa Optimalwertfunktionen $v(t) = \inf_{x \in X(t)} f(t, x)$ gewisser konvexer parametrischer Optimierungsprobleme $P(t)$ mit $t \in \mathbb{R}^r$ zu behandeln, bei denen die erweitert reellen Werte $v(t) \in \{\pm\infty\}$ sinnvollen Situationen entsprechen [26]. Hauptgrund für diese Konstruktion ist aber, dass man jede restringierte konvexe Funktion $f : X \to \mathbb{R}$ durch die Definition

$$\widetilde{f}(x) := \begin{cases} f(x), & x \in X \\ +\infty, & x \in X^c \end{cases}$$

mit einer unrestringierten konvexen Funktion $\widetilde{f} : \mathbb{R}^n \to \overline{\mathbb{R}}$ identifizieren kann. Die Ergebnisse der konvexen Analysis lassen sich mit geringem technischen Zusatzaufwand für solche Funktionen herleiten. Da dies jedoch für die Untersuchung des Problems der Mengenapproximation per entropischer Glättung nicht erforderlich ist, verzichten wir im Folgenden auf diese allgemeinere Darstellung.

1.3.3 Übung Für eine konvexe Menge $X \subseteq \mathbb{R}^n$ seien die Funktionen f und g konvex auf X, und es sei $t \geq 0$. Zeigen Sie, dass die Funktionen $f + g$ und tf dann ebenfalls konvex auf X sind.

1.3.4 Übung Gegeben seien eine (m, n)-Matrix A, ein Vektor $b \in \mathbb{R}^m$ und eine auf $\mathbb{R}^m$ konvexe Funktion f. Zeigen Sie, dass dann die Funktion $f(Ax + b)$ konvex auf $\mathbb{R}^n$ ist.

1.3.5 Übung Zeigen Sie, dass jede Norm $\|\cdot\|$ auf $\mathbb{R}^n$ eine konvexe Funktion auf $\mathbb{R}^n$ ist.

1.3.6 Übung (Jensen-Ungleichung)
Zeigen Sie, dass für eine konvexe Menge $X \subseteq \mathbb{R}^n$ eine Funktion $f : X \to \mathbb{R}$ genau dann konvex ist, wenn für alle $r \in \mathbb{N}$, $x^k \in X$ und $\lambda_k \geq 0$, $k = 1, \dots, r$, mit $\sum_{k=1}^r \lambda_k = 1$ die Ungleichung

$$ f\left(\sum_{k=1}^r \lambda_k\, x^k \right) \leq \sum_{k=1}^r \lambda_k\, f(x^k) $$

erfüllt ist.
Hinweis: Eine Beweismöglichkeit bedient sich der vollständigen Induktion über r.

1.3.7 Übung Für eine (nicht notwendigerweise endliche) Indexmenge seien die Mengen $C_k \subseteq \mathbb{R}^n$, $k \in K$, konvex. Zeigen Sie, dass dann die Menge $\bigcap_{k \in K} C_k$ ebenfalls konvex ist.

In Anwendungen sind Mengen wie die zulässige Menge X von P häufig nicht abstrakt gegeben, sondern werden durch Gleichungen und Ungleichungen beschrieben. Im Folgenden geben wir Eigenschaften der beteiligten Funktionen an, die die Konvexität einer Menge X garantieren.

Dabei benutzen wir die folgende Terminologie: Für $X \subseteq \mathbb{R}^n$, $f : X \to \mathbb{R}$ und $\alpha \in \mathbb{R}$ heißt

$$ \mathrm{lev}_{\leq}^\alpha(f, X) = \{x \in X \mid f(x) \leq \alpha\} $$

untere Niveaumenge (lower level set) von f auf X zum Niveau α. Im Fall $X = \mathbb{R}^n$ schreiben wir auch kurz

$$ f_{\leq}^\alpha := \mathrm{lev}_{\leq}^\alpha(f, \mathbb{R}^n) \quad (= \{x \in \mathbb{R}^n \mid f(x) \leq \alpha\}). $$

1.3.8 Übung Die Menge $X \subseteq \mathbb{R}^n$ und die Funktion $f : X \to \mathbb{R}$ seien konvex. Zeigen Sie, dass dann die Menge $\mathrm{lev}_{\leq}^\alpha(f, X)$ für jedes $\alpha \in \mathbb{R}$ konvex ist. Zeigen Sie außerdem, dass die Umkehrung dieser Aussage falsch ist.

Wegen Übung 1.3.8 folgt aus der Forderung (P2) (also der Konvexität der Funktionen $g_{t,r}$ auf $\mathbb{R}^n$) die Konvexität der Mengen $M_{t,r} = \{x \in \mathbb{R}^n \mid g_{t,r}(x) \leq 0\}$ mit $t > 0$ und $r \geq 1$. Dass (P2) für unsere Konstruktion von $g_{t,r}$ tatsächlich erfüllt ist, sehen wir erst in Satz 1.5.5.

1.3.9 Übung Die Funktionen g_i, $i \in I = \{1, \dots, p\}$, seien konvex auf $\mathbb{R}^n$. Zeigen Sie, dass dann die Menge $M_0 = \{x \in \mathbb{R}^n \mid g_i(x) \leq 0, \ i \in I\}$ konvex ist.

Unter der Voraussetzung von Übung 1.3.9 nennen wir die Menge M_0 *konvex beschrieben* [24, 25].

Aus Übung 1.3.9 wissen wir bereits, dass die Menge M_0 natürlich auch in ihrer alternativen funktionalen Beschreibung $M_0 = \{x \in \mathbb{R}^n \,|\, g_0(x) \leq 0\}$ konvex ist. Wegen Übung 1.3.8 darf man allerdings nicht argumentieren, dass deswegen auch $g_0 = \max_{i \in I} g_i$ eine konvexe Funktion ist. Das Maximum konvexer Funktionen ist aber tatsächlich immer konvex, wie die folgenden Überlegungen zeigen.

Für $X \subseteq \mathbb{R}^n$ und $f : X \to \mathbb{R}$ heißt die Menge

$$\mathrm{epi}(f, X) = \{(x, \alpha) \in X \times \mathbb{R} \,|\, f(x) \leq \alpha\}$$

Epigraph von f auf X. Der Epigraph besteht aus dem Graphen von f auf X sowie allen darüberliegenden Punkten (Abb. 1.12).

1.3.10 Übung Zeigen Sie die Äquivalenz der folgenden Aussagen:

a) Die Menge $X \subseteq \mathbb{R}^n$ und die Funktion $f : X \to \mathbb{R}$ sind konvex.
b) Die Menge $\mathrm{epi}(f, X)$ ist konvex.

Die folgenden Übungen liefern direkte Anwendungen von Übung 1.3.10.

1.3.11 Übung Zeigen Sie für eine endliche Indexmenge K die folgenden Aussagen:

a) Für eine Menge $X \subseteq \mathbb{R}^n$ seien die Funktionen $f_k : X \to \mathbb{R}$ gegeben. Dann gilt

$$\mathrm{epi}\left(\max_{k \in K} f_k, X\right) = \bigcap_{k \in K} \mathrm{epi}(f_k, X).$$

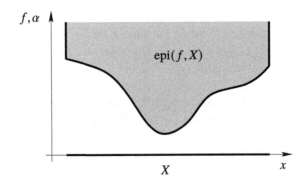

Abb. 1.12 Epigraph von f auf X

b) Für eine konvexe Menge $X \subseteq \mathbb{R}^n$ seien die Funktionen $f_k : X \to \mathbb{R}$ konvex. Dann ist auch die Funktion $\max_{k \in K} f_k$ konvex auf X.

1.3.12 Bemerkung Die Behauptungen aus Übung 1.3.11 bleiben auch richtig, wenn K nicht endlich ist. Anstelle der Funktion $\max_{k \in K} f_k$ muss man dann die Funktion $\sup_{k \in K} f_k$ betrachten und für sie den erweitert reellen Funktionswert $+\infty$ zulassen. Dies benötigen wir im Folgenden aber nicht.

1.3.13 Übung Die Funktionen g_i, $i \in I = \{1, \ldots, p\}$, seien konvex auf $\mathbb{R}^n$. Zeigen Sie, dass dann auch die Funktion $g_0 = \max_{i \in I} g_i$ konvex auf $\mathbb{R}^n$ ist.

1.3.14 Übung Zeigen Sie für einen Skalar $t > 0$ die folgenden Aussagen:

a) Für eine Menge $X \subseteq \mathbb{R}^n$ sei die Funktion $f : X \to \mathbb{R}$ gegeben, und die Funktion $t \star f$ sei für alle $x \in tX$ durch $(t \star f)(x) := tf(t^{-1}x)$ definiert. Dann gilt

$$\mathrm{epi}\,(t \star f, tX) \;=\; t\,\mathrm{epi}(f, X).$$

b) Für eine konvexe Menge $X \subseteq \mathbb{R}^n$ sei die Funktion $f : X \to \mathbb{R}$ konvex. Dann sind auch die Menge tX und die Funktion $t \star f : tX \to \mathbb{R}$ konvex.

Für $X \subseteq \mathbb{R}^n$, $f : X \to \mathbb{R}$ und $t > 0$ wird die Funktion $t \star f$ aus Übung 1.3.14 *Epi-Multiplikation* von t mit f genannt [21]. Mit der für $a \in \mathbb{R}^p$ definierten *Log-Exponentialfunktion*

$$\mathrm{logexp}(a) \;:=\; \log\left(\sum_{i=1}^{p} \exp(a_i)\right)$$

erhalten wir demnach die Darstellung

$$\varphi_t \;=\; t \star \mathrm{logexp} \tag{1.2}$$

der entropischen Glättungsfunktion φ_t, $t > 0$, als Epi-Multiplikation.

Auch zur Lösung von Optimierungsproblemen kann das Konzept des Epigraphen hilfreich sein.

1.3.15 Übung (Epigraphumformulierung)
Gegeben seien $X \subseteq \mathbb{R}^n$ und eine Funktion $f : X \to \mathbb{R}$. Dann sind die Optimierungsprobleme

$$P : \quad \min_{x \in \mathbb{R}^n} f(x) \quad \text{s.t.} \quad x \in X$$

und

$$P_{\mathrm{epi}} : \quad \min_{(x,\alpha) \in \mathbb{R}^n \times \mathbb{R}} \alpha \quad \text{s.t.} \quad f(x) \leq \alpha, \quad x \in X$$

in folgendem Sinne äquivalent:

a) Für jeden lokalen oder globalen Minimalpunkt $x^\star$ von P ist $(x^\star, f(x^\star))$ lokaler bzw. globaler Minimalpunkt von P_{epi}.

b) Für jeden lokalen oder globalen Minimalpunkt $(x^\star, \alpha^\star)$ von P_{epi} ist $x^\star$ lokaler bzw. globaler Minimalpunkt von P.

c) Die Minimalwerte von P und P_{epi} stimmen überein.

Uns interessieren im Folgenden vor allem konvexe Optimierungsprobleme.

1.3.16 Definition (Konvexes Optimierungsproblem)

Das Optimierungsproblem

$$P : \quad \min f(x) \quad \text{s.t.} \quad x \in X$$

heißt *konvex*, falls die Menge $X \subseteq \mathbb{R}^n$ und die Funktion $f : X \to \mathbb{R}$ konvex sind.

1.3.17 Satz [24] *Das Optimierungsproblem P sei konvex. Dann ist jeder lokale Minimalpunkt von P auch globaler Minimalpunkt von P.*

Zum Abschluss dieses Abschnitts führen wir zwei Begriffe ein, die einige Konvexitätsuntersuchungen erleichtern.

1.3.18 Definition (Positive Homogenität und Subadditivität)

Eine Funktion $f : \mathbb{R}^n \to \mathbb{R}$ heißt

a) *positiv homogen*, falls

$$\forall\, x \in \mathbb{R}^n,\ \lambda > 0 : \quad f(\lambda x) = \lambda f(x)$$

gilt, und

b) *subadditiv*, falls

$$\forall\, x, y \in \mathbb{R}^n : \quad f(x + y) \leq f(x) + f(y)$$

gilt.

1.3.19 Übung Zeigen Sie, dass jede positiv homogene und subadditive Funktion $f : \mathbb{R}^n \to \mathbb{R}$ konvex auf $\mathbb{R}^n$ ist.

1.4 Glatte konvexe Funktionen

Um später die Ansatzpunkte der konvexen Analysis für nichtglatte Funktionen einordnen zu können, wiederholen wir im vorliegenden Abschnitt aus [24] einige grundlegende Eigenschaften von konvexen Funktionen, die zusätzlich sogar ein- oder zweimal stetig differenzierbar sind.

Wir beginnen mit einer Wiederholung der Notation für erste und zweite Ableitungen multivariater Funktionen. Für eine nichtleere offene Menge $U \subseteq \mathbb{R}^n$ und $f : U \to \mathbb{R}$, $x \mapsto f(x)$ bezeichne

$$\partial_{x_i} f(\bar{x}) := \lim_{t \to 0} \frac{f(\bar{x} + te_i) - f(\bar{x})}{t}$$

die partielle Ableitung von f nach x_i an der Stelle $\bar{x} \in U$ (sofern die Ableitung existiert), wobei e_i für den i-ten Einheitsvektor steht. Als erste Ableitung von f an $\bar{x}$ betrachtet man den *Zeilenvektor*

$$Df(\bar{x}) := (\partial_{x_1} f(\bar{x}), \dots, \partial_{x_n} f(\bar{x})).$$

Der *Spaltenvektor* $\nabla f(\bar{x}) := (Df(\bar{x}))^\mathsf{T}$ heißt auch *Gradient* von f an $\bar{x}$. Im Fall $n = 1$ gilt $Df(\bar{x}) = \nabla f(\bar{x}) = f'(\bar{x})$.

Die Funktion f heißt auf U *stetig differenzierbar*, falls ∇f auf U existiert und eine stetige Funktion von x ist. Man schreibt dann kurz $f \in C^1(U, \mathbb{R})$. Für eine nicht notwendigerweise offene Menge $X \subseteq \mathbb{R}^n$ bedeutet die Forderung $f \in C^1(X, \mathbb{R})$, dass es eine offene Menge $U \supseteq X$ mit $f \in C^1(U, \mathbb{R})$ gibt.

Für eine *vektorwertige* Funktion

$$f : \mathbb{R}^n \to \mathbb{R}^m, \ x \to \begin{pmatrix} f_1(x) \\ \vdots \\ f_m(x) \end{pmatrix}$$

definiert man die erste Ableitung an $\bar{x}$ als

$$Df(\bar{x}) := \begin{pmatrix} Df_1(\bar{x}) \\ \vdots \\ Df_m(\bar{x}) \end{pmatrix}.$$

Dies ist eine (m, n)-Matrix, die *Jacobi-Matrix* oder *Funktionalmatrix* von f an $\bar{x}$ genannt wird.

Eine wichtige Rechenregel für differenzierbare Funktionen ist die *Kettenregel*, deren Beweis man zum Beispiel in [9] findet.

1.4.1 Satz (Kettenregel)

Es seien $g : \mathbb{R}^n \to \mathbb{R}^m$ *differenzierbar an* $\bar{x} \in \mathbb{R}^n$ *und* $f : \mathbb{R}^m \to \mathbb{R}^k$ *differenzierbar an* $g(\bar{x}) \in \mathbb{R}^m$. *Dann ist* $f \circ g : \mathbb{R}^n \to \mathbb{R}^k$ *differenzierbar an* $\bar{x}$ *mit*

$$D(f \circ g)(\bar{x}) = Df(g(\bar{x})) \cdot Dg(\bar{x}).$$

Ein wesentlicher Grund dafür, die Jacobi-Matrix einer Funktion wie oben zu definieren, besteht darin, dass die Kettenregel dann völlig analog zum eindimensionalen Fall ($n = m = k = 1$) formuliert werden kann, obwohl das auftretende Produkt ein Matrixprodukt ist.

Als *zweite* Ableitung einer Funktion $f : U \to \mathbb{R}$ definiert man die erste Ableitung des Gradienten (sofern sie existiert),

$$D^2 f(x) := D\nabla f(x) = \begin{pmatrix} \partial_{x_1}\partial_{x_1} f(x) & \cdots & \partial_{x_n}\partial_{x_1} f(x) \\ \vdots & & \vdots \\ \partial_{x_1}\partial_{x_n} f(x) & \cdots & \partial_{x_n}\partial_{x_n} f(x) \end{pmatrix}.$$

Diese Matrix heißt *Hesse-Matrix* von f an $\bar{x}$ und ist stets eine (n, n)-Matrix. Falls alle Einträge von $D^2 f$ stetige Funktionen von x sind, nennt man f auf U *zweimal stetig differenzierbar*, kurz $f \in C^2(U, \mathbb{R})$. In diesem Fall ist $D^2 f(x)$ für $x \in U$ sogar symmetrisch (nach dem Satz von Schwarz [9]). Die Forderung $f \in C^2(X, \mathbb{R})$ mit einer beliebigen Menge $X \subseteq \mathbb{R}^n$ bedeutet wieder, dass es eine offene Menge $U \supseteq X$ mit $f \in C^2(U, \mathbb{R})$ gibt. Für $n = 1$ gilt $D^2 f(\bar{x}) = f''(\bar{x})$.

Eine (n, n)-Matrix A heißt *positiv semidefinit* (kurz: $A \succeq 0$), wenn

$$\forall d \in \mathbb{R}^n : \quad d^\mathsf{T} A d \geq 0$$

gilt, und *positiv definit* (kurz: $A \succ 0$), wenn die Ungleichung für alle $d \neq 0$ sogar strikt ist.

Positive (Semi-)Definitheit einer Matrix ist oft nur schwer anhand ihrer Definition überprüfbar. In der linearen Algebra wird für *symmetrische* Matrizen A glücklicherweise gezeigt [7, 12], dass $A \succeq 0$ ($\succ 0$) genau dann gilt, wenn $\lambda \geq 0$ (> 0) für alle *Eigenwerte* λ von A erfüllt ist (für eine Einführung zu Eigenwerten vgl. z. B. den Anhang von [18]). Häufig ist dies erheblich einfacher überprüfbar. Für $n = 1$ kollabiert A zu einem Skalar, und man macht sich dann leicht die Äquivalenz von $A \succeq 0$ ($\succ 0$) mit $A \geq 0$ (> 0) klar.

Wir zitieren aus [24] nun einige Ergebnisse zur Konvexität von Funktionen, die unter der zusätzlichen Voraussetzung von einmaliger bzw. zweimaliger stetiger Differenzierbarkeit gelten.

1.4.2 Satz (C^1-Charakterisierung von Konvexität)
Auf einer konvexen Menge $X \subseteq \mathbb{R}^n$ ist eine Funktion $f \in C^1(X, \mathbb{R})$ genau dann konvex, wenn

$$\forall\, x, y \in X: \quad f(y) \geq f(x) + \langle \nabla f(x), y - x \rangle$$

gilt.

Die C^1-Charakterisierung besagt, dass eine C^1-Funktion genau dann konvex auf X ist, wenn ihr Graph *über* jeder seiner Tangentialebenen verläuft (Abb. 1.13).

1.4.3 Definition (Kritischer Punkt – glatter Fall)
Ein Punkt $\bar{x} \in \mathbb{R}^n$ heißt *kritisch* (oder *stationär*) für $f \in C^1(\mathbb{R}^n, \mathbb{R})$, falls $\nabla f(\bar{x}) = 0$ gilt.

1.4.4 Bemerkung Wie in [25] bezeichnen wir einen Punkt $\bar{x}$ für ein gegebenenfalls auch nicht-konvexes und/oder restringiertes Optimierungsproblem als *stationär*, wenn an ihm keine (zulässige) Abstiegsrichtung erster Ordnung existiert. Dies ist eine geometrische Bedingung, die an jedem lokalen Minimalpunkt notwendigerweise erfüllt sein muss. Mittels Ableitungen erster Ordnung der beteiligten Funktionen formulierte algebraische Bedingungen oder Charakterisierungen für Stationarität führen zu algorithmisch überprüfbaren Aussagen wie Kritikalität oder die Karush-Kuhn-Tucker-Eigenschaft. Bei glatten unrestringierten Problemen stimmen die stationären Punkte tatsächlich mit den kritischen Punkten überein [25], was die Terminologie in Definition 1.4.3 erklärt.

Im Hinblick auf Abschn. 3.2 geben wir dazu einige Einzelheiten aus [25] an: Für eine Funktion $f \in C^1(\mathbb{R}^n, \mathbb{R})$ seien ein Punkt x und eine Richtung $d \in \mathbb{R}^n$ mit $\langle \nabla f(x), d \rangle < 0$ gegeben. Per

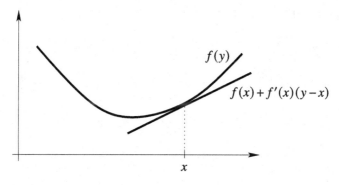

Abb. 1.13 C^1-Charakterisierung von Konvexität für $n = 1$

Satz von Taylor kann man dann zeigen [25], dass d eine *Abstiegsrichtung* für f in x ist (und zwar eine von *erster Ordnung* [25]). Dies bedeutet, dass für alle hinreichend kleinen $t > 0$ die Beziehung $f(x + td) < f(x)$ gilt. Also muss an einem lokalen Minimalpunkt x von f für jedes $d \in \mathbb{R}^n$ notwendigerweise $\langle \nabla f(x), d \rangle \geq 0$ erfüllt sein. Dies ist eine Stationaritätsbedingung, da sie die Existenz von Abstiegsrichtungen erster Ordnung an x ausschließt.

Eine algorithmisch überprüfbare algebraische Bedingung erhält man aus der Stationaritätsbedingung durch die spezielle Wahl $d := -\nabla f(x)$. Sie liefert

$$0 \leq \langle \nabla f(x), -\nabla f(x) \rangle = -\|\nabla f(x)\|_2^2$$

und damit als notwendige Optimalitätsbedingung die Kritische-Punkt-Bedingung $\nabla f(x) = 0$ (also die *Fermat'sche Regel*).

Andererseits erfüllt jeder kritische Punkt x von f natürlich auch

$$\forall d \in \mathbb{R}^n : \quad \langle \nabla f(x), d \rangle = \langle 0, d \rangle \geq 0,$$

ist also stationär. Daher stimmen die kritischen Punkte genau mit den stationären Punkten von f überein. Insbesondere ist nach Satz 1.4.5 jeder globale Minimalpunkt einer konvexen glatten Funktion f notwendigerweise gleichzeitig ein stationärer und kritischer Punkt von f.

Das nächste Resultat folgt sofort aus Satz 1.4.2 und der Fermat'schen Regel (Bemerkung 1.4.4).

1.4.5 Satz (Charakterisierung globaler Minimalpunkte)
Die Funktion $f \in C^1(\mathbb{R}^n, \mathbb{R})$ sei konvex. Dann sind die globalen Minimalpunkte genau die kritischen Punkte von f.

Zur Bestimmung globaler Minimalpunkte unrestringierter konvexer C^1-Probleme genügt es also nicht nur, lokale Minimalpunkte zu suchen (wie schon in Satz 1.3.17 gesehen), sondern sogar nur kritische Punkte. Das globale Minimierungsproblem ist damit auf das Lösen der Gleichung $\nabla f(x) = 0$ zurückgeführt.

1.4.6 Satz (C^2-Charakterisierung von Konvexität)
Auf einer konvexen Menge $X \subseteq \mathbb{R}^n$ sei die Funktion $f \in C^2(X, \mathbb{R})$ gegeben.

a) *Falls*

$$\forall x \in X : \quad D^2 f(x) \succeq 0$$

   gilt, dann ist f auf X konvex.
b) *Falls X außerdem offen ist, dann gilt auch die Umkehrung von Aussage a.*

Dass die Voraussetzung der Offenheit von X in Satz 1.4.6b nicht nur beweistechnischer Natur ist, sieht man an der C^2-Funktion $f(x) = x_1^2 - x_2^2$, die nirgends eine positiv semidefinite Hesse-Matrix besitzt, aber trotzdem auf der Menge $X = \mathbb{R} \times \{0\}$ konvex ist. Die Menge X ist in diesem Beispiel natürlich nicht offen.

Die Voraussetzung der Offenheit von X in Satz 1.4.6b lässt sich zur *Volldimensionalität* von X abschwächen, also im Wesentlichen zur Forderung, dass X innere Punkte besitzt [23]. Eine weitergehende Abschwächung ist nicht möglich.

1.5 Konvexität der entropischen Glättung

In diesem Abschnitt befassen wir uns mit der in (P2) gestellten Forderung, die Funktionen $g_{t,r}$, $t > 0$, $r \geq 1$, mögen konvex auf $\mathbb{R}^n$ sein, wobei wir wie oben für alle $x \in \mathbb{R}^n$, $t > 0$ und $r \geq 1$

$$g_{t,r}(x) = \varphi_{t,r}(g(x))$$

mit

$$\varphi_{t,r}(a) = \varphi_t(a) - tr \log(p) = t \log\left(\sum_{i=1}^{p} \exp(a_i/t)\right) - tr \log(p)$$

definieren. Außerdem seien die Funktionen g_i, $i \in I$, nach wie vor konvex.

Wir stellen zunächst fest, dass wir dann nur die Konvexität der Funktionen φ_t, $t > 0$, nachzuweisen brauchen.

1.5.1 Übung Für konvexe Mengen $X \subseteq \mathbb{R}^n$ und $Y \subseteq \mathbb{R}^p$ seien Funktionen $f : X \to Y$ und $\psi : Y \to \mathbb{R}$ gegeben, wobei die Funktionen f_i, $i = 1, \ldots, p$, sowie ψ konvex sind und wobei ψ ein auf Y monotones Funktional ist (d. h., für alle $y^1, y^2 \in Y$ folgt aus $y^1 \leq y^2$ die Ungleichung $\psi(y^1) \leq \psi(y^2)$). Zeigen Sie, dass dann auch die verkettete Funktion $\psi \circ f : X \to \mathbb{R}$ konvex ist.

1.5.2 Lemma *Falls φ_t für $t > 0$ eine auf $\mathbb{R}^n$ konvexe Funktion ist, dann auch $g_{t,r}$ für jedes $r \geq 1$.*

Beweis Wir setzen in Übung 1.5.1 $X := \mathbb{R}^n$, $Y := \mathbb{R}^p$, $f := g$ und $\psi := \varphi_t$. Dass φ_t ein auf $\mathbb{R}^n$ monotones Funktional ist, folgt sofort aus der Monotonie der Funktionen log und exp. Damit liefert Übung 1.5.1 die Konvexität der Funktionen $g_t = \varphi_t \circ g$. Da sich für $r \geq 1$ die Funktionen g_t und $g_{t,r}$ nur durch einen in x konstanten Term unterscheiden, folgt die Behauptung. $\qquad\square$

Weil man die Funktion φ_t, $t > 0$, laut (1.2) als Epi-Multiplikation von t mit der Log-Exponentialfunktion logexp auffassen kann, liefert Übung 1.3.14, dass die in Lemma 1.5.2 geforderte Konvexität von φ_t aus der von logexp folgen würde. Da die Funktion logexp auf der (offenen) Menge $\mathbb{R}^p$ zweimal stetig differenzierbar ist, lässt sich ihre Konvexität mit Satz 1.4.6 überprüfen.

1.5.3 Lemma *Die Funktion* logexp *ist auf* $\mathbb{R}^p$ *konvex.*

Beweis Nach Satz 1.4.6 ist die Funktion logexp genau dann konvex auf $\mathbb{R}^p$, wenn ihre Hesse-Matrix $D^2 \operatorname{logexp}(a)$ für jedes $a \in \mathbb{R}^p$ positiv semidefinit ist. Für jedes $a \in \mathbb{R}^p$ gilt

$$\nabla \operatorname{logexp}(a) \;=\; \frac{1}{\sum_{i=1}^{p} \exp(a_i)} \begin{pmatrix} \exp(a_1) \\ \vdots \\ \exp(a_p) \end{pmatrix}$$

und

$$D^2 \operatorname{logexp}(a) = \frac{1}{\sum_{i=1}^{p} \exp(a_i)} \begin{pmatrix} \exp(a_1) & & 0 \\ & \ddots & \\ 0 & & \exp(a_p) \end{pmatrix}$$
$$+ \begin{pmatrix} \exp(a_1) \\ \vdots \\ \exp(a_p) \end{pmatrix} \left(-\frac{1}{\left(\sum_{i=1}^{p} \exp(a_i)\right)^2} \right) \begin{pmatrix} \exp(a_1) \\ \vdots \\ \exp(a_p) \end{pmatrix}^{\mathsf{T}}.$$

Für alle $d \in \mathbb{R}^p$ folgt demnach

$$d^{\mathsf{T}} D^2 \operatorname{logexp}(a)d = \frac{1}{\sum_{i=1}^{p} \exp(a_i)} \sum_{i=1}^{p} \exp(a_i)d_i^2 - \frac{1}{\left(\sum_{i=1}^{p} \exp(a_i)\right)^2} \left(\sum_{i=1}^{p} \exp(a_i)d_i \right)^2$$

$$= \frac{1}{2\left(\sum_{i=1}^{p} \exp(a_i)\right)^2} \sum_{i=1}^{p} \sum_{j=1}^{p} \exp(a_i + a_j)(d_i - d_j)^2 \;\geq\; 0,$$

so dass $D^2 \operatorname{logexp}(a)$ positiv semidefinit ist. $\qquad\square$

1.5.4 Übung Rechnen Sie die letzte Gleichung im Beweis von Lemma 1.5.3 nach.

Aus Lemma 1.5.2 und Lemma 1.5.3 folgt schließlich das gewünschte Ergebnis.

1.5.5 Satz *Die Funktionen g_i, $i \in I$, seien konvex auf $\mathbb{R}^n$. Dann ist auch $g_{t,r}$ für jedes $t > 0$ und jedes $r \geq 1$ konvex auf $\mathbb{R}^n$.*

Damit ist die Forderung (P2) für den entropischen Glättungsansatz erfüllt.

1.6 Constraint Qualifications

Als *Constraint Qualifications* bezeichnet man Regularitätsbedingungen an ein System von Ungleichungen (und ggf. Gleichungen, die wir hier aber nicht benötigen [25]), wie etwa an die Ungleichungen $g_i(x) \leq 0$, $i \in I$, mit denen wir das Hindernis M_0 beschreiben. Falls beispielsweise diese Ungleichungen als Restriktionen (*constraints*) eines Optimierungsproblems fungieren, dann ist es an dessen lokalen Optimalpunkten nur unter Constraint Qualifications möglich, die für Optimierungsverfahren zentralen Karush-Kuhn-Tucker-Bedingungen nachzuweisen (Abschn. 1.7).

Constraint Qualifications liefern aber auch Resultate, die nicht direkt an Optimierungsprobleme gekoppelt sind, etwa zur Stabilität der topologischen Struktur einer durch Ungleichungen beschriebenen Menge unter kleinen Störungen [26] oder zur funktionalen Beschreibung des Rands einer solchen Menge. Tatsächlich sind wir an Letzterem besonders interessiert, und zwar im Hinblick auf die Beschreibung des Rands der Menge M_t in Bedingung (P7) sowie zur Beschreibung des Rands von M_0, die wir zur Garantie der Bedingungen (P5) und (P6) benötigen. Dabei bezeichnet man als *Rand* (*boundary*) bd A einer Menge $A \subseteq \mathbb{R}^n$ die Menge derjenigen Punkte $x \in \mathbb{R}^n$, für die jede Umgebung U von x sowohl Punkte aus der Menge A als auch aus deren Mengenkomplement A^c enthält.

1.6.1 Übung Zeigen Sie, dass für eine Menge $A \subseteq \mathbb{R}^n$ genau dann bd $A \neq \emptyset$ gilt, wenn A weder mit der leeren Menge $\emptyset$ noch mit dem gesamten Raum $\mathbb{R}^n$ übereinstimmt.

Für eine stetige (aber nicht notwendigerweise konvexe) Funktion $f : \mathbb{R}^n \to \mathbb{R}$ geht man in Anwendungen häufig davon aus, dass der Rand der Menge $M = \{x \in \mathbb{R}^n | \, f(x) \leq 0\}$ genau durch die Nullstellenmenge von f gegeben ist, dass also

$$\text{bd}\{x \in \mathbb{R}^n | \, f(x) \leq 0\} \ = \ \{x \in \mathbb{R}^n | \, f(x) = 0\}$$

gilt. Die folgenden beiden Beispiele illustrieren, dass dies im Allgemeinen *falsch* ist.

Für die Funktion $f(x) = x^4 - x^2$ entnimmt man der Abb. 1.14

$$M = \{x \in \mathbb{R}| f(x) \le 0\} = [-1, 1]$$

und damit bd $M = \{-1, 1\}$, während neben -1 und 1 aber auch der Nullpunkt eine Nullstelle von f ist. ◄

Das folgende Beispiel zeigt, dass selbst Konvexität von f nicht weiterhilft.

Die Funktion $f(x) = ((-1 - x)^+)^2 + ((-1 + x)^+)^2$ (mit der Plusfunktion a^+ aus Übung 1.1.3) ist stetig differenzierbar und konvex auf $\mathbb{R}$. Für sie gilt ebenfalls

$$M = \{x \in \mathbb{R}| f(x) \le 0\} = [-1, 1]$$

(Abb. 1.15) und damit bd $M = \{-1, 1\}$. Neben -1 und 1 besteht aber auch das gesamte Intervall $(-1, 1)$ aus Nullstellen von f. ◄

Der Grund für die Effekte in Beispiel 1.6.2 und 1.6.3 ist die Verletztheit von Constraint Qualifications, die wir im Folgenden diskutieren.

Abb. 1.14 illustriert übrigens auch, dass die durch f beschriebene Menge M nicht topologisch stabil ist, da die Störung von f zur Funktion $x^4 - x^2 + \varepsilon$ mit beliebig kleinem $\varepsilon > 0$ dazu führt, dass die aus einer Zusammenhangskomponente bestehende Menge M in zwei Zusammenhangskomponenten zerfällt.

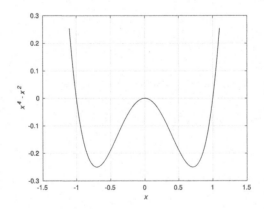

Abb. 1.14 Rand von M stimmt nicht mit Nullstellen von f überein

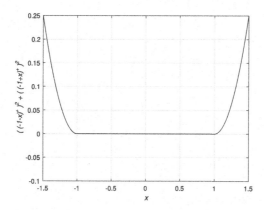

Abb. 1.15 Rand von M stimmt nicht mit Nullstellen von konvexem f überein

In Anlehnung an die Notation der *unteren* Niveaumenge

$$f_{\leq}^0 \;=\; \{x \in \mathbb{R}^n \,|\, f(x) \leq 0\}$$

einer Funktion f zum Niveau null schreiben wir die Nullstellenmenge von f zur Abkürzung ab jetzt als *Niveaumenge* von f zum Niveau null,

$$f_{=}^0 \;:=\; \{x \in \mathbb{R}^n \,|\, f(x) = 0\}.$$

Für die Funktionen f aus Beispiel 1.6.2 und 1.6.3 haben wir in dieser Notation gesehen, dass für die Menge $M = f_{\leq}^0$ zwar bd $M \subseteq f_{=}^0$ gilt, aber nicht notwendigerweise bd $M = f_{=}^0$. Dass die Inklusion für stetiges f immer gilt, ist allerdings nicht schwer zu beweisen.

1.6.4 Übung Die Funktion $f : \mathbb{R}^n \to \mathbb{R}$ sei stetig, und es sei $M = f_{\leq}^0$. Zeigen Sie die Inklusion bd $M \subseteq f_{=}^0$.

Speziell für die Mengen $M_{t,r} = (g_{t,r})_{\leq}^0$ und $M_0 = (g_0)_{\leq}^0$ mit den stetigen Funktionen $f = g_{t,r}$ beziehungsweise $f = g_0$ liefert Übung 1.6.4 die Inklusionen bd $M_{t,r} \subseteq (g_{t,r})_{=}^0$ und bd $M_0 \subseteq (g_0)_{=}^0$. Mit Hilfe von Constraint Qualifications werden wir dafür sorgen, dass dabei sogar Identitäten gelten.

Da zwei der drei in Definition 1.6.5 angegebenen Constraint Qualifications auf Ableitungsinformationen der die jeweilige Menge beschreibenden Ungleichungen beruhen, besteht zwischen der Untersuchung von $M_{t,r}$ und M_0 allerdings ein wesentlicher Unterschied: Die Funktion $g_{t,r}$ ist nach Konstruktion für jedes $t > 0$ und $r \geq 1$ stetig differenzierbar, während g_0 im Allgemeinen nichtdifferenzierbar ist. Wir benutzen den aus der Abkürzung $g_0(x) = \max_{i \in I} g_i(x)$ resultierenden Zusammenhang

$$M_0 \;=\; (g_0)_{\leq}^0 \;=\; \{x \in \mathbb{R}^n \,|\, g_0(x) \leq 0\} \;=\; \{x \in \mathbb{R}^n \,|\, g_i(x) \leq 0,\ i \in I\}$$

daher *nicht* zum Aggregieren der differenzierbaren Funktionen $g_i, i \in I$, in die einzelne, aber nichtdifferenzierbare Funktion g_0, wenn wir Differenzierbarkeitsvoraussetzungen treffen möchten.

Für $x \in M_0$ bezeichnen wir dann die Menge

$$I_0(x) = \{i \in I \mid g_i(x) = 0\}$$

als *Menge der aktiven Indizes* von x. Mit ihr gilt unter anderem

$$(g_0)^0_{=} = \{x \in \mathbb{R}^n \mid \max_{i \in I} g_i(x) = 0\} = \{x \in M_0 \mid I_0(x) \neq \emptyset\}.$$

Für $g_i(x) = 0$ heißt die Funktion g_i *aktiv* an x.

1.6.5 Definition (Constraint Qualifications)

Gegeben seien Funktionen $g_i : \mathbb{R}^n \to \mathbb{R}, i \in I$, sowie die Menge $M_0 = (g_0)^0_{\leq}$ mit $g_0 = \max_{i \in I} g_i$.

a) Die Menge M_0 erfüllt die *Slater-Bedingung (SB)*, falls ein $x^\star$ mit $g_0(x^\star) < 0$ existiert. Der Punkt $x^\star$ heißt dann *Slater-Punkt*.

b) Die Funktionen g_i seien an $x \in M_0$ differenzierbar. Dann gilt an x die *Mangasarian-Fromowitz-Bedingung (MFB; Mangasarian-Fromovitz Constraint Qualification; MFCQ)*, falls das System

$$\langle \nabla g_i(x), d \rangle < 0, \ i \in I_0(x),$$

eine Lösung d besitzt.

c) Die Funktionen g_i seien an $x \in M_0$ differenzierbar. Dann gilt an x die *Lineare-Unabhängigkeits-Bedingung (LUB; Linear Independence Constraint Qualification; LICQ)*, falls die Vektoren $\nabla g_i(x), i \in I_0(x)$, linear unabhängig sind.

Im nichtkonvexen Beispiel 1.6.2 erfüllt die Menge M zwar die SB, aber wegen $f(0) = f'(0) = 0$ sind am Nullpunkt sowohl die MFB als auch die LUB verletzt. Im konvexen Beispiel 1.6.3 verletzt die Menge M die SB, und weder die MFB noch die LUB sind an irgendeinem Element von M erfüllt.

Die SB wird überwiegend bei der Untersuchung konvex beschriebener Mengen eingesetzt. Wir geben im Folgenden aber zunächst Resultate an, die keine solche konvexe Beschreibung benötigen und daher stattdessen die LUB und die MFB ausnutzen.

Allgemein lässt sich zeigen, dass aus der Gültigkeit der LUB an einem Punkt auch die Gültigkeit der MFB folgt, während das Gegenteil ohne weitere Voraussetzungen falsch ist [25]. Für den Fall, dass die Menge durch eine *einzelne* differenzierbare Funktion beschrieben ist, gilt allerdings das folgende stärkere Resultat.

1.6.6 Übung Die Funktion $f : \mathbb{R}^n \to \mathbb{R}$ sei differenzierbar an $x \in M = f_{\leq}^0$. Zeigen Sie, dass dann die folgenden Aussagen äquivalent sind:

a) An x gilt die LUB.
b) An x gilt die MFB.
c) Aus $f(x) = 0$ folgt $\nabla f(x) \neq 0$.

1.6.7 Satz *Die Funktion $f : \mathbb{R}^n \to \mathbb{R}$ sei differenzierbar. Dann folgt aus der Gültigkeit der LUB in ganz $M = f_{\leq}^0$ die funktionale Beschreibung des Rands*

$$\text{bd } M = f_{=}^0.$$

Beweis Die Inklusion bd $M \subseteq f_{=}^0$ folgt nach Übung 1.6.4 aus der Stetigkeit von f. Um die umgekehrte Inklusion zu zeigen, nehmen wir an, es gibt ein $\bar{x} \in \mathbb{R}^n$ mit $f(\bar{x}) = 0$ und $\bar{x} \notin$ bd M. Dann liegt $\bar{x}$ im (topologischen) *Inneren* int M der Menge M, auf einer ganzen Umgebung U von $\bar{x}$ ist also die Ungleichung $f(x) \leq 0$ erfüllt. Damit ist $\bar{x}$ ein lokaler Maximalpunkt der Funktion f, und aus der Fermat'schen Regel (Bemerkung 1.4.4) folgt $\nabla f(\bar{x}) = 0$. Andererseits ist die Funktion f an $\bar{x}$ aktiv; es gilt also gleichzeitig $f(\bar{x}) = 0$ und $\nabla f(\bar{x}) = 0$. Wegen Übung 1.6.6 steht dies im Widerspruch zur an $\bar{x}$ vorausgesetzten LUB. $\qquad \square$

Nach Übung 1.6.6 darf man in Satz 1.6.7 die Voraussetzung der LUB bei Bedarf durch die schwächere Voraussetzung der MFB ersetzen. Im Weiteren werden wir zusätzlich zur stetigen Differenzierbarkeit auch die Konvexität der Funktion $f : \mathbb{R}^n \to \mathbb{R}$ annehmen. Das folgende Resultat begründet, dass sich die MFB dann sogar durch die üblicherweise einfacher überprüfbare SB ersetzen lässt.

1.6.8 Satz [25] *Die Funktionen g_i, $i \in I$, seien konvex und stetig differenzierbar, und es gelte $M_0 \neq \emptyset$. Dann sind die folgenden Aussagen äquivalent:*

a) *Die MFB gilt irgendwo in M_0.*
b) *Die MFB gilt überall in M_0.*
c) *Die Menge M_0 erfüllt die SB.*

1.6.9 Korollar *Die Funktion* $f : \mathbb{R}^n \to \mathbb{R}$ *sei konvex und stetig differenzierbar, und es sei* $M = f_{\leq}^0 \neq \emptyset$*. Dann sind die folgenden Aussagen äquivalent:*

a) *Die LUB gilt überall in* M*.*
b) *Die MFB gilt überall in* M*.*
c) *Für alle* $x \in f_{=}^0$ *gilt* $\nabla f(x) \neq 0$*.*
d) *Die Menge* M *erfüllt die SB.*

Beweis Die Äquivalenz der Aussagen a, b und c folgt aus Übung 1.6.6. Wegen Satz 1.6.8 sind außerdem die Aussagen b und d äquivalent. □

Da wir uns für jedes $t > 0$ und $r \geq 1$ bereits von der stetigen Differenzierbarkeit und Konvexität der Funktion $f = g_{t,r}$ überzeugt haben, ist die Gültigkeit der LUB überall in $M_{t,r}$ (also die Eigenschaft (P3)) nach Korollar 1.6.9 zur Gültigkeit der SB in $M_{t,r}$ äquivalent. Für Letzteres können wir eine einfache hinreichende Bedingung angeben, die weder von t noch von r abhängt, was insgesamt zum folgenden Resultat führt.

1.6.10 Satz *Die Funktionen* g_i*,* $i \in I$*, seien stetig differenzierbar und konvex, und die Menge* $M_0 = (g_0)_{\leq}^0$ *erfülle die SB. Dann gilt für jedes* $t > 0$ *und jedes* $r \geq 1$ *die LUB überall in* $M_{t,r}$*, und der Rand von* $M_{t,r}$ *lässt sich durch*

$$\mathrm{bd}\, M_{t,r} \;=\; \left(g_{t,r}\right)_{=}^0$$

funktional beschreiben.

Beweis Es sei $x^\star$ ein Slater-Punkt von M_0, d.h., es gelte $g_0(x^\star) < 0$. Nach Lemma 1.2.7 ist

$$g_{t,r}(x^\star) \;\leq\; g_0(x^\star) \;<\; 0$$

erfüllt, also ist $x^\star$ auch Slater-Punkt von $M_{t,r}$. Aus Korollar 1.6.9 und Satz 1.6.7 mit $f = g_{t,r}$ folgt die Behauptung. □

Die Forderung (P3) ist damit unter der Voraussetzung der Slater-Bedingung in M_0 erfüllt. Diese Voraussetzung ist in Anwendungen üblicherweise gegeben, stellt also keine starke Einschränkung dar. Wegen der zentralen Bedeutung der Slater-Bedingung auch für die folgenden Resultate setzen wir ab jetzt nicht nur durchgängig voraus, dass die Funktionen

g_i, $i \in I$, stetig differenzierbar und konvex sind, sondern häufig auch, dass die Menge $M_0 = (g_0)^0_\leq$ die SB erfüllt.

Insbesondere sehen wir in Abschn. 1.7, dass aus der SB für M_0 nicht nur (P3) und damit bd $M_{t,r} = (g_{t,r})^0_=$ folgt, sondern auch bd $M_0 = (g_0)^0_=$. Die bisherigen Resultate sind zum Nachweis dieser Identität allerdings nicht geeignet, da g_0 nicht als differenzierbar vorausgesetzt werden darf.

Mit Satz 1.6.10 sind wir auch in der Lage, die Formulierung der Bedingung (P7) zu Sicherheitsabständen zu rechtfertigen. Dort wird eine Aussage über den minimalen Abstand von M_0 zum Rand bd $M_{t,r}$ der Menge $M_{t,r} = \{x \in \mathbb{R}^n \,|\, g_{t,r}(x) \leq 0\}$ getroffen, während aufgrund der geometrischen Motivation eigentlich der minimale Abstand von M_0 zum Rand der die Menge M_0^c approximierenden Menge $\{x \in \mathbb{R}^n \,|\, g_{t,r}(x) \geq 0\}$ zu betrachten wäre. Da diese beiden Mengen sich auf der Nullstellenmenge $(g_{t,r})^0_=$ überlappen, sind zunächst Situationen vorstellbar, in denen die Ränder dieser Mengen nicht übereinstimmen (etwa wenn die Menge $(g_{t,r})^0_=$ innere Punkte enthält).

Allerdings ist die das Hindernis M_0 approximierende Menge $M_{t,r} = \{x \in \mathbb{R}^n \,|\, g_{t,r}(x) \leq 0\}$ durch eine einzige glatte konvexe Restriktion beschrieben, so dass die SB in M_0 nicht nur nach Satz 1.6.10 die Gültigkeit der LUB in ganz $M_{t,r}$ nach sich zieht, sondern wegen der Äquivalenz der Aussagen a und c aus Übung 1.6.6 auch in ganz $\{x \in \mathbb{R}^n \,|\, g_{t,r}(x) \geq 0\}$. Aus Satz 1.6.7 folgt also

$$\mathrm{bd}\{x \in \mathbb{R}^n \,|\, g_{t,r}(x) \geq 0\} \;=\; \{x \in \mathbb{R}^n \,|\, g_{t,r}(x) = 0\} \;=\; \mathrm{bd}\, M_{t,r}.$$

Der in (P7) geforderte Sicherheitsabstand von bd $M_{t,r}$ zum Hindernis M_0 stimmt demnach mit dem Sicherheitsabstand der approximativen zulässigen Menge $\{x \in \mathbb{R}^n \,|\, g_{t,r}(x) \geq 0\}$ zu M_0 überein, wenn wir (wie ohnehin zum Nachweis von (P3)) für die Menge M_0 die Slater-Bedingung fordern.

1.7 Optimalitätsbedingungen für glatte konvexe Probleme

Im vorliegenden Abschnitt verallgemeinern wir die funktionale Darstellung des Rands von M aus Satz 1.6.7 auf den Fall der nichtdifferenzierbaren Funktion $g_0 = \max_{i \in I} g_i$ und nehmen dies zum Anlass, Optimalitätsbedingungen für glatte konvexe Probleme aus [24] zu wiederholen. Dazu betrachten wir die Minimierung einer mindestens stetig differenzierbaren Zielfunktion $f : \mathbb{R}^n \to \mathbb{R}$ über der Menge

$$M_0 \;=\; \{x \in \mathbb{R}^n \,|\, g_i(x) \leq 0, \; i \in I\}$$

mit mindestens stetig differenzierbaren Funktionen g_i, $i \in I$, also das Optimierungsproblem

$$P: \quad \min \; f(x) \quad \text{s.t.} \quad x \in M_0.$$

Unter den erwähnten Glattheitsvoraussetzungen sprechen wir kurz von einem C^1-Optimierungsproblem P.

1.7.1 Definition (Karush-Kuhn-Tucker-Punkt – glatter Fall)

Für ein C^1-Optimierungsproblem P heißt ein Punkt $\bar{x} \in \mathbb{R}^n$ *Karush-Kuhn-Tucker-Punkt (KKT-Punkt)* mit Multiplikatorenvektor $\bar{\lambda}$, falls das System von Gleichungen und Ungleichungen

$$\nabla f(\bar{x}) + \sum_{i \in I_0(\bar{x})} \bar{\lambda}_i \nabla g_i(\bar{x}) = 0,$$

$$\bar{\lambda}_i \geq 0, \; i \in I_0(\bar{x}),$$
$$g_i(\bar{x}) = 0, \; i \in I_0(\bar{x}),$$
$$g_i(\bar{x}) < 0, \; i \notin I_0(\bar{x}),$$

erfüllt ist.

Der für die algorithmische Behandlung restringierter Optimierungsprobleme [25] zentrale Satz von Karush-Kuhn-Tucker lautet wie folgt.

1.7.2 Satz (Notwendige Optimalitätsbedingung)

Für ein C^1-Optimierungsproblem P sei $\bar{x} \in M_0$ ein lokaler Minimalpunkt von P, an dem die MFB erfüllt ist. Dann ist $\bar{x}$ KKT-Punkt von P.

Ob ein Optimierungsproblem überhaupt Optimalpunkte besitzt, wird durch den folgenden Satz und diverse darauf basierende Varianten geklärt [24].

1.7.3 Satz (Satz von Weierstraß)

Die Menge $X \subseteq \mathbb{R}^n$ sei nichtleer und kompakt, und $f : X \to \mathbb{R}$ sei stetig. Dann besitzt f auf X (mindestens) einen globalen Minimal- und einen globalen Maximalpunkt.

Wir setzen nun zusätzlich die Konvexität der Funktionen f und $g_i, i \in I$, voraus. Nach Übung 1.3.9 ist die Menge M_0 dann konvex und das Problem P demnach ein konvex beschriebenes und daher konvexes Optimierungsproblem (Definition 1.3.16). Unter dieser

Zusatzvoraussetzung lässt sich zunächst die notwendige Optimalitätsbedingung insofern vereinfachen, als nur die leichter überprüfbare SB in der Menge M_0 vorausgesetzt zu werden braucht [24]. Das entsprechende Resultat ist der Satz von Karush-Kuhn-Tucker für glatte konvexe Optimierungsprobleme.

1.7.4 Satz (Notwendige Optimalitätsbedingung für konvexe Probleme)
Für ein konvex beschriebenes C^1-Optimierungsproblem P erfülle M_0 die SB, und $\bar{x} \in M_0$ sei ein Minimalpunkt von P. Dann ist $\bar{x}$ KKT-Punkt von P.

Im Gegensatz zum allgemeinen nichtkonvexen Fall sind KKT-Punkte von konvexen Problemen P auch immer globale Minimalpunkte (sogar ohne die Voraussetzung einer Constraint Qualification).

1.7.5 Satz (Hinreichende Optimalitätsbedingung für konvexe Probleme)
Für ein konvex beschriebenes C^1-Optimierungsproblem P sei $\bar{x}$ ein KKT-Punkt. Dann ist $\bar{x}$ globaler Minimalpunkt von P.

Dass unter der SB in M_0 die globalen Minimalpunkte eines konvexen C^1-Problems nach Satz 1.7.4 und 1.7.5 genau mit den KKT-Punkten übereinstimmen, erklärt sich in Übung 2.3.15 aus einer Sichtweise, die sich von derjenigen etwa in [24] wesentlich unterscheidet.

Um das Analogon zu Satz 1.6.7 für die nichtdifferenzierbare Funktion g_0 zu beweisen, setzen wir wie in Satz 1.6.7 zunächst keine Konvexität voraus. Allerdings führen wir die *konvexe Hülle* conv(A) einer Menge $A \subseteq \mathbb{R}^n$ ein: Sie besteht aus allen Konvexkombinationen von Elementen in A, d. h.

$$\operatorname{conv}(A) := \left\{ \sum_{k=1}^{r} \lambda_k a^k \,\middle|\, a^k \in A, \; \lambda_k \geq 0, \; 1 \leq k \leq r, \; \sum_{k=1}^{r} \lambda_k = 1, \; r \in \mathbb{N} \right\}.$$

Speziell für $A = \{\nabla g_i(\bar{x}), \; i \in I_0(\bar{x})\}$ gilt dann

$$\operatorname{conv}(\{\nabla g_i(\bar{x}), \; i \in I_0(\bar{x})\}) = \left\{ \sum_{i \in I_0(\bar{x})} \lambda_i \nabla g_i(\bar{x}) \,\middle|\, \lambda \geq 0, \; \sum_{i \in I_0(\bar{x})} \lambda_i = 1 \right\}.$$

Mit der konvexen Hülle lässt sich die Gültigkeit der MFB als Verallgemeinerung der Äquivalenz der Aussagen b und c aus Übung 1.6.6 charakterisieren.

1.7.6 Lemma *Die Funktionen* $g_i : \mathbb{R}^n \to \mathbb{R}, i \in I$, *seien stetig differenzierbar an* $\bar{x} \in M_0 = \{x \in \mathbb{R}^n | g_i(x) \leq 0, \ i \in I\}$. *Dann sind die folgenden Aussagen äquivalent:*

a) *An* $\bar{x}$ *gilt die MFB.*
b) *Aus* $g_0(\bar{x}) = 0$ *folgt* $0 \notin \text{conv}(\{\nabla g_i(\bar{x}), \ i \in I_0(\bar{x})\})$.

Beweis Das Lemma von Gordan ([25] und Satz 2.4.8) besagt, dass für $g_0(\bar{x}) = 0$ die Bedingung $0 \notin \text{conv}(\{\nabla g_i(\bar{x}), \ i \in I_0(\bar{x})\})$ äquivalent zur Gültigkeit der MFB an $\bar{x}$ in M_0 ist. $\qquad\square$

Bei der Untersuchung der Funktion g_0 kommt der Menge $\text{conv}(\{\nabla g_i(\bar{x}), \ i \in I_0(\bar{x})\})$ nicht nur wegen Lemma 1.7.6 eine besondere Bedeutung zu. Beispielsweise gelten die beiden folgenden Resultate.

1.7.7 Lemma *Die Funktionen* $g_i : \mathbb{R}^n \to \mathbb{R}, i \in I$, *seien stetig differenzierbar, und* $\bar{x}$ *sei ein lokaler Minimalpunkt von* g_0 *mit Minimalwert* $g_0(\bar{x}) = 0$. *Dann gilt* $0 \in \text{conv}(\{\nabla g_i(\bar{x}), \ i \in I_0(\bar{x})\})$.

Beweis Wir stellen zunächst fest, dass wir wegen der Nichtdifferenzierbarkeit von g_0 nicht mit Hilfe der Fermat'schen Regel argumentieren können. Stattdessen nutzen wir die Epigraphumformulierung der unrestringierten Minimierung von g_0 (Übung 1.3.15). Demnach ist $(\bar{x}, \bar{\alpha})$ mit $\bar{\alpha} = g_0(\bar{x}) = 0$ lokaler Minimalpunkt des stetig differenzierbaren Problems

$$\min_{x,\alpha} \alpha \quad \text{s.t.} \quad g_i(x) - \alpha \leq 0, \quad i \in I.$$

An jedem Punkt der zulässigen Menge dieses Problems gilt die MFB, denn die Gradienten der Restriktionsfunktionen bezüglich der Entscheidungsvariablen (x, α) lauten

$$\nabla_{(x,\alpha)}(g_i(x) - \alpha) = \begin{pmatrix} \nabla g_i(x) \\ -1 \end{pmatrix}, \ i \in I,$$

und damit kann zum Nachweis der MFB unabhängig von den an einem betrachteten Punkt (x, α) aktiven Indizes stets der Vektor

$$d = \begin{pmatrix} 0 \\ 1 \end{pmatrix}$$

gewählt werden (mit $0 \in \mathbb{R}^n$).

Insbesondere ist also am lokalen Minimalpunkt $(\bar{x}, 0)$ die MFB erfüllt, so dass dieser Punkt nach Satz 1.7.2 ein KKT-Punkt ist. Es existieren also $\lambda_i \geq 0$, $i \in I_0(\bar{x}, 0)$, mit

$$\begin{pmatrix} 0 \\ 1 \end{pmatrix} + \sum_{i \in I_0(\bar{x}, 0)} \lambda_i \begin{pmatrix} \nabla g_i(x) \\ -1 \end{pmatrix} = 0$$

und mit der Menge der aktiven Indizes

$$I_0(\bar{x}, 0) \;=\; \{i \in I \mid g_i(\bar{x}) - 0 = 0\} \;=\; I_0(\bar{x}).$$

Dies bedeutet gerade, dass die konvexe Hülle der Gradienten $\nabla g_i(\bar{x})$, $i \in I_0(\bar{x})$, den Nullpunkt enthält, also gilt die Behauptung. $\square$

Dieselbe notwendige Optimalitätsbedingung wie in Lemma 1.7.7 gilt auch an lokalen *Maximal*punkten von g_0, allerdings mit einer anderen Begründung.

1.7.8 Lemma *Die Funktionen $g_i : \mathbb{R}^n \to \mathbb{R}$, $i \in I$, seien stetig differenzierbar, und $\bar{x}$ sei ein lokaler Maximalpunkt von g_0 mit Maximalwert $g_0(\bar{x}) = 0$. Dann gilt $0 \in \mathrm{conv}(\{\nabla g_i(\bar{x}), i \in I_0(\bar{x})\})$.*

Beweis Wir stellen zunächst wieder fest, dass wir wegen der Nichtdifferenzierbarkeit von g_0 nicht per Anwendung der Fermat'schen Regel auf g_0 argumentieren können. Stattdessen nutzen wir die Epigraphumformulierung des Problems, g_0 zu maximieren (Übung 1.3.15). Demnach ist $(\bar{x}, \bar{\alpha})$ mit $\bar{\alpha} = g_0(\bar{x}) = 0$ lokaler Maximalpunkt des Problems

$$\max_{x, \alpha} \alpha \quad \text{s.t.} \quad \alpha \leq \max_{i \in I} g_i(x),$$

dessen zulässige Menge die disjunktive Struktur

$$\bigcup_{i \in I} \{(x, \alpha) \in \mathbb{R}^n \times \mathbb{R} \mid \alpha \leq g_i(x)\}$$

besitzt. Da der Punkt $(\bar{x}, 0)$ für mindestens ein $i_0 \in I$ in deren Teilmenge $\{(x, \alpha) \in \mathbb{R}^n \times \mathbb{R} \mid \alpha \leq g_{i_0}(x)\}$ liegt, ist er auch auf dieser Teilmenge lokaler Maximalpunkt. Indem wir für dieses Teilproblem die Epigraphumformulierung wieder rückgängig machen, erhalten wir, dass $\bar{x}$ lokaler Maximalpunkt der Funktion g_{i_0} ist. Daraus folgt mit der Fermat'schen Regel $\nabla g_{i_0}(\bar{x}) = 0$.

Tatsächlich gilt auch $i_0 \in I_0(\bar{x})$, denn $0 = \bar{\alpha} \leq g_{i_0}(\bar{x}) \leq g_0(\bar{x}) = 0$ impliziert $g_{i_0}(\bar{x}) = 0$. Folglich existiert ein $i_0 \in I_0(\bar{x})$ mit $\nabla g_{i_0}(\bar{x}) = 0$, was die Behauptung zeigt. $\square$

Lemma 1.7.8 bildet das zentrale Hilfsmittel zur folgenden Verallgemeinerung des Beweises von Satz 1.6.7 auf die nichtglatte Funktion g_0.

1.7.9 Satz *Die Funktionen $g_i : \mathbb{R}^n \to \mathbb{R}, i \in I$, seien stetig differenzierbar. Dann folgt aus der Gültigkeit der MFB in ganz $M_0 = \{x \in \mathbb{R}^n \mid g_i(x) \leq 0, i \in I\}$ die funktionale Beschreibung des Rands*

$$\mathrm{bd}\, M_0 = (g_0)^0_= .$$

Beweis Wie im Beweis zu Satz 1.6.7 stellen wir fest, dass die Inklusion $\mathrm{bd}\, M_0 \subseteq (g_0)^0_=$ aus Übung 1.6.4 folgt. Um die umgekehrte Inklusion zu zeigen, nehmen wir an, dass es ein $\bar{x} \in \mathbb{R}^n$ mit $g_0(\bar{x}) = 0$ und $\bar{x} \notin \mathrm{bd}\, M_0$ gibt. Wie im Beweis zu Satz 1.6.7 folgt daraus, dass $\bar{x}$ lokaler Maximalpunkt der Funktion g_0 ist. Lemma 1.7.8 liefert dann $0 \in \mathrm{conv}(\{\nabla g_i(\bar{x}), i \in I_0(\bar{x})\})$, was laut Lemma 1.7.6 aber im Widerspruch zur Voraussetzung der MFB an $\bar{x}$ steht. $\qquad\square$

Im Hinblick auf die erheblich allgemeineren Korollare 4.1.16 und 4.1.17 halten wir eine weitere Folgerung aus Lemma 1.7.6 für den Fall fest, dass die Funktionen $g_i, i \in I$, zusätzlich konvex sind.

1.7.10 Satz *Die Funktionen $g_i : \mathbb{R}^n \to \mathbb{R}, i \in I$, seien stetig differenzierbar und konvex, und die Menge $M_0 = \{x \in \mathbb{R}^n \mid g_i(x) \leq 0, i \in I\}$ erfülle die SB. Dann gilt*

$$\mathrm{bd}\, M_0 = (g_0)^0_=$$

sowie

$$\forall\, \bar{x} \in (g_0)^0_= : \quad 0 \notin \mathrm{conv}(\{\nabla g_i(\bar{x}), i \in I_0(\bar{x})\}).$$

Beweis Nach Satz 1.6.8 gilt die MFB in ganz M_0. Also liefern Satz 1.7.9 und Lemma 1.7.6 die Behauptungen. $\qquad\square$

Globale Fehlerschranken

2

Inhaltsverzeichnis

In diesem Kapitel motiviert Abschn. 2.1 zunächst anhand eines eindimensionalen Beispiels, wie sich der Höchstabstand im Problem der Mengenglättung mit Hilfe des Konzepts globaler Fehlerschranken steuern lässt. Abschn. 2.2 diskutiert im Anschluss Bedingungen, unter denen globale Fehlerschranken überhaupt existieren. Dabei tritt auch eine explizite Formel zur Berechnung einer Hoffman-Konstante auf. Ebenfalls am Beispiel der Steuerung von Höchstabständen im Problem der Mengenglättung erweist sich allerdings, dass diese Hoffman-Konstante noch verbessert werden sollte. Genauer gesagt ist man an einer Formel für die *kleinstmögliche* Hoffman-Konstante interessiert. Wesentliche Begriffe der konvexen Analysis werden wir einführen, um diese zentrale Fragestellung zu behandeln.

Ein erster solcher Begriff ist der des Normalenkegels an eine konvexe Menge, dem Abschn. 2.3 gewidmet ist. Zum Nachweis, dass stets nichttriviale Normalenrichtungen existieren, führt Abschn. 2.4 den Begriff der Stützhyperebene ein, der auch in Kap. 4 eine grundlegende Rolle spielt. In Abschn. 2.5 sehen wir mit Hilfe dieser Konzepte, wie sich zumindest für ein stetig differenzierbar und konvex beschriebenes Hindernis bestmögliche Hoffman-Konstanten angeben lassen. Die uns eigentlich interessierende Situation eines nichtdifferenzierbar konvex beschriebenen Hindernisses können wir hingegen erst nach der Diskussion von Glattheitseigenschaften konvexer Funktionen in Kap. 3 betrachten.

2.1   Höchstabstand im Problem der Mengenglättung

Die Eigenschaft (P5) fordert für ein gegebenes $r \geq 1$, dass der Exzess

$$\text{ex}(M_{t,r}, M_0) = \sup_{x \in M_{t,r}} \text{dist}(x, M_0)$$

von $M_{t,r}$ über M_0 beliebig klein wird, wenn wir $t > 0$ nahe genug bei null wählen. Dies formalisiert die Beobachtung aus Beispiel 1.2.8, dass die Mengen $M_{t,r}$ sich für $t \searrow 0$ auf M_0 „zusammenziehen". Da wegen $M_0 \subseteq M_{t,r}$ der Exzess $\text{ex}(M_{t,r}, M_0)$ mit dem Hausdorff-Abstand der Mengen $M_{t,r}$ und M_0 übereinstimmt, spricht man hier auch von *Mengenkonvergenz im Sinne von Hausdorff*.

Genau genommen müssen die beteiligten Mengen dafür nichtleer und kompakt sein (vgl. [26] für einen allgemeineren Begriff der Mengenkonvergenz). Weil wir üblicherweise sogar die Slater-Bedingung für M_0 fordern werden, ist der Fall $M_0 = \emptyset$ für uns im Folgenden aber nicht interessant. Formal würde dann $\text{dist}(x, \emptyset) = +\infty$ für jedes $x \in \mathbb{R}^n$ und damit $\text{ex}(A, \emptyset) = +\infty$ für jede Menge $\emptyset \neq A \subseteq \mathbb{R}^n$ gelten. Ähnlich uninteressant ist der Fall $M_0 = \mathbb{R}^n$, in dem $\text{ex}(A, \mathbb{R}^n) = 0$ für jede Menge $A \subseteq \mathbb{R}^n$ gilt. Im Hinblick auf spätere Ergebnisse sei daran erinnert, dass für den verbleibenden Fall $\emptyset \neq M_0 \neq \mathbb{R}^n$ nach Übung 1.6.1 stets bd $M_0 \neq \emptyset$ gilt.

Die entscheidende Frage bei der Berechnung von $\text{ex}(M_{t,r}, M_0)$ ist, wie man für einen Punkt $x \in M_{t,r}$ den Abstand $\text{dist}(x, M_0)$ bestimmen kann. Wie wir sehen werden, ist dies nur in sehr speziellen Fällen einfach, und ansonsten müssen wir mit einer Abschätzung der Form $\text{dist}(x, M_0) \leq d(x)$ mittels einer Funktion $d : \mathbb{R}^n \to \mathbb{R}$ vorliebnehmen, für die sich wiederum $\sup_{x \in M_{t,r}} d(x)$ durch eine Funktion $\alpha_r(t)$ nach oben abschätzen lässt. Falls dann nämlich $t > 0$ so gewählt wird, dass $\alpha_r(t) \leq \varepsilon$ gilt, dann folgt auch

$$\text{ex}(M_{t,r}, M_0) = \sup_{x \in M_{t,r}} \text{dist}(x, M_0) \leq \sup_{x \in M_{t,r}} d(x) \leq \alpha_r(t) \leq \varepsilon.$$

Die explizite Berechenbarkeit von Werten t mit $\alpha_r(t) \leq \varepsilon$ erfordert noch, dass die Funktion α_r keine zu komplizierte Gestalt besitzt. Tatsächlich wird es uns gelingen, eine *lineare* Funktion α_r anzugeben.

Wir untersuchen also zunächst den Abstand $\text{dist}(x, M_0)$ von x zu M_0, und zwar anhand des folgenden Beispiels.

2.1.1 Beispiel

Für die Funktion $g_0(x) = \max\{-2x - 1, 0.5x - 1\}$ aus Abb. 2.1 ist ersichtlich, dass man den Abstand $\text{dist}(x, M_0)$ jedes Punkts $x \in \mathbb{R}$ zu M_0 mit Hilfe des Funktionswerts $g_0(x)$ und einer passend gewählten Steigung der Funktion g_0 berechnen kann. Am Steigungsdreieck der Funktion g_0 zum Punkt x^1 liest man zum Beispiel die Beziehung

$$\frac{g_0(x^1)}{\text{dist}(x^1, M_0)} = |-2|$$

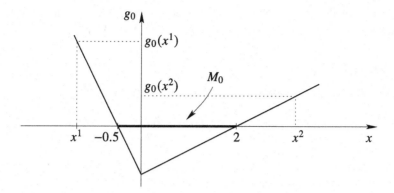

Abb. 2.1 Distanz von x zu M_0

ab, woraus $\mathrm{dist}(x^1, M_0) = \frac{1}{2}g_0(x^1)$ folgt. Analog gilt

$$\frac{g_0(x^2)}{\mathrm{dist}(x^2, M_0)} = \frac{1}{2}$$

und damit $\mathrm{dist}(x^2, M_0) = 2g_0(x^2)$. Die oben eingeführte Funktion $d(x)$ lässt sich also im Wesentlichen als $g_0(x)$ wählen, wobei man sich noch zwischen den Vorfaktoren $1/2$ und 2 entscheiden muss. Damit die Abschätzung $\mathrm{dist}(x, M_0) \leq d(x)$ für *alle* $x \in M_0^c$ gilt, muss man die *größere* dieser Zahlen wählen; als $d(x)$ kommt also die Funktion $2g_0(x)$ in Frage.

Später wird es wichtig sein, dass die größte Wahl der Vorfaktoren der Wahl der *kleinsten* der Steigungen $g_0(x^1)/\mathrm{dist}(x^1, M_0)$ und $g_0(x^2)/\mathrm{dist}(x^2, M_0)$ (und anschließender Kehrwertbildung) entspricht.

Durch einen Trick sorgen wir nun noch dafür, dass die entstehende Abschätzung $\mathrm{dist}(x, M_0) \leq d(x)$ auch für $x \in M_0$ korrekt ist. Für alle $x \in \mathbb{R}$ mit $g_0(x) < 0$ gilt nämlich zwar $\mathrm{dist}(x, M_0) = 0$, aber $2g_0(x) < 0$, so dass die Relation $\mathrm{dist}(x, M_0) \leq 2g_0(x)$ dort verletzt ist.

Dies lässt sich mit Hilfe der in Übung 1.1.3 eingeführten Plusfunktion $a^+ = \max\{0, a\}$ beheben, die jeder Zahl $a \in \mathbb{R}$ ihren nichtnegativen Anteil zuordnet. Da für $a > 0$ die Beziehung $a^+ = a$ gilt, folgt für Punkte $x \in M_0^c$ aus $g_0(x) > 0$ sofort $g_0^+(x) = g_0(x)$. Andererseits erfüllen alle $x \in M_0$ wegen $g_0(x) \leq 0$ die Beziehung $g_0^+(x) = 0$, so dass insgesamt für *alle* $x \in \mathbb{R}$ die Abschätzung

$$\mathrm{dist}(x, M_0) \ \leq \ 2g_0^+(x)$$

gilt, wir also $d(x) := 2g_0^+(x)$ setzen können. ◄

Bevor wir uns von diesem einfachen Beispiel lösen, konkretisieren wir zunächst den oben skizzierten Weg zu einer Abschätzung für den Exzess $\text{ex}(M_{t,r}, M_0)$.

2.1.2 Beispiel

Bislang können wir in Beispiel 2.1.1 die explizite Abschätzung

$$\text{ex}(M_{t,r}, M_0) = \sup_{x \in M_{t,r}} \text{dist}(x, M_0) \leq \sup_{x \in M_{t,r}} d(x) = 2 \sup_{x \in M_{t,r}} g_0^+(x)$$

angeben, müssen aber noch den Ausdruck $\sup_{x \in M_{t,r}} g_0^+(x)$ berechnen oder zumindest durch eine Funktion $\alpha_r(t)$ nach oben abschätzen.

Dazu lesen wir aus Abb. 2.2 zunächst $\sup_{x \in M_{t,r}} g_0(x) \geq 0$ ab (eine theoretische Begründung hierfür gibt Lemma 2.1.8), woraus die Beziehung

$$\sup_{x \in M_{t,r}} g_0^+(x) = \sup_{x \in M_{t,r}} \max\{0, g_0(x)\} = \max\{0, \sup_{x \in M_{t,r}} g_0(x)\} = \sup_{x \in M_{t,r}} g_0(x)$$

folgt.

Da für alle $x \in M_{t,r}$ definitionsgemäß $g_{t,r}(x) \leq 0$ gilt, folgt für sie aus Lemma 1.2.7 die Abschätzung

$$g_0(x) \leq g_0(x) - g_{t,r}(x) \leq tr \log(2)$$

und damit

$$\sup_{x \in M_{t,r}} g_0^+(x) = \sup_{x \in M_{t,r}} g_0(x) \leq tr \log(2)$$

sowie

$$\text{ex}(M_{t,r}, M_0) \leq 2 \sup_{x \in M_{t,r}} g_0^+(x) \leq 2tr \log(2).$$

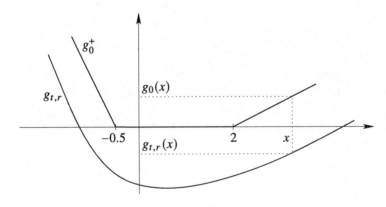

Abb. 2.2 Exzess von $M_{t,r}$ über M_0

Wir können also $\alpha_r(t) := 2tr\log(2)$ setzen. Für diese lineare Funktion und ein gegebenes ε lässt sich die Forderung $\alpha_r(t) \leq \varepsilon$ leicht zu

$$t \leq \delta := \frac{\varepsilon}{2r\log(2)}$$

auflösen. Damit sind sowohl (P5) als auch (P6) für dieses einfache Beispiel nachgewiesen. ◄

Die Herleitung der Funktion $\alpha_r(t)$ in Beispiel 2.1.2 ist unabhängig von den explizit gewählten Funktionen und basiert im Wesentlichen nur darauf, dass wir die Abschätzung $\mathrm{dist}(x, M_0) \leq 2g_0^+(x)$ für alle $x \in \mathbb{R}$ zeigen konnten. Diese Beobachtung formalisieren wir im Folgenden.

2.1.3 Definition (Globale Fehlerschranke)
Für Funktionen $g_i : \mathbb{R}^n \to \mathbb{R}$, $i \in I$, seien $g_0 := \max_{i \in I} g_i$ und $M_0 := \{x \in \mathbb{R}^n \mid g_0(x) \leq 0\}$. Dann erfüllt die Ungleichung $g_0(x) \leq 0$ eine *globale Fehlerschranke* (*global error bound*), wenn eine Konstante $\gamma > 0$ mit

$$\forall\, x \in \mathbb{R}^n : \quad \mathrm{dist}(x, M_0) \leq \gamma\, g_0^+(x)$$

existiert.

2.1.4 Bemerkung Zur Definition einer globalen Fehlerschranke ist die Einführung der Funktion g_0 prinzipiell nicht nötig. Es lassen sich mit der vektorwertigen Funktion $g = (g_1, \ldots, g_p)^{\mathsf{T}}$ auch $M_0 := \{x \in \mathbb{R}^n \mid g(x) \leq 0\}$ sowie $g^+(x) := (g_1^+(x), \ldots, g_p^+(x))^{\mathsf{T}}$ definieren. Dann gilt

$$\begin{aligned}
g_0^+(x) &= \max\{0, g_0(x)\} = \max\{0, g_1(x), \ldots, g_p(x)\} \\
&= \max\{\max\{0, g_1(x)\}, \ldots, \max\{0, g_p(x)\}\} = \max\{g_1^+(x), \ldots, g_p^+(x)\} \\
&= \max\{|g_1^+(x)|, \ldots, |g_p^+(x)|\} = \|g^+(x)\|_\infty \,,
\end{aligned}$$

und man kann davon sprechen, dass das Ungleichungssystem $g(x) \leq 0$ eine globale Fehlerschranke erfüllt, wenn eine Konstante $\gamma > 0$ mit

$$\forall\, x \in \mathbb{R}^n : \quad \mathrm{dist}(x, M_0) \leq \gamma\, \|g^+(x)\|_\infty$$

existiert.

In manchen Anwendungen von globalen Fehlerschranken kann es günstig sein, die ℓ_∞-Norm in dieser Definition durch eine andere Norm zu ersetzen. Die Verwendung der ℓ_∞-Norm ist in der konvexen Analysis lediglich der einfachen Darstellung von M_0 durch die Funktion g_0 geschuldet. Funktionen der Form $\|g^+(x)\|$ sind auch als *Straftermfunktionen* für die Menge M_0 bekannt [25], deren Auswertung das *Residuum* des Ungleichungssystems $g(x) \leq 0$ an einem Punkt x liefert.

Ebenso ist es nicht erforderlich, die Distanzmessung $\mathrm{dist}(x, M_0)$ nur bezüglich der euklidischen Norm vorzunehmen, sondern auch hier sind andere Normen denkbar. Da die Größe der Zahl γ von den gewählten Normen bei der Messung von Distanz und Residuum abhängt, müssen diese jedoch stets explizit angegeben werden. Im Folgenden benutzen wir nur die euklidische Distanzmessung und Residuen bezüglich der ℓ_∞-Norm.

2.1.5 Bemerkung Das Konzept der globalen Fehlerschranke stellt eine Verbindung zwischen der *Geometrie* der Menge M_0 und ihrer *funktionalen Beschreibung* her, wie es Abb. 2.3 für die alternative Beschreibung von M_0 durch die Funktion $\widetilde{g}_0$ illustriert. Während die Distanz $\mathrm{dist}(x, M_0)$ dort für jedes $x \in M_0^c$ nur von der Geometrie der Menge M_0 abhängt, unterscheiden sich die Residuen $g_0^+(x)$ und $\widetilde{g}_0^+(x)$ deutlich. Insbesondere lassen sich so auch für große Distanzen beliebig kleine Residuen konstruieren. Die Konstante γ muss solche Änderungen der funktionalen Beschreibung also „auffangen". Da auch Constraint Qualifications Verbindungen zwischen der Geometrie und der funktionalen Beschreibung einer Menge herstellen [25], ist ein Zusammenhang zwischen globalen Fehlerschranken und Constraint Qualifications zu erwarten.

2.1.6 Übung Warum lässt man in Definition 2.1.3 nicht auch Konstanten $\gamma < 0$ zu?

2.1.7 Übung Es sei $M_0 = \{x \in \mathbb{R}^n \mid g_0(x) \leq 0\}$. Zeigen Sie:

a) Für $M_0 = \emptyset$ erfüllt die Ungleichung $g_0(x) \leq 0$ keine globale Fehlerschranke.
b) Für $M_0 = \mathbb{R}^n$ erfüllt die Ungleichung $g_0(x) \leq 0$ eine globale Fehlerschranke mit jedem $\gamma > 0$.

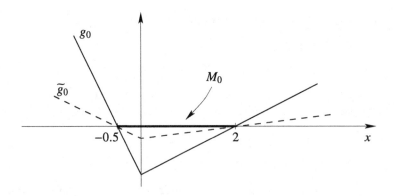

Abb. 2.3 Geometrie und funktionale Beschreibung von M_0

Der Beweis des folgenden Satzes 2.1.9 verläuft wie angekündigt völlig analog zum Vorgehen in Beispiel 2.1.2. Allerdings gilt die dort benutzte Bedingung $\sup_{x \in M_{t,r}} g_0(x) \geq 0$ im Allgemeinen nicht automatisch, sondern folgt beispielsweise aus dem folgenden Resultat.

2.1.8 Lemma *Es sei $\emptyset \neq M_0 \neq \mathbb{R}^n$. Dann ist die Ungleichung $\sup_{x \in M_{t,r}} g_0(x) \geq 0$ für alle $t > 0$ und $r \geq 1$ erfüllt.*

Beweis Wegen $\emptyset \neq M_0 \neq \mathbb{R}^n$ gibt es nach Übung 1.6.1 einen Punkt $\bar{x} \in \mathrm{bd}\, M_0$. Wegen der Stetigkeit von g_0 erfüllt dieser nach Übung 1.6.4 $g_0(\bar{x}) = 0$ und liegt damit offensichtlich in M_0. Es folgt

$$\sup_{x \in M_{t,r}} g_0(x) \geq \sup_{x \in M_0} g_0(x) \geq g_0(\bar{x}) = 0.$$

$\square$

2.1.9 Satz *Die Funktionen $g_i : \mathbb{R}^n \to \mathbb{R}$, $i \in I$, seien so gewählt, dass die Ungleichung $g_0(x) \leq 0$ eine globale Fehlerschranke mit Konstante $\gamma > 0$ erfüllt. Dann gilt zu gegebenen $r \geq 1$ und $\varepsilon > 0$ mit*

$$\delta := \frac{\varepsilon}{\gamma r \log(p)}$$

für alle $t \in (0, \delta]$

$$\mathrm{ex}(M_{t,r}, M_0) \leq \varepsilon.$$

Beweis Es seien $r \geq 1$ und $\varepsilon > 0$ gegeben. Im Spezialfall $M_0 = \mathbb{R}^n$ verschwindet $\mathrm{ex}(M_{t,r}, M_0)$ für alle $t > 0$, das Resultat gilt also. Anderenfalls gilt nach Übung 2.1.7a $\emptyset \neq M_0 \neq \mathbb{R}^n$ und nach Lemma 2.1.8 $\sup_{x \in M_{t,r}} g_0(x) \geq 0$ für alle $t > 0$. Die Behauptung folgt nun wie in Beispiel 2.1.2, und zwar mit $d(x) := \gamma\, g_0^+(x)$ und $\alpha_r(t) := \gamma t r \log(p)$. $\square$

Unter den Voraussetzungen von Satz 2.1.9 gilt demnach die Forderung (P5). Ob auch (P6) gilt, hängt davon ab, ob sich die Konstante γ explizit berechnen lässt, womit wir uns noch sehr ausführlich beschäftigen werden.

2.2 Existenz globaler Fehlerschranken

Dass globale Fehlerschranken überhaupt für manche Funktionen existieren, haben wir in Beispiel 2.1.1 gesehen. Die auf $\mathbb{R}$ nach oben beschränkte Funktion g_0 aus Abb. 2.4 verdeutlicht andererseits, dass globale Fehlerschranken nicht immer möglich sind. Allerdings ist diese Funktion auch nicht konvex, wie in unserem Glättungsproblem gefordert.

Im vorliegenden Abschnitt sehen wir, dass globale Fehlerschranken in zwei wichtigen Fällen stets existieren, nämlich unter Linearitäts- und unter Konvexitätsvoraussetzungen (und gewissen schwachen Regularitätsbedingungen).

Dass Konvexität eine geeignete Voraussetzung sein könnte, lässt sich Abb. 2.5 entnehmen, in der die auf $\mathbb{R}$ differenzierbare und konvexe Funktion g_0 sowie ihre Tangente am Randpunkt $\bar{x}$ von M_0 eingezeichnet sind. Wegen der C^1-Charakterisierung von Konvexität (Satz 1.4.2) gilt hier für alle $x \notin M_0$

$$\frac{g_0(x)}{\text{dist}(x, M_0)} = \frac{g_0(x)}{x - \bar{x}} \geq \frac{g_0(\bar{x}) + g_0'(\bar{x})(x - \bar{x})}{x - \bar{x}} = g_0'(\bar{x}) \neq 0,$$

mit $\gamma := (g_0'(\bar{x}))^{-1}$ also die globale Fehlerschranke

$$\forall\, x \in \mathbb{R}^n : \quad \text{dist}(x, M_0) \leq \gamma\, g_0^+(x).$$

In Abschn. 2.3 und Abschn. 3.2 verfolgen wir diese Idee weiter, um γ in allgemeinen Fällen explizit zu berechnen.

Die Existenz einer globalen Fehlerschranke wurde erstmals von Hoffman gezeigt, nämlich für *lineare* Ungleichungssysteme. Die Konstante γ wird daher auch *Hoffman-Konstante* genannt.

Abb. 2.4 Ungleichung $g_0(x) \leq 0$ ohne globale Fehlerschranke

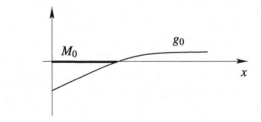

Abb. 2.5 Konvexe Ungleichung $g_0(x) \leq 0$ mit globaler Fehlerschranke durch Linearisierung

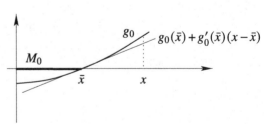

Beispiel 2.1.1 suggeriert, dass die Existenz einer globalen Fehlerschranke im linearen Fall klar ist, weil sich die Distanz $\operatorname{dist}(x, M_0)$ eines Punkts x von M_0 dort aus dem Residuum $g_0^+(x)$ einfach per Division durch die betragliche Ableitung von g_0 an x berechnen lässt. Abb. 2.6 illustriert allerdings, dass dies schon ab $n = 2$ nicht mehr offensichtlich ist. Dort gilt mit drei linearen Ungleichungen

$$M_0 = \{x \in \mathbb{R}^2 \mid \langle a^i, x \rangle \leq b_i, \ i \in \{1, 2, 3\}\},$$

also

$$g_0(x) = \max_{i \in \{1,2,3\}} (\langle a^i, x \rangle - b_i).$$

Die Distanz $\operatorname{dist}(x, M_0)$ ist allerdings vom Residuum $g_0^+(x)$ nicht nur dadurch abhängig, wie „flach" oder „steil" die die Menge M_0 definierenden linearen Ungleichungsfunktionen durch x verlaufen (was sich an den Werten $\|a^i\|_2, i \in \{1, 2, 3\}$, ablesen lässt [25]), sondern auch von der Größe des *Winkels* zwischen den Vektoren a^1 und a^2.

Dass globale Fehlerschranken für lineare Ungleichungssystem trotzdem ohne weitere Voraussetzungen stets existieren, ist der Inhalt des folgenden Resultats.

2.2.1 Satz (Lemma von Hoffman [11])

Für eine (p, n)-Matrix A und $b \in \mathbb{R}^p$ sei die Menge $M_0 = \{x \in \mathbb{R}^n \mid Ax \leq b\}$ nichtleer. Dann gibt es eine (nur von der Matrix A abhängige) Konstante $\gamma > 0$ mit

$$\forall x \in \mathbb{R}^n: \quad \operatorname{dist}(x, M_0) \leq \gamma \, \|(Ax - b)^+\|_\infty.$$

Die Identität der Funktion $\|(Ax - b)^+\|_\infty$ mit der in Definition 2.1.3 benutzten Funktion $g_0^+(x)$ wurde in Bemerkung 2.1.4 gezeigt.

Einen kurzen Beweis von Satz 2.2.1 per Dualitätstheorie findet man in [8, Th. 11.26]. Er ist allerdings nicht konstruktiv, da er nur die *Existenz* einer Hoffman-Konstante γ garantiert, während eine *auswertbare Formel* für diese Konstante nicht aus dem Beweis hervorgeht.

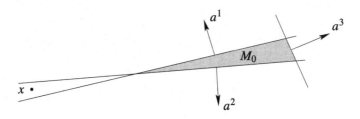

Abb. 2.6 Distanz zu einem Polyeder

Wir wenden uns stattdessen dem allgemeineren Fall konvexer Ungleichungssysteme zu, für den ein auf Robinson zurückgehendes Resultat unter schwachen Zusatzvoraussetzungen nicht nur die Existenz einer Hoffman-Konstante liefert, sondern auch eine Berechnungsformel.

In Korollar 3.1.9 werden wir sehen, dass die Stetigkeitsvoraussetzung in der Formulierung dieses Satzes überflüssig ist.

2.2.2 Satz (Satz von Robinson [19])

Für konvexe (und stetige) Funktionen $g_i : \mathbb{R}^n \to \mathbb{R}$, $i \in I$, sei $g_0 = \max_{i \in I} g_i$, und die Menge $M_0 = \{x \in \mathbb{R}^n \mid g_0(x) \leq 0\}$ sei beschränkt und besitze einen Slater-Punkt $x^\star$. Dann erfüllt die Ungleichung $g_0(x) \leq 0$ die globale Fehlerschranke

$$\forall\, x \in \mathbb{R}^n : \quad \mathrm{dist}(x, M_0) \leq \gamma\, g_0^+(x)$$

mit

$$\gamma := \frac{\max_{x \in M_0} \|x - x^\star\|_2}{|g_0(x^\star)|}.$$

Beweis Wir stellen zunächst fest, dass das Maximum im Zähler der Definition von γ nach dem Satz von Weierstraß angenommen wird und dass es wegen der Slater-Bedingung eine positive Zahl ist. Damit ist γ wohldefiniert und positiv.

Für alle $x \in M_0$ ist die globale Fehlerschranke natürlich mit jedem $\gamma > 0$ erfüllt. Im Folgenden betrachten wir daher einen beliebigen Punkt $x \in M_0^c$. Der Beweis basiert darauf, dass sich explizit ein Punkt auf der Verbindungsstrecke von x zu $x^\star$ angeben lässt, der in M_0 liegt (Abb. 2.7). Dazu setzen wir

$$\lambda = \frac{g_0^+(x)}{g_0^+(x) - g_0(x^\star)}.$$

Abb. 2.7 Konstruktion im Beweis zum Satz von Robinson

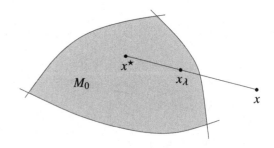

Wegen $\lambda \in (0, 1)$ ist

$$x_\lambda := (1 - \lambda)x + \lambda x^\star$$

eine Konvexkombination von x und $x^\star$, und wir erhalten aus der Konvexität der Funktion g_0

$$g_0(x_\lambda) \leq (1 - \lambda)g_0(x) + \lambda g_0(x^\star) \leq (1 - \lambda)g_0^+(x) + \lambda g_0(x^\star) = 0,$$

also $x_\lambda \in M_0$. Daraus folgt

$$\text{dist}(x, M_0) = \inf_{y \in M_0} \|y - x\|_2 \leq \|x_\lambda - x\|_2. \tag{2.1}$$

Wir müssen nun noch den Term $\|x_\lambda - x\|_2$ durch ein Vielfaches von $g_0^+(x)$ nach oben abschätzen. Tatsächlich folgt aus

$$\|x_\lambda - x\|_2 = \frac{g_0^+(x)}{g_0^+(x) - g_0(x^\star)} \|x^\star - x\|_2$$

durch Umstellen die Abschätzung

$$-g_0(x^\star) \|x_\lambda - x\|_2 = g_0^+(x) \left(\|x^\star - x\|_2 - \|x_\lambda - x\|_2 \right)$$
$$= g_0^+(x) \left(\|x^\star - x_\lambda + x_\lambda - x\|_2 - \|x_\lambda - x\|_2 \right)$$
$$\leq g_0^+(x) \|x^\star - x_\lambda\|_2$$

und damit

$$\|x_\lambda - x\|_2 \leq \frac{\|x^\star - x_\lambda\|_2}{-g_0(x^\star)} g_0^+(x) \leq \frac{\max_{x \in M_0} \|x - x^\star\|_2}{-g_0(x^\star)} g_0^+(x).$$

$\square$

2.2.3 Übung Zeigen Sie, dass die Funktion $f(x) = x_1 + \sqrt{x_1^2 + x_2^2}$ zwar konvex auf $\mathbb{R}^2$ ist, dass aber keine globale Fehlerschranke für die Ungleichung $f(x) \leq 0$ existiert. Warum widerspricht dies nicht der Aussage von Satz 2.2.2?
Hinweis: Betrachten Sie die Folge von Punkten $x^k = (-k, 1)^\mathsf{T}, k \in \mathbb{N}$.

Robinson [19] hatte eine noch gröbere Hoffman-Konstante angegeben, indem er die weitere Abschätzung

$$\max_{x \in M_0} \|x - x^\star\|_2 \leq \max_{x, y \in M_0} \|x - y\| =: \text{diam}(M_0)$$

mit dem *Durchmesser* diam(M_0) von M_0 vornahm. Unter den Voraussetzungen von Satz 2.2.2 erhält man dann eine globale Fehlerschranke mit Hoffman-Konstante $\gamma = $ diam$(M_0)/|g_0(x^\star)|$. Dazu muss allerdings nach wie vor ein Slater-Punkt $x^\star$ von M_0 bekannt sein, so dass man auch bei der feineren Abschätzung aus Satz 2.2.2 bleiben kann.

Zur tatsächlichen Berechenbarkeit von γ aus diesen Formeln merken wir an, dass sowohl die Maximierung der konvexen Funktion $\|x - x^\star\|_2$ über der konvexen Menge M_0 als auch die Berechnung von diam(M_0) schwer sein können. Selbst im linearen Fall $g(x) = Ax - b$, in dem M_0 unter den Voraussetzungen von Satz 2.2.2 ein Polytop ist, folgt aus dem Eckensatz der konvexen Maximierung [20, Cor. 32.3.4] zwar

$$\max_{x \in M_0} \|x - x^\star\|_2 \;=\; \max_{x \in \mathrm{vert}(M_0)} \|x - x^\star\|_2$$

mit der Eckenmenge $\mathrm{vert}(M_0)$ von M_0, aber auch deren komplette Bestimmung kann aufwendig sein, wenn die Raumdimension n und/oder die Anzahl der Restriktionen p nicht klein sind.

Andererseits ist wenigstens die Berechnung eines Slater-Punkts $x^\star$ von M_0 effizient möglich, denn ihn findet man per unrestringierter Minimierung der konvexen Funktion g_0 (dieses Optimierungsproblem ist nach dem verschärften Satz von Weierstraß [24] lösbar, da g_0 unter den Voraussetzungen von Satz 2.2.2 die nichtleere und kompakte untere Niveaumenge M_0 besitzt). Die Epigraphumformulierung liefert dafür das konvexe und stetig differenzierbare Problem

$$P_{\mathrm{Slater}} : \quad \min_{x,\alpha} \alpha \quad \text{s.t.} \quad g_i(x) \leq \alpha, \quad i \in I,$$

das mit Verfahren der glatten konvexen Optimierung [24] effizient lösbar ist. Zu jedem Optimalpunkt $(x^\star, \alpha^\star)$ von P_{Slater} ist $x^\star$ dann ein Slater-Punkt von M_0.

Bei diesem Argument haben wir wie in Satz 2.2.2 vorausgesetzt, dass M_0 die SB erfüllt. Mit Hilfe des Problems P_{Slater} lässt sich Letzteres auch algorithmisch überprüfen, denn die SB gilt in M_0 genau für $\alpha^\star < 0$.

Die Kombination von Satz 2.1.9 mit Satz 2.2.2 liefert unter deren Voraussetzungen die Gültigkeit der Bedingungen (P5) und (unter den oben diskutierten Einschränkungen) (P6).

2.2.4 Satz *Für konvexe Funktionen $g_i : \mathbb{R}^n \to \mathbb{R}$, $i \in I$, sei $g_0 = \max_{i \in I} g_i$, und die Menge $M_0 = \{x \in \mathbb{R}^n \,|\, g_0(x) \leq 0\}$ sei beschränkt und besitze einen Slater-Punkt $x^\star$. Dann gilt zu gegebenen $r \geq 1$ und $\varepsilon > 0$ mit*

$$\gamma := \frac{\max_{x \in M_0} \|x - x^\star\|}{|g_0(x^\star)|} \quad \text{und} \quad \delta := \frac{\varepsilon}{\gamma r \log(p)}$$

für alle $t \in (0, \delta]$

$$\mathrm{ex}(M_{t,r}, M_0) \leq \varepsilon.$$

2.2.5 Beispiel

Wir sind jetzt in der Lage, das in Beispiel 1.2.8 für die durch die vier linearen Ungleichungsfunktionen

$$g_1(x) = x_1 - 2,$$
$$g_2(x) = x_2 - 1,$$
$$g_3(x) = -x_1 - 2,$$
$$g_4(x) = -x_2 - 1$$

beschriebene Box $M_0 = [-2, 2] \times [-1, 1]$ beobachtete Verhalten $\lim_{t \searrow 0} \mathrm{ex}(M_{t,1}, M_0) = 0$ nicht nur zu beweisen, sondern auch zu *quantifizieren*.

Dazu prüfen wir die Voraussetzungen von Satz 2.2.4: Die Funktionen g_i, $i = 1, \ldots, 4$, sind konvex, M_0 ist beschränkt, und $x^\star = 0$ ist ein Slater-Punkt von M_0, so dass der Satz anwendbar ist. Wir wählen $r = 1$ und ein beliebiges $\varepsilon > 0$. Es gilt $g_0(x^\star) = \max\{-2, -1, -2, -1\} = -1$, und geometrisch ist außerdem $\max_{x \in M_0} \|x - x^\star\|_2 = \max_{x \in [-2,2] \times [-1,1]} \|x\|_2 = \sqrt{5}$ leicht ersichtlich, so dass wir $\gamma = \sqrt{5}$ und $\delta = \varepsilon / (\sqrt{5} \log(4))$ setzen dürfen. Dann gilt für alle $t \in (0, \delta]$ die Abschätzung $\mathrm{ex}(M_{t,1}, M_0) \leq \varepsilon$.

Damit ist nicht nur $\lim_{t \searrow 0} \mathrm{ex}(M_{t,1}, M_0) = 0$ gezeigt, sondern zu einem gewünschten Maximalabstand $\varepsilon > 0$ können wir auch explizit einen von t zu unterschreitenden Wert δ so angeben, dass dieser Maximalabstand garantiert ist. Für $\varepsilon = 1$ erhalten wir beispielsweise

$$t \leq \delta = \frac{1}{\sqrt{5} \log(4)} \approx 0.323 \,.$$

Abb. 2.8 illustriert für $t = \delta$, dass der Höchstabstand $\varepsilon = 1$ zwischen Glättung und Box überall eingehalten wird.

Man erkennt allerdings auch, dass der tatsächliche Höchstabstand sogar kleiner als 0.5 ist, was gar nicht gewünscht war. Damit ist man zwar „auf der sicheren Seite", aber insbesondere schränkt dies die Wahl des Sicherheitsabstands σ in der Forderung (P7) unnötig stark ein, denn zum Beispiel wäre hier die Wahl $\sigma = 0.75$ trotz $\sigma \leq \varepsilon$ nicht realisierbar. ◄

In Beispiel 2.2.5 liegt der Grund für die zu starke Einschränkung an t darin, dass die in Satz 2.2.2 angegebene Hoffman-Konstante γ zwar gültig, aber noch verkleinerbar ist. Für kleineres γ wird das in Satz 2.2.2 angegebene δ größer und damit die Einschränkung an die möglichen Werte von t mit $\mathrm{ex}(M_{t,1}, M_0) \leq 1$ gelockert.

Abb. 2.8 Glättung einer Box
mit garantiertem
Höchstabstand

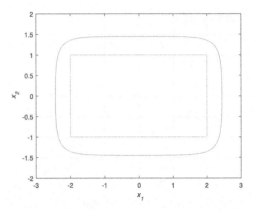

2.2.6 Übung Berechnen Sie in der Situation von Beispiel 2.2.5 zu $\varepsilon = 1$ und mit dem Slater-Punkt $x^\star = 0$ den Wert δ mit Hilfe der von Robinson vorgeschlagenen Hoffman-Konstante $\gamma = \mathrm{diam}(M_0)/|g_0(x^\star)|$.

Aus Gründen wie in Beispiel 2.2.5 ist man häufig an Formeln für *kleine* Hoffman-Konstanten interessiert, womit wir uns im Folgenden beschäftigen.

2.2.7 Bemerkung Eine einfache Möglichkeit zur Erzeugung kleiner Hoffman-Konstanten besteht darin, die Funktionen g_i, $i \in I$, zu skalieren. Falls nämlich für die Ungleichung $g_0(x) \le 0$ eine globale Fehlerschranke mit Konstante $\gamma > 0$ existiert, dann gilt mit einem Faktor $a > 1$ und den skalierten Funktionen $g_i^a := a g_i, i \in I$,

$$g_0^a(x) := \max_{i \in I} g_i^a(x) = a g_0(x),$$
$$M_0^a := \{x \in \mathbb{R}^n \mid 0 \ge g_0^a(x) = a g_0(x)\}$$
$$= \{x \in \mathbb{R}^n \mid 0 \ge g_0(x)\} = M_0$$

und damit $\forall x \in \mathbb{R}^n :\ \mathrm{dist}(x, M_0^a) = \mathrm{dist}(x, M_0) \le \gamma g_0^+(x) = \frac{\gamma}{a}(g_0^a)^+(x).$

Daher ist $\gamma^a := \gamma/a < \gamma$ eine Hoffman-Konstante für die Ungleichung $g_0^a(x) \le 0$. Dies kann man so interpretieren, dass sich durch passend große Wahlen von a beliebig kleine Hoffman-Konstanten erzeugen lassen. Die Oberschranke

$$\delta^a := \frac{\varepsilon}{\gamma^a r \log(p)} = a\delta$$

an t, mit der wir für die approximierenden Mengen

$$M_{t,r}^a := \{x \in \mathbb{R}^n \mid g_{t,r}^a(x) \le 0\}$$

$\mathrm{ex}(M_{t,r}^a, M_0) \le \varepsilon$ garantieren können, wird dadurch beliebig groß.
    Daraus lässt sich allerdings *nicht* schließen, dass die Geometrie der Mengen $M_{t,r}^a$ sich für die nun erlaubten größeren Werte von $t \le \delta^a = a\delta$ so ändert, dass der erlaubte Höchstabstand $\mathrm{ex}(M_{t,r}^a, M_0) \le \varepsilon$ besser „ausgeschöpft" wird. Tatsächlich gilt

$$g_{t,r}^a(x) := t \log \left(\sum_{i=1}^p \exp(ag_i(x)/t) \right) - tr \log(p) = ag_{(t/a),r}(x),$$

woraus $M_{t,r}^a = M_{(t/a),r}$ folgt. Die Skalierung der Funktionen g_i äußert sich also einfach in einer Skalierung des Glättungsparameters t, und die Aussage $\mathrm{ex}(M_{t,r}^a, M_0) \le \varepsilon$ für alle $t \le \delta^a = a\delta$ erweist sich als äquivalent zu $\mathrm{ex}(M_{(t/a),r}, M_0) \le \varepsilon$ für alle $t/a \le \delta$. Dies war aber bereits vor der Skalierung bekannt, sie bringt also keine Verbesserung.

Im Folgenden leiten wir eine Formel zur Bestimmung der bestmöglichen Hoffman-Konstante für eine gegebene Ungleichung $f(x) \le 0$ her, wobei f eine beliebige auf $\mathbb{R}^n$ konvexe Funktion ist. Wir untersuchen also, wann für die Menge $M = f_{\le}^0$ eine Hoffman-Konstante $\gamma > 0$ mit

$$\forall \, x \in \mathbb{R}^n : \quad \mathrm{dist}(x, M) \le \gamma \, f^+(x)$$

existiert und wie γ kleinstmöglich zu wählen ist. Durch die Setzung $f := g_0$ mit $g_0 = \max_{i \in I} g_i$ für stetig differenzierbare konvexe Funktionen g_i gewinnen wir daraus im Anschluss die bestmögliche Hoffman-Konstante für den entropischen Glättungsansatz.

Die gesuchte Formel basiert auf den bereits in Abschn. 2.1 diskutierten Überlegungen, nach denen die Hoffman-Konstante mit Steigungsinformationen über die Funktion f am Rand der Menge M zusammenhängen sollte. Da eine konvexe Funktion im Allgemeinen nicht differenzierbar zu sein braucht, benötigen wir dazu einen verallgemeinerten Ableitungsbegriff. Tatsächlich reicht die *einseitige Richtungsdifferenzierbarkeit* von f für unsere Argumente aus, und glücklicherweise stellt sich in Kap. 3 heraus, dass *jede* konvexe Funktion einseitig richtungsdifferenzierbar ist.

2.3 Normalenkegel

Zunächst befassen wir uns mit den *Richtungen*, in denen wir die einseitige Richtungsdifferenzierbarkeit später zur Anwendung bringen, nämlich den *Normalenrichtungen* an M.

Vorüberlegungen
Zur Motivation sei eine stetig differenzierbare Funktion $f : \mathbb{R}^n \to \mathbb{R}$ gegeben. Als Formel für ihre (einseitige) Richtungsableitung an einem Punkt $x \in \mathbb{R}^n$ in Richtung $d \in \mathbb{R}^n$ ist dann das Skalarprodukt $\langle \nabla f(x), d \rangle$ bekannt [25]. Falls sich die Überlegungen aus Abschn. 2.1 auf allgemeinere Probleme übertragen lassen, ist für die kleinste Hoffman-Konstante eine Formel der Bauart

$$\gamma = \left(\inf_{x \in \mathrm{bd}\, M} \inf_d \langle \nabla f(x), d \rangle \right)^{-1} \tag{2.2}$$

zu erwarten, also der Kehrwert der kleinsten aller über den Rand von $M = f_{\le}^0$ genommenen Richtungsableitungen von f.

Die für den vorliegenden Abschnitt entscheidende Frage ist, über welche Richtungen d dabei das innere Infimum in (2.2) gebildet werden soll. In den Überlegungen aus Abschn. 2.1 wurden jedenfalls Richtungen gewählt, die von Randpunkten von M aus „nach außen zeigen". Während diese Richtungen im dort vorliegenden eindimensionalen Fall nur „nach rechts" und „nach links" lauten können (was den Wahlen $d > 0$ bzw. $d < 0$ entspricht), gibt es bereits in zwei Dimensionen im Allgemeinen unendlich viele äußere Richtungen an eine Menge, wie Abb. 2.9 illustriert.

In (2.2) wäre es sinnlos, das innere Infimum über *alle* solche Richtungen zu nehmen, denn dies würde bereits in der einfachen Situation aus Abb. 2.9 zum Wert null für das innere und damit auch für das äußere Infimum führen, so dass keine Kehrwertbildung mehr möglich wäre. Für diesen Effekt lassen sich zwei unabhängige Gründe anführen.

Erstens ist beispielsweise aus [25] bekannt, dass der Gradient $\nabla f(x)$ senkrecht auf dem Rand von $M = f_{\leq}^{0}$ steht und nach außen zeigt. In Abb. 2.9 ist er also ein positives Vielfaches der Richtung d^{2}. Außerdem entsprechen die in Abb. 2.9 ausschließlich auftretenden spitzen oder rechten Winkel zwischen äußeren Richtungen d und $\nabla f(x)$ dem Vorzeichen $\langle \nabla f(x), d \rangle \geq 0$ des Skalarprodukts [25]. Durch die Wahl einer tangential zum Rand stehenden äußeren Richtung wie d^{3} wird das Skalarprodukt tatsächlich null, so dass das Infimum der Ausdrücke $\langle \nabla f(x), d \rangle$ über alle äußeren Richtungen d schon aus diesem ersten Grund null ist.

Als Abhilfe schränkt man die Auswahl der äußeren Richtungen auf diejenigen ein, die in gewissem Sinne „die wesentliche Information" enthalten, nämlich auf solche, die *senkrecht auf dem Rand* stehen. Man spricht dann auch von *äußeren Normalenrichtungen*. Aus der obigen Überlegung ist klar, dass sie zumindest in der Situation aus Abb. 2.9 genau mit den positiven Vielfachen von $\nabla f(x)$ übereinstimmen, dass also für jede äußere Normalenrichtung d ein $\alpha > 0$ mit $d = \alpha \nabla f(x)$ existiert.

Zweitens genügt leider auch die Einschränkung auf äußere Normalenvektoren noch nicht, denn diese dürfen beliebig kurz sein, was man wegen $\|d\|_{2} = \alpha \|\nabla f(x)\|_{2}$ durch die Wahl von beliebig kleinen $\alpha > 0$ erreicht. Dann gilt jedoch $\langle \nabla f(x), d \rangle = \alpha \langle \nabla f(x), \nabla f(x) \rangle = \alpha \|\nabla f(x)\|_{2}^{2}$, so dass das Skalarprodukt wieder nichtnegativ mit Infimum null über alle äußeren Normalenrichtungen ist.

Ein Ausweg ist die *Normierung* der äußeren Normalenrichtungen auf Länge eins, was aus geometrischer Sicht sicherlich keine Einschränkung bedeutet, weil die Länge von Richtungsvektoren grundsätzlich irrelevant ist. Insgesamt ist in Abb. 2.9 die resultierende uns

Abb. 2.9 Richtungen, die vom Rand von M aus „nach außen" zeigen

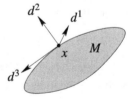

interessierende äußere Richtung $d = \nabla f(x)/\|\nabla f(x)\|_2$ sogar eindeutig bestimmt. Wir behandeln diesen Fall in Abschn. 2.5 ausführlich weiter.

Definition und Eigenschaften

Im vorliegenden Abschnitt soll es jedoch darum gehen, was man unter äußeren Normalenrichtungen an Randpunkten x einer Menge M verstehen soll, an denen der Rand von M „nicht glatt" ist (Abb. 2.10), weil dann unklar ist, wie die Verallgemeinerung der Forderung lauten könnte, die äußere Richtung solle „senkrecht auf dem Rand stehen". Bei einer funktionalen Beschreibung $M = f_{\leq}^0$ von M kann die „Nichtglattheit des Rands" darin begründet liegen, dass f an x nicht differenzierbar oder aber differenzierbar mit $\nabla f(x) = 0$ ist.

Um die Untersuchung solcher eher „unangenehmen" Situationen (fehlende Differenzierbarkeit oder fehlende Regularität) zunächst zu vermeiden, stellen wir fest, dass das Konzept einer „äußeren Richtung" an x sich auch ohne funktionale Beschreibung von M, also rein geometrisch formulieren lassen sollte. Wie in diesem Lehrbuch üblich nennen wir die betrachtete Menge in Abwesenheit einer funktionalen Beschreibung im Folgenden nicht M, sondern X.

Wir versuchen es mit der folgenden Definition, die einen Vektor s als äußere Normalenrichtung an X in x bezeichnet, wenn s für kein $y \in X$ mit dem Vektor $y - x$ einen spitzen Winkel bildet.

2.3.1 Definition (Normalenkegel)
Für eine konvexe Menge $X \subseteq \mathbb{R}^n$ und $x \in X$ heißt

$$N(x, X) := \{s \in \mathbb{R}^n | \langle s, y - x \rangle \leq 0 \text{ für alle } y \in X\}$$

Normalenkegel an X in x. Die Elemente s des Normalenkegels $N(x, X)$ nennt man auch (äußere) *Normalenrichtungen* an X in x.

In Abb. 2.11 bilden die Vektoren s^1 und s^2 stumpfe Winkel mit dem Vektor $\tilde{y} - x$. Allerdings zählt der Vektor s^1 *nicht* zum Normalenkegel $N(x, X)$, da er beispielsweise mit $\bar{y} - x$ einen

Abb. 2.10 Menge M ohne
glatten Rand

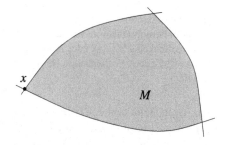

Abb. 2.11 Definition eines
Normalenkegels

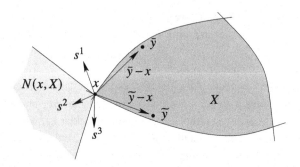

spitzen Winkel bildet. Analog besitzt der Vektor s^3 zwar einen stumpfen Winkel mit $\bar{y} - x$, gehört aber nicht zu $N(x, X)$, weil er einen spitzen Winkel mit $\tilde{y} - x$ bildet. Der Vektor s^2 bildet hingegen nicht nur mit $\tilde{y} - x$ und $\bar{y} - x$ einen stumpfen Winkel, sondern mit $y - x$ für jede Wahl $y \in X$. Daher liegt s^2 in $N(x, X)$.

Für die folgende Übung sei daran erinnert, dass eine Menge $A \subseteq \mathbb{R}^n$ als *Kegel* bezeichnet wird, wenn

$$\forall\, a \in A, \ \lambda > 0 : \quad \lambda a \in A$$

gilt.

2.3.2 Übung Zeigen Sie für jede konvexe Menge $X \subseteq \mathbb{R}^n$ und jedes $x \in X$, dass die Menge $N(x, X)$ ein konvexer und abgeschlossener Kegel mit $0 \in N(x, X)$ ist. Zeigen Sie außerdem $N(x, X) = \{0\}$ für alle $x \in \mathrm{int} X$.

Abb. 2.12 illustriert die Resultate aus Übung 2.3.2. Die Gestalt des Normalenkegels $N(x^4, X)$ zeigt außerdem, dass die äußeren Normalenrichtungen an „glatten Randstücken" mit denen aus der Vorüberlegung übereinzustimmen scheinen. Dies verifizieren wir in Abschn. 2.5.

2.3.3 Bemerkung In [25] wird der Normalenkegel an eine nicht notwendigerweise konvexe Menge $X \subseteq \mathbb{R}^n$ in $x \in X$ als

$$N(x, X) = \{s \in \mathbb{R}^n \mid \langle s, d \rangle \le 0 \ \text{ für alle } d \in C(x, X)\}$$

definiert, wobei $C(x, X)$ den *Tangentialkegel* an X in x bezeichnet, also eine Linearisierung von X (s. Abschn. 4.2 für Details). Dass in der konvexen Analysis bei der Definition des Normalenkegels keine Linearisierung von X, sondern die Menge X selbst benutzt werden kann, liegt an der Variationsformulierung konvexer Probleme (Satz 2.3.4). Die obige Konstruktion bedeutet gerade, dass der Normalenkegel $N(x, X)$ der *Polarkegel* von $C(x, X)$ ist (Definition 6.4.2). Dass die beiden für konvexe Mengen X vorliegenden Definitionen von $N(x, X)$ übereinstimmen, wird in Lemma 6.4.3 gezeigt.

Dass der in Definition 2.3.1 eingeführte Normalenkegel an konvexe Mengen tatsächlich das für unsere Zwecke richtige Konzept bildet, beruht auf seinem Zusammenhang zur Variationsformulierung konvexer Optimierungsprobleme. Wir beschäftigen uns zunächst mit dem

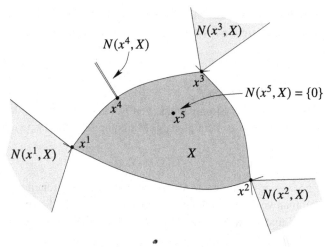

Abb. 2.12 Menge X mit Normalenkegeln in verschiedenen Punkten

allgemeinen Zusammenhang, aus dem sich unter anderem eine Stationaritätsbedingung für restringierte konvexe Optimierungsprobleme herleiten lässt. Im Anschluss wenden wir diesen Zusammenhang speziell auf Projektionsprobleme an, wodurch wir wichtige Ergebnisse über die in der globalen Fehlerschranke auftretende Distanzfunktion erhalten.

Zusammenhang zur Variationsformulierung konvexer Optimierungsprobleme
Da die Variationsformulierung konvexer Optimierungsprobleme ein grundlegendes Resultat der konvexen Analysis darstellt, geben wir ihren Beweis hier zur Vollständigkeit an, obwohl dieser auch beispielsweise in [25] erscheint. Es handelt sich dabei um eine Verallgemeinerung der Charakterisierung globaler Minimalpunkte unrestringierter konvexer Probleme aus Satz 1.4.5 auf den restringierten Fall. Bemerkenswert ist daran, dass nur die Zielfunktion, aber *nicht* die zulässige Menge linearisiert wird.

2.3.4 Satz (Variationsformulierung konvexer Optimierungsprobleme)
Die Menge $X \subseteq \mathbb{R}^n$ und die Funktion $f \in C^1(X, \mathbb{R})$ seien konvex. Dann ist $x \in \mathbb{R}^n$ genau dann globaler Minimalpunkt von

$$P: \quad \min f(y) \quad \text{s.t.} \quad y \in X,$$

wenn x globaler Minimalpunkt von

$$P_{\text{lin}}(x): \quad \min_y \langle \nabla f(x), y - x \rangle \quad \text{s.t.} \quad y \in X$$

ist.

Beweis Zunächst sei x ein globaler Minimalpunkt von $P_{\mathrm{lin}}(x)$. Dann gilt insbesondere $x \in X$, so dass x auch zulässig für P ist. Ferner hat man nach Satz 1.4.2 für alle $y \in X$

$$f(y) \geq f(x) + \langle \nabla f(x), y - x \rangle \geq f(x) + \langle \nabla f(x), x - x \rangle = f(x),$$

also ist x globaler Minimalpunkt von P.

Andererseits sei x ein globaler Minimalpunkt von P. Insbesondere ist x dann zulässig für $P_{\mathrm{lin}}(x)$. Wir nehmen nun an, x sei kein globaler Minimalpunkt von $P_{\mathrm{lin}}(x)$. Dann existiert ein $y \in X$ mit

$$\langle \nabla f(x), y - x \rangle < \langle \nabla f(x), x - x \rangle = 0.$$

Die Richtung $d := y - x$ ist demnach Abstiegsrichtung erster Ordnung für f in x [25]. Außerdem verlässt man von x aus entlang d für kleine $t > 0$ nicht die zulässige Menge X, denn wegen $x, y \in X$ und der Konvexität von X folgt für alle Schrittweiten $t \in [0, 1]$

$$x + td = (1 - t)x + ty \in X.$$

Damit ist d eine zulässige Abstiegsrichtung für P in x, was der Voraussetzung widerspricht, x sei Minimalpunkt von P. $\square$

Während die Charakterisierung für globale Minimalität von x aus Satz 2.3.4 nicht sehr hilfreich zu sein scheint, weil a priori unklar ist, zu welchem Punkt x man das Hilfsproblem $P_{\mathrm{lin}}(x)$ aufstellen muss, erhält man eine übersichtlichere Bedingung durch die Benutzung eines Normalenkegels.

2.3.5 Korollar
Die Menge $X \subseteq \mathbb{R}^n$ und die Funktion $f \in C^1(X, \mathbb{R})$ seien konvex. Dann ist $x \in \mathbb{R}^n$ genau dann globaler Minimalpunkt von

$$P : \quad \min \; f(y) \quad \text{s.t.} \quad y \in X,$$

wenn die Bedingungen $x \in X$ und

$$-\nabla f(x) \in N(x, X)$$

gelten.

Beweis Ein Punkt $x \in \mathbb{R}^n$ ist nach Satz 2.3.4 genau dann globaler Minimalpunkt von P, wenn er globaler Minimalpunkt von $P_{\mathrm{lin}}(x)$ ist, wenn also die Bedingungen $x \in X$ und

$$\langle \nabla f(x), y - x \rangle \geq \langle \nabla f(x), x - x \rangle \; \text{für alle } y \in X$$

gelten. Wegen $\langle \nabla f(x), x - x \rangle = 0$ ist dies zu $x \in X$ und

$$\langle -\nabla f(x), y - x \rangle \leq 0 \quad \text{für alle } y \in X$$

äquivalent, also zu $x \in X$ und $-\nabla f(x) \in N(x, X)$. □

Korollar 2.3.5 motiviert die folgende Verallgemeinerung des Konzepts des stationären Punkts aus Definition 1.4.3 auf restringierte konvexe Probleme.

> **2.3.6 Definition (Stationärer Punkt – restringierter glatter Fall)**
> Die Menge $X \subseteq \mathbb{R}^n$ und die Funktion $f \in C^1(X, \mathbb{R})$ seien konvex. Dann heißt $x \in X$ *stationärer Punkt* von f auf X, wenn
>
> $$0 \in \nabla f(x) + N(x, X)$$
>
> gilt.

Die Aussage von Korollar 2.3.5 lautet in dieser Terminologie, dass analog zum unrestringierten Fall (Bemerkung 1.4.4 und Satz 1.4.5) die globalen Minimalpunkte von f auf X genau mit den stationären Punkten übereinstimmen. Wesentlich ist für diese Stationaritätsbedingung, dass die Menge $N(x, X)$ zunächst keine explizite funktionale Beschreibung durch endlich viele Restriktionen besitzt. Stattdessen hängt der Normalenkegel $N(x, X)$ nur von der *Geometrie* der Menge X ab, denn eine funktionale Beschreibung für X haben wir in dieser Konstruktion nicht vorausgesetzt.

Zusammenhang zum Projektionsproblem

Um Ergebnisse über die in der globalen Fehlerschranke auftretende Distanzfunktion herzuleiten, fassen wir für eine beliebige Menge $X \subseteq \mathbb{R}^n$ und einen Punkt $x \in X$ den erweitert reellen Wert $\text{dist}(x, X) \in \overline{\mathbb{R}}$ als Optimalwert des *Projektionsproblems*

$$Pr(x, X): \quad \min \|y - x\|_2 \quad \text{s.t.} \quad y \in X$$

auf und wenden hierauf die Variationsformulierung an. Die Lösbarkeit von $Pr(x, X)$, aus der insbesondere $\text{dist}(x, X) \in \mathbb{R}$ folgt, ist bereits unter schwachen Voraussetzungen gegeben.

> **2.3.7 Lemma** *Es seien $X \subseteq \mathbb{R}^n$ eine nichtleere abgeschlossene Menge und $x \in \mathbb{R}^n$. Dann existiert in X ein Punkt $y^\star$, der von x minimalen euklidischen Abstand besitzt, d.h., $y^\star$ ist globaler Minimalpunkt des Problems $Pr(x, X)$.*

Beweis Wähle einen Punkt $\bar{y} \in X$ und setze $\alpha := \|\bar{y} - x\|_2$. Für $f(y) := \|y - x\|_2$ ist dann die untere Niveaumenge

$$f_\leq^\alpha = \{y \in \mathbb{R}^n | \ \|y - x\|_2 \leq \alpha\}$$

eine Kugel mit Mittelpunkt x und Radius α, also nichtleer und kompakt. Da der Punkt $\bar{y}$ sowohl in $f_\leq^\alpha$ als auch in X liegt, ist auch die Menge $\text{lev}_\leq^\alpha(f, X) = f_\leq^\alpha \cap X$ nichtleer. Als Schnitt einer kompakten mit einer abgeschlossenen Menge ist sie außerdem kompakt. Damit garantiert der verschärfte Satz von Weierstraß [24] die Existenz eines Minimalpunkts $y^\star$ von $Pr(x, X)$. $\square$

In unserer Betrachtung globaler Fehlerschranken werden wir die Menge X im Projektionsproblem $Pr(x, X)$ außerdem als konvex voraussetzen. Da die Zielfunktion von $Pr(x, X)$ eine in y konvexe Funktion ist, handelt es sich bei $Pr(x, X)$ dann um ein konvexes Optimierungsproblem. Nach [24, 25] besitzt $Pr(x, X)$ dieselben Optimalpunkte wie

$$Pr^2(x, X): \quad \min \|y - x\|_2^2 \quad \text{s.t.} \quad y \in X,$$

wobei die Zielfunktion von $Pr^2(x, X)$ sogar zweimal stetig differenzierbar und gleichmäßig konvex ist. Daher besitzt $Pr^2(x, X)$ einen *eindeutigen* Minimalpunkt [24], und die folgende Verschärfung von Lemma 2.3.7 für zusätzlich konvexe Mengen $X \subseteq \mathbb{R}^n$ ist gezeigt.

2.3.8 Satz *Es seien $X \subseteq \mathbb{R}^n$ eine nichtleere, abgeschlossene und konvexe Menge sowie $x \in \mathbb{R}^n$. Dann besitzt das Problem $Pr(x, X)$ einen eindeutigen globalen Minimalpunkt $y^\star$.*

Der Punkt $y^\star$ aus Satz 2.3.8 heißt auch *orthogonale Projektion* von x auf X, kurz $y^\star = \text{pr}(x, X)$. Mit diesem Optimal*punkt* gilt für den Optimal*wert* des Projektionsproblems $\text{dist}(x, X) = \|\text{pr}(x, X) - x\|_2$.

2.3.9 Übung Zeigen Sie, dass für jede nichtleere, abgeschlossene und konvexe Menge $X \subseteq \mathbb{R}^n$ und jeden Punkt $x \in X^c$ die orthogonale Projektion von x auf X am Rand von X liegt, dass also $\text{pr}(x, X) \in \text{bd}\, X$ gilt.
Hinweis: Führen Sie die Annahme, dass $\text{pr}(x, X) = y^\star$ in $\text{int}\, X$ liegt, zum Widerspruch, indem Sie explizit einen Punkt $\tilde{y} \in X$ angeben, für den die Zielfunktion von $Pr(x, X)$ an $\tilde{y}$ einen kleineren Wert besitzt als an $y^\star$.

Es gilt überraschenderweise auch eine Umkehrung von Satz 2.3.8. Eine nichtleere und abgeschlossene Menge $X \subseteq \mathbb{R}^n$ ist nämlich genau dann konvex, wenn für jedes $x \in \mathbb{R}^n$ das Projektionsproblem $Pr(x, X)$ eindeutig lösbar ist [5, Ex. 8.2].

Es sei außerdem angemerkt, dass Projektionsprobleme auf nichtleere, abgeschlossene und konvexe Mengen bezüglich anderer Normen nicht notwendigerweise eindeutig lösbar sind. Beispiel 6.5.5 illustriert dies für die Projektion auf einen Halbraum bezüglich der ℓ_1-Norm.

Für das Projektionsproblem liefert die Variationsformulierung das folgende Ergebnis.

2.3.10 Satz (Projektionslemma)

Es seien $X \subseteq \mathbb{R}^n$ eine nichtleere, abgeschlossene und konvexe Menge sowie $x \in \mathbb{R}^n$. Dann ist der eindeutige Optimalpunkt $\mathrm{pr}(x, X)$ des Projektionsproblems

$$Pr(x, X): \quad \min \|y - x\|_2 \quad \text{s.t.} \quad y \in X$$

gleichzeitig die eindeutige Lösung der Bedingungen

$$y \in X \quad \text{und} \quad x \in y + N(y, X).$$

Beweis Der nach Satz 2.3.8 eindeutige Optimalpunkt $y^\star = \mathrm{pr}(x, X)$ von $Pr(x, X)$ ist auch eindeutiger Optimalpunkt des konvexen Optimierungsproblems mit stetig differenzierbarer Zielfunktion

$$Pr^2(x, X): \quad \min \|y - x\|_2^2 \quad \text{s.t.} \quad y \in X.$$

Nach Korollar 2.3.5 ist dies genau für $y^\star \in X$ und

$$-2(y^\star - x) \in N(y^\star, X)$$

der Fall. Wegen der Kegeleigenschaft von $N(y^\star, X)$ ist Letzteres gleichbedeutend mit der Behauptung. $\qquad \square$

Aus dem Projektionslemma können wir einige im Weiteren entscheidende Schlussfolgerungen ziehen.

2.3.11 Korollar *Es sei $X \subseteq \mathbb{R}^n$ eine nichtleere, abgeschlossene und konvexe Menge. Dann stimmt für jeden Punkt $x \in X$ die Menge $\{z \in \mathbb{R}^n |\ \mathrm{pr}(z, X) = x\}$ der Punkte $z \in \mathbb{R}^n$, die auf x projiziert werden, mit der Menge $x + N(x, X)$ überein (Abb. 2.12).*

Beweis Nach Satz 2.3.10 gilt $\mathrm{pr}(z, X) = x$ genau dann, wenn x die eindeutige Lösung der Bedingungen $x \in X$ und $z \in x + N(x, X)$ ist. $\qquad \square$

Das folgende Resultat zeigt insbesondere, dass Normalenrichtungen an eine Menge X stets „nach außen" zeigen, sofern es sich nicht um die Nullrichtung handelt.

2.3.12 Korollar *Die Menge $X \subseteq \mathbb{R}^n$ sei nichtleer, abgeschlossen und konvex. Dann gelten für jedes $x \in X$, jedes $d \in N(x, X)$ und jedes $t > 0$ die folgenden Aussagen:*
a) $\mathrm{dist}(x + td, X) = t\|d\|_2$.
b) *$d \neq 0$ impliziert $x + td \in X^c$.*

Beweis Für jedes $x \in X$, $d \in N(x, X)$ und $t > 0$ gilt wegen der Kegeleigenschaft von $N(x, X)$ zunächst $td \in N(x, X)$ und damit $x + td \in x + N(x, X)$. Nach Korollar 2.3.11 ist $x + td$ also einer der Punkte, die auf x projiziert werden. Daraus erhalten wir $\mathrm{pr}(x + td, X) = x$ und

$$\mathrm{dist}(x + td, X) = \|\mathrm{pr}(x + td, X) - (x + td)\|_2 = \|x - (x + td)\|_2 = t\|d\|_2.$$

Die Behauptung von Aussage b folgt sofort aus Aussage a. $\square$

Korollar 2.3.12 liefert die Rechtfertigung dafür, die Vektoren aus $N(x, X)$ nicht nur als Normalenrichtungen, sondern als *äußere* Normalenrichtungen zu bezeichnen. Ausnahme bildet das Element $d = 0$ jedes Normalenkegels (Übung 2.3.2). Die geometrisch einleuchtende Tatsache, dass der Nullvektor in keine Richtung zeigt und daher nicht als Richtungsvektor taugt, wird durch Korollar 2.3.12 formalisiert.

Normierte Normalenrichtungen
An dieser Stelle kommen wir auf die aus der Vorüberlegung dieses Abschnitts bekannte Konstruktion zurück, Kegelelemente zu normieren, da bereits die Elemente s eines Kegels mit $\|s\| = 1$ sämtliche Information über die Geometrie des Kegels beinhalten. Bis auf $s = 0$ lassen sich alle Elemente eines Kegels durch den Übergang zu $s' = s/\|s\|_2$ normieren, was auf die Definition der *normierten Normalenrichtungen*

$$N'(x, X) := \{s \in N(x, X)|\ \|s\|_2 = 1\} \tag{2.3}$$

führt. Da $N'(x, X)$ sicher *nicht* den Nullpunkt enthält, ist $N'(x, X)$ für alle $x \in \mathrm{int}X$ leer (Übung 2.3.2), und unter den Voraussetzungen von Korollar 2.3.12 gelten für jedes $d \in N'(x, X)$ und $t > 0$ die vereinfachten Aussagen $\mathrm{dist}(x + td, X) = t$ und $x + td \in X^c$.

Tatsächlich handelt es sich bei den normierten Normalenrichtungen um die Menge, über die wir das innere Infimum in (2.2) für die kleinste Hoffman-Konstante bilden werden. Dass überhaupt für jeden Randpunkt einer nichtleeren, abgeschlossenen und konvexen Menge X normierte Normalenrichtungen *existieren*, basiert auf einem weiteren zentralen Resultat der konvexen Analysis, das wir in Abschn. 2.4 behandeln. Bei Vorliegen einer funktionalen Beschreibung von X und einer Constraint Qualification ist dies leichter zu sehen, wie der folgende Unterabschnitt unter anderem zeigt.

Funktionale Beschreibung

Falls zusätzlich zur Geometrie eine funktionale Beschreibung der Menge X bekannt ist, etwa $X = M_0 = (g_0)_{\le}^0 = \{x \in \mathbb{R}^n \,|\, g_i(x) \le 0,\, i \in I\}$, dann lassen sich unter einer Constraint Qualification auch die Normalenkegel an X funktional beschreiben. Etwa in Abb. 2.13 sei die Menge $X := M_0$ durch drei glatte Ungleichungen gegeben. Die Ränder der Normalenkegel scheinen dabei genau diejenigen Richtungen zu sein, in die die Gradienten der am jeweiligen Punkt x^k aktiven Ungleichungen zeigen. Außerdem scheint es in allen Normalenkegeln zu Randpunkten von M_0 Richtungen $s \ne 0$ zu geben, so dass die Menge der normierten Normalen $N'(x^k, M_0)$ an diesen Punkten nichtleer ist. Im Folgenden weisen wir diese Eigenschaften für konvexe und stetig differenzierbare Funktionen g_i, $i \in I$, unter der üblichen Regularitätsbedingung allgemein nach.

Um das zugehörige Resultat zu formulieren, definieren wir die *konvexe Kegelhülle* cone(A) einer Menge $A \subseteq \mathbb{R}^n$. Sie unterscheidet sich von der konvexen Hülle conv(A) nur dadurch, dass die Gewichte λ_k sich nicht zu eins zu summieren brauchen, also

$$\text{cone}(A) := \left\{ \sum_{k=1}^{r} \lambda_k a^k \,\middle|\, a^k \in A,\, \lambda_k \ge 0,\, 1 \le k \le r,\, r \in \mathbb{N} \right\}.$$

Speziell für $A = \{\nabla g_i(x),\, i \in I_0(x)\}$ gilt dann

$$\text{cone}(\{\nabla g_i(x),\, i \in I_0(x)\}) = \left\{ \sum_{i \in I_0(x)} \lambda_i \nabla g_i(x) \,\middle|\, \lambda \ge 0 \right\}.$$

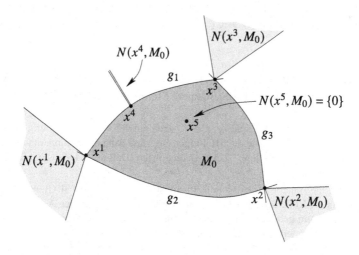

Abb. 2.13 Funktional beschriebene Menge M_0 mit Normalenkegeln

2.3.13 Lemma *Die Funktionen $g_i, i \in I$, seien auf $\mathbb{R}^n$ konvex und stetig differenzierbar, und die Menge $M_0 = (g_0)_{\leq}^0$ erfülle die SB. Dann gilt für jeden Punkt $x \in$ bd M_0*

$$N(x, M_0) = \text{cone}(\{\nabla g_i(x), \ i \in I_0(x)\}) \supsetneq \{0\}$$

und damit insbesondere $N'(x, M_0) \neq \emptyset$.

Beweis Wegen der Stetigkeit von g_0 und Übung 1.6.4 gilt zunächst $g_0(x) = 0$ und damit $I_0(x) \neq \emptyset$. Für jedes $i \in I_0(x)$ folgt aus der C^1-Charakterisierung der Konvexität von g_i an x für alle $y \in M_0$

$$0 \geq g_i(y) \geq g_i(x) + \langle \nabla g_i(x), y - x \rangle = \langle \nabla g_i(x), y - x \rangle$$

und damit $\nabla g_i(x) \in N(x, M_0)$. Da $N(x, M_0)$ nach Übung 2.3.2 ein konvexer Kegel ist, folgt auch cone($\{\nabla g_i(x), \ i \in I_0(x)\}) \subseteq N(x, M_0)$.

Andererseits sei $s \in N(x, M_0)$, also $\langle s, y - x \rangle \leq 0$ für alle $y \in \mathbb{R}^n$ mit $g_i(y) \leq 0, i \in I$. Damit ist x Optimalpunkt des Problems, die Funktion $\langle s, y - x \rangle$ in y unter den Nebenbedingungen $g_i(y) \leq 0, i \in I$, zu maximieren. Da die zulässige Menge dieses Problems nach Voraussetzung die SB erfüllt, impliziert Satz 1.7.4 gerade $s \in$ cone($\{\nabla g_i(x), \ i \in I_0(x)\})$. Damit ist die erste Identität gezeigt.

Ein von beliebigen Vektoren aufgespannter Kegel enthält immer den Nullpunkt, so dass auch $0 \in N(x, M_0)$ gilt. Nach Satz 1.6.8 ist an x außerdem die MFB erfüllt, so dass insbesondere $\nabla g_i(x) \neq 0$ für alle $i \in I_0(x)$ gilt. Wegen $I_0(x) \neq \emptyset$ können wir also ein $j \in I_0(x)$ wählen und den Punkt $0 \neq \nabla g_j(x) \in N(x, M_0)$ bilden. Damit ist auch die zweite Behauptung bewiesen. □

2.3.14 Bemerkung Tatsächlich gilt $N'(x, X) \neq \emptyset$ für jedes $x \in$ bd X (wie in Lemma 2.3.13) auch für erheblich allgemeinere Mengen X (Korollar 2.4.7).

2.3.15 Übung Die Funktionen f und $g_i, i \in I$, seien auf $\mathbb{R}^n$ konvex und stetig differenzierbar, und die Menge $M_0 = (g_0)_{\leq}^0$ erfülle die SB. Zeigen Sie, dass dann die Stationaritätsbedingung aus Definition 2.3.6 mit den Karush-Kuhn-Tucker-Bedingungen (Definition 1.7.1) übereinstimmt.

Übung 2.3.15 zeigt, dass analog zur Kritikalität im unrestringierten glatten Fall (Bemerkung 1.4.4) die KKT-Bedingungen die Rolle der algorithmisch überprüfbaren algebraischen Aussage übernehmen, während Stationarität ein geometrisches und algorithmisch schwer überprüfbares Kriterium ist. Im *Gegensatz* zum unrestringierten Fall stimmen im restringierten glatten Fall allerdings die stationären Punkte nicht zwingend mit den KKT-Punkten überein, sondern dies ist nur unter einer Zusatzvoraussetzung wie der SB in M_0 richtig (für ein Beispiel ohne SB betrachte man etwa die Minimierung von $f(x) = x$ unter der Nebenbedingung $g(x) = x^2 \leq 0$, wobei $\bar{x} = 0$ zwar stationär, aber kein KKT-Punkt ist).

Immerhin ist die SB eine schwache Voraussetzung, und unter ihr stimmen nach Korollar 2.3.5 die globalen Minimalpunkte von f über M_0 genau mit den KKT-Punkten überein.

2.4 Stützhyperebenen

Dieser Abschnitt ist durch die Frage aus Abschn. 2.3 motiviert, ob für eine nichtleere, abgeschlossene und konvexe Menge $X \subseteq \mathbb{R}^n$ und für $x \in \mathrm{bd}\, X$ die Menge der normierten Normalenrichtungen $N'(x, X)$ aus (2.3) stets nichtleer ist. Da wir eine solche Menge als zulässige Menge des inneren Infimums in (2.2) nutzen möchten, wäre es für die Lösbarkeit dieses Problems im Hinblick auf den Satz von Weierstraß hilfreich, wenn $N'(x, X)$ für $x \in \mathrm{bd}\, X$ sogar stets nichtleer und kompakt wäre.

Mit der Einheitssphäre $B_=(0, 1) := \{s \in \mathbb{R}^n \,|\, \|s\|_2 = 1\}$ lässt sich $N'(x, X)$ kurz als $N(x, X) \cap B_=(0, 1)$ schreiben, ist als Schnitt einer abgeschlossenen mit einer kompakten Menge also tatsächlich zumindest kompakt. Dass $N'(x, X)$ für $x \in \mathrm{bd}\, X$ außerdem tatsächlich stets mindestens ein Element enthält, ist ein weiteres grundlegendes Resultat der konvexen Analysis, das wir in diesem Abschnitt herleiten und später an mehreren Stellen einsetzen.

In Lemma 2.3.13 haben wir als Spezialfall bereits gesehen, dass $N'(x, X)$ für eine die Slater-Bedingung erfüllende funktionale Beschreibung von X an jedem $x \in \mathrm{bd}\, X$ stets nichtleer ist. Nach Übung 2.3.2 gilt andererseits $N(x, X) = \{0\}$ und damit $N'(x, X) = \emptyset$ für alle $x \in \mathrm{int}\, X$. Dies steht im Einklang mit der Interpretation von Normalenvektoren aus Korollar 2.3.12.

Die allgemein nachweisbare Existenz von Elementen in $N'(x, X)$ für $x \in \mathrm{bd}\, X$ hängt eng mit der Existenz gewisser Hyperebenen zusammen, wie wir im Weiteren sehen.

2.4.1 Satz (Trennungssatz)

Es seien $X \subseteq \mathbb{R}^n$ nichtleer, abgeschlossen und konvex sowie $x \in X^c$. Dann existieren $a \in \mathbb{R}^n \setminus \{0\}$ und $b \in \mathbb{R}$, so dass für alle $y \in X$ die Ungleichungen

$$\langle a, y \rangle \leq b < \langle a, x \rangle$$

erfüllt sind. Dabei kann man $a := x - \mathrm{pr}(x, X)$ und $b := \langle x - \mathrm{pr}(x, X), \mathrm{pr}(x, X) \rangle$ wählen.

Beweis Wir betrachten die orthogonale Projektion $y^\star = \mathrm{pr}(x, X)$ von x auf X. Nach Satz 2.3.10 erfüllt sie $x \in y^\star + N(y^\star, X)$. Damit gilt für alle $y \in X$ die Ungleichung

$$\langle x - y^\star, y - y^\star \rangle \leq 0.$$

Mit $a := x - y^\star$ und $b := \langle x - y^\star, y^\star \rangle$ folgt daraus für alle $y \in X$

$$\langle a, y \rangle - b = \langle x - y^\star, y \rangle - \langle x - y^\star, y^\star \rangle = \langle x - y^\star, y - y^\star \rangle \le 0$$

und

$$\langle a, x \rangle - b = \langle x - y^\star, x \rangle - \langle x - y^\star, y^\star \rangle = \| x - y^\star \|_2^2 > 0,$$

wobei sowohl die strikte Positivität in der letzten Ungleichung als auch die Behauptung $a \ne 0$ durch $x \in X^c$ und $y^\star \in X$ gewährleistet sind. $\square$

Für $a \in \mathbb{R}^n \setminus \{0\}$ und $b \in \mathbb{R}$ ist die Menge

$$H(a, b) := \{ x \in \mathbb{R}^n \mid \langle a, x \rangle = b \}$$

bekanntlich eine *Hyperebene*, die den $\mathbb{R}^n$ in die beiden *Halbräume*

$$H_\le(a, b) := \{ x \in \mathbb{R}^n \mid \langle a, x \rangle \le b \} \quad \text{und} \quad H_>(a, b) := \{ x \in \mathbb{R}^n \mid \langle a, x \rangle > b \}$$

zerlegt. Geometrisch garantiert Satz 2.4.1 also die Existenz einer Hyperebene $H(a, b)$ mit $X \subseteq H_\le(a, b)$ und $x \in H_>(a, b)$, d. h., $H(a, b)$ *trennt* den Punkt x von der Menge X wie etwa in Abb. 2.14.

2.4.2 Übung Konstruieren Sie graphisch eine nichtleere *nicht*konvexe Menge $X \subseteq \mathbb{R}^2$ und einen Punkt $x \in X^c$, die sich nicht im Sinne von Satz 2.4.1 durch eine Hyperebene trennen lassen.

2.4.3 Übung Konstruieren Sie graphisch eine nichtleere *konvexe* Menge $X \subseteq \mathbb{R}^2$ und einen Punkt $x \in X^c$, die sich nicht im Sinne von Satz 2.4.1 durch eine Hyperebene trennen lassen.

Für die in Satz 2.4.1 angegebenen expliziten Wahlen von a und b gilt

$$\langle a, \mathrm{pr}(x, X) \rangle - b = \langle x - \mathrm{pr}(x, X), \mathrm{pr}(x, X) \rangle - \langle x - \mathrm{pr}(x, X), \mathrm{pr}(x, X) \rangle = 0,$$

Abb. 2.14 Trennende
Hyperebene für $n = 2$

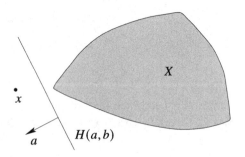

die orthogonale Projektion von x auf X ist also ein *Element* der im Beweis von Satz 2.4.1 konstruierten Hyperebene $H(a, b)$. Da $\mathrm{pr}(x, X)$ nach Übung 2.3.9 in bd X liegt, trennt $H(a, b)$ den Punkt x von X also auf eine „extreme" Weise, nämlich so, dass $H(a, b)$ die Menge X berührt. Im Gegensatz zur Darstellung einer allgemeinen trennenden Hyperebene in Abb. 2.14 wird das Ergebnis von Satz 2.4.1 demnach genauer durch Abb. 2.15 illustriert.

Einer Hyperebene mit der Eigenschaft aus Abb. 2.15 verleihen wir einen eigenen Namen.

2.4.4 Definition (Stützhyperebene)

Zu einer Menge $X \subseteq \mathbb{R}^n$ und einem Punkt $x \in$ bd X nennen wir eine Hyperebene $H(a, b)$ mit $a \in \mathbb{R}^n \setminus \{0\}$ und $b \in \mathbb{R}$ *Stützhyperebene* (*supporting hyperplane*) an X in x, wenn $x \in H(a, b)$ und $X \subseteq H_\leq(a, b)$ erfüllt ist.

Der Nutzen des Konzepts der Stützhyperebene für unser Vorhaben, $N'(x, X) \neq \emptyset$ für $x \in$ bd X zu zeigen, wird durch folgendes Resultat klar.

2.4.5 Lemma *Für eine konvexe Menge $X \subseteq \mathbb{R}^n$ sei $x \in$ bd X. Dann existiert genau dann eine Stützhyperebene an X in x, wenn $N'(x, X) \neq \emptyset$ gilt.*

Beweis Zunächst existiere eine Stützhyperebene $H(a, b)$ an X in x. Wegen $x \in H(a, b)$ gilt die Gleichung $\langle a, x \rangle = b$, und $X \subseteq H_\leq(a, b)$ bedeutet gerade $\langle a, y \rangle \leq b$ für alle $y \in X$. Daraus folgt

$$0 = b - b \geq \langle a, y \rangle - \langle a, x \rangle = \langle a, y - x \rangle$$

für alle $y \in X$, also $a \in N(x, X)$. Wegen $a \neq 0$ gilt damit $a/\|a\|_2 \in N'(x, X)$.

Andererseits gelte $N'(x, X) \neq \emptyset$, es existiere also ein $s \in \mathbb{R}^n$ mit $\|s\|_2 = 1$ und $\langle s, y - x \rangle \leq 0$ für alle $y \in X$. Mit den Definitionen $a := s$ und $b := \langle s, x \rangle$ folgt dann $x \in H(a, b)$ und $X \subseteq H_\leq(a, b)$, so dass $H(a, b)$ eine Stützhyperebene an X in x ist. $\qquad\square$

Abb. 2.15 Trennende
Stützhyperebene für $n = 2$

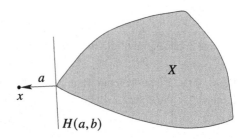

Für eine nichtleere, abgeschlossene und konvexe Menge $X \subseteq \mathbb{R}^n$ und einen Randpunkt $x \in \mathrm{bd}\, X$ liefert Satz 2.4.1 in der inzwischen eingeführten Terminologie die in Lemma 2.4.5 als äquivalent zu $N'(x, X) \neq \emptyset$ erkannte Existenz einer Stützhyperebene an X in x, allerdings *nur*, wenn x als orthogonale Projektion eines Punkts $y \in X^c$ auf X realisiert werden kann. Dies ist geometrisch zwar für jeden Randpunkt x von X offensichtlich, aber nicht leicht zu beweisen.

Stattdessen zeigen wir für einen beliebigen Randpunkt $x \in \mathrm{bd}\, X$ die Existenz einer Stützhyperebene an X in x, indem wir ihn mit Punkten aus X^c approximieren und zeigen, dass die zugehörigen Stützhyperebenen im Grenzübergang eine Stützhyperebene an X in x generieren.

2.4.6 Satz (Existenz von Stützhyperebenen)
Es seien $X \subseteq \mathbb{R}^n$ nichtleer, abgeschlossen und konvex sowie $x \in \mathrm{bd}\, X$. Dann existiert eine Stützhyperebene an X in x.

Beweis Wegen $x \in \mathrm{bd}\, X$ existiert eine Folge $(x^k) \subseteq X^c$ mit $\lim_k x^k = x$. Nach Satz 2.4.1 existieren außerdem zu jedem $k \in \mathbb{N}$ ein $a^k \in \mathbb{R}^n \setminus \{0\}$ und ein $b^k \in \mathbb{R}$, so dass für alle $y \in X$ die Ungleichungen

$$\langle a^k, y \rangle \ \leq\ b^k \ <\ \langle a^k, x^k \rangle$$

gelten. Daraus schließen wir für den Vektor

$$\widetilde{a}^k \ :=\ \frac{a^k}{\|a^k\|_2}$$

und jedes $y \in X$ die Ungleichung

$$\langle \widetilde{a}^k, y \rangle \ <\ \langle \widetilde{a}^k, x^k \rangle.$$

Wegen $(\widetilde{a}^k) \subseteq B_=(0, 1)$ gilt nach eventuellem Übergang zu einer Teilfolge $\lim_k \widetilde{a}^k = \widetilde{a}^\star \in B_=(0, 1)$, und die obige Ungleichung liefert für jedes $y \in X$

$$\langle \widetilde{a}^\star, y \rangle \ \leq\ \langle \widetilde{a}^\star, x \rangle.$$

Dies bedeutet gerade $\widetilde{a}^\star \in N(x, X)$ und wegen $\widetilde{a}^\star \in B_=(0, 1)$ auch $N'(x, X) \neq \emptyset$. Aus Lemma 2.4.5 folgt nun die Behauptung. $\square$

Dass $N'(x, X)$ an keinem Randpunkt x von X leer sein kann, folgt jetzt sofort aus Lemma 2.4.5 und Satz 2.4.6.

2.4.7 Korollar *Es seien $X \subseteq \mathbb{R}^n$ nichtleer, abgeschlossen und konvex sowie $x \in \operatorname{bd} X$. Dann gilt $N'(x, X) \neq \emptyset$.*

Eine Analyse der Herleitung von Korollar 2.4.7 zeigt, dass hierfür die Einführung des Konzepts der Stützhyperebene nicht zwingend notwendig gewesen wäre. Satz 2.4.6 erweist uns in Kap. 4 aber noch gute Dienste.

Wir erinnern abschließend daran, dass in [25] mit Hilfe des gerade vorgestellten Trennungssatzes (Satz 2.4.1) das Lemma von Gordan bewiesen wird, das auch im Rahmen dieses Lehrbuchs eine zentrale Rolle spielt (z. B. direkt in den Beweisen von Lemma 1.7.6 und Lemma 4.1.9, vor allem aber als Grundlage des Satzes von Karush-Kuhn-Tucker; Satz 1.7.4).

2.4.8 Satz (Lemma von Gordan)
Für Vektoren $a^k \in \mathbb{R}^n$, $1 \leq k \leq r$, mit $r \in \mathbb{N}$ gilt genau eine der beiden folgenden Alternativen:
a) *Das System $\langle a^k, d \rangle < 0$, $1 \leq k \leq r$, besitzt eine Lösung $d \in \mathbb{R}^n$.*
b) *Es gilt $0 \in \operatorname{conv}(\{a^1, \ldots, a^r\})$.*

2.5 Bestmögliche Hoffman-Konstanten im glatten Fall

Wir sind jetzt zumindest in der Lage, die bestmögliche Hoffman-Konstante für die globale Fehlerschranke einer Ungleichung mit einer *stetig differenzierbaren* konvexen Funktion f anzugeben. Mit den uns eigentlich interessierenden nichtdifferenzierbaren konvexen Funktionen befassen wir uns erst im Anschluss, denn dafür müssen wir noch die einseitige Richtungsdifferenzierbarkeit konvexer Funktionen beweisen.

Für stetig differenzierbare konvexe Funktionen können wir unsere vermutete Formel für die kleinste Hoffman-Konstante aus (2.2) zu

$$\left(\inf_{x \in \operatorname{bd} M} \min_{d \in N'(x, M)} \langle \nabla f(x), d \rangle \right)^{-1}$$

konkretisieren. Dabei wird das innere Minimum

$$\psi(x) := \min_{d \in N'(x, M)} \langle \nabla f(x), d \rangle$$

nach dem Satz von Weierstraß tatsächlich für jedes $x \in \operatorname{bd} M$ angenommen, da $\langle \nabla f(x), d \rangle$ als lineare Funktion stetig in d ist sowie $N'(x, M)$ laut Korollar 2.4.7 nichtleer und kompakt. In Korollar 2.4.7 wird dafür eine nichtleere, abgeschlossene und konvexe Menge M gefordert. Hier folgt die Konvexität von M aus der von f, die Abgeschlossenheit von M aus der Stetigkeit von f sowie $M \neq \emptyset$ aus der Existenz des betrachteten Randpunkts $x \in \text{bd } M \subseteq M$.

In einem zweiten Schritt muss von allen diesen kleinsten Richtungsableitungen noch die kleinste über alle Randpunkte ermittelt werden, formal also der Ausdruck $\inf_{x \in \text{bd } M} \psi(x)$. Ob dieses Infimum tatsächlich als Minimum angenommen wird, müssen wir noch untersuchen. Für das folgende Resultat ist dies aber unerheblich.

Wir sehen zunächst davon ab, die in den Vorüberlegungen zu Abschn. 2.3 für stetig differenzierbares f geometrisch motivierte Vermutung $N'(x, M) = \{\nabla f(x)/\|\nabla f(x)\|_2\}$ zu verifizieren, weil der Beweis des folgenden zentralen Satzes diese Information nicht benötigt und dadurch bezüglich $N'(x, M)$ auf die später betrachteten allgemeineren Fälle übertragbar sein wird.

2.5.1 Satz *Die Funktion $f : \mathbb{R}^n \to \mathbb{R}$ sei konvex und stetig differenzierbar, und die Menge $M = f_{\leq}^0$ sei nichtleer. Dann ist $\gamma > 0$ genau dann eine Hoffman-Konstante für die Ungleichung $f(x) \leq 0$, wenn*

$$\gamma^{-1} \leq \inf_{\bar{x} \in \text{bd } M} \min_{d \in N'(\bar{x}, M)} \langle \nabla f(\bar{x}), d \rangle \tag{2.4}$$

gilt.

Beweis Im Fall $M = \mathbb{R}^n$ gilt $\inf_{\bar{x} \in \text{bd } M} = +\infty$, so dass durch (2.4) jede Zahl $\gamma > 0$ als Hoffman-Konstante erlaubt wird. Dies stimmt mit dem Resultat in Übung 2.1.7b überein.

Anderenfalls gilt $\emptyset \neq M \neq \mathbb{R}^n$, nach Übung 1.6.1 also bd $M \neq \emptyset$. Wie schon gesehen wird das Minimum der Funktion $\langle \nabla f(\bar{x}), d \rangle$ über $N'(\bar{x}, M)$ tatsächlich für jedes $\bar{x} \in \text{bd } M$ angenommen.

Es sei nun $\gamma > 0$ eine Hoffman-Konstante für $f(x) \leq 0$. Wir zeigen für alle $\bar{x} \in \text{bd } M$ und $d \in N'(\bar{x}, M)$ die Ungleichung $\gamma^{-1} \leq \langle \nabla f(\bar{x}), d \rangle$. Für jedes $\bar{x} \in \text{bd } M$ folgt aus der Stetigkeit von f und Übung 1.6.4 $f(\bar{x}) = 0$. Ferner gilt für jedes $d \in N'(\bar{x}, M)$ und $t > 0$ wegen $d \neq 0$ nach Korollar 2.3.12b $\bar{x} + td \in M^c$ und damit $f^+(\bar{x} + td) = f(\bar{x} + td)$. Mit Korollar 2.3.12a und wegen $\|d\|_2 = 1$ folgt daraus

$$\frac{f(\bar{x} + td) - f(\bar{x})}{t} = \frac{f^+(\bar{x} + td)}{t} \geq \frac{\gamma^{-1} \text{dist}(\bar{x} + td, M)}{t} = \gamma^{-1}\|d\|_2 = \gamma^{-1}.$$

Der Grenzübergang $t \searrow 0$ liefert wegen der Differenzierbarkeit von f

$$\langle \nabla f(\bar{x}), d \rangle \geq \gamma^{-1}$$

(s. dazu auch Abschn. 3.2) und wegen der beliebigen Wahl von $\bar{x} \in$ bd M und $d \in N'(\bar{x}, M)$ auch (2.4).

Andererseits gelte (2.4) für ein $\gamma > 0$. Für jedes $x \in M$ ist die globale Fehlerschranke $\text{dist}(x, M) \leq \gamma f^+(x)$ erfüllt, es sei also $x \in M^c$. Wir konstruieren zunächst ein $\bar{x} \in$ bd M und ein $d \in N'(\bar{x}, M)$. Tatsächlich gilt für $\bar{x} := \text{pr}(x, M)$ nach Übung 2.3.9 $\bar{x} \in$ bd M und nach Übung 1.6.4 $f(\bar{x}) = 0$. Außerdem erfüllt $\bar{x}$ nach Satz 2.3.10 die Bedingung $x - \bar{x} \in N(\bar{x}, M)$. Wegen $x \in M^c$ und $\bar{x} \in M$ lässt der Vektor $x - \bar{x}$ sich normieren, und wir erhalten $(x - \bar{x})/\text{dist}(x, M) = (x - \bar{x})/\|x - \bar{x}\|_2 \in N'(\bar{x}, M)$.

Die Voraussetzung und die C^1-Charakterisierung der Konvexität (Satz 1.4.2) von f liefern somit

$$\gamma^{-1} \leq \left\langle \nabla f(\bar{x}), \frac{x - \bar{x}}{\text{dist}(x, M)} \right\rangle \leq \frac{f(x) - f(\bar{x})}{\text{dist}(x, M)} = \frac{f^+(x)}{\text{dist}(x, M)},$$

also ist γ Hoffman-Konstante für $f(x) \leq 0$. $\qquad\square$

Da Hoffman-Konstanten definitionsgemäß positiv sind, folgen aus Satz 2.5.1 sofort eine Charakterisierung für die Existenz einer globalen Fehlerschranke sowie eine (zunächst abstrakte) Formel für die bestmögliche Hoffman-Konstante.

2.5.2 Korollar *Die Funktion $f : \mathbb{R}^n \to \mathbb{R}$ sei konvex und stetig differenzierbar, und die Menge $M = f_{\leq}^0$ sei nichtleer. Dann existiert genau im Fall*

$$\inf_{\bar{x} \in \text{bd } M} \min_{d \in N'(\bar{x}, M)} \langle \nabla f(\bar{x}), d \rangle > 0$$

eine globale Fehlerschranke für die Ungleichung $f(x) \leq 0$, und die bestmögliche Hoffman-Konstante lautet dann

$$\gamma = \left(\inf_{\bar{x} \in \text{bd } M} \min_{d \in N'(\bar{x}, M)} \langle \nabla f(\bar{x}), d \rangle \right)^{-1}.$$

2.5.3 Bemerkung Im Spezialfall $M = \mathbb{R}^n$ ist die Aussage zur bestmögliche Hoffman-Konstante in Korollar 2.5.2 so zu interpretieren, dass beliebig kleine positive Zahlen γ benutzt werden dürfen. Dieser Fall ließe sich eleganter abhandeln, wenn man die globale Fehlerschranke für eine Ungleichung $f(x) \leq 0$ mit Hilfe der Existenz einer Konstante $\tilde{\gamma} > 0$ definieren würde, so dass für alle $x \in \mathbb{R}^n$ die Abschätzung $\tilde{\gamma} \, \text{dist}(x, M) \leq f^+(x)$ gilt. Manche Autoren gehen deshalb so vor, im Rahmen dieses Lehrbuchs bleiben wir aber bei der in der Literatur weiter verbreiteten Definition 2.1.3.

Das zentrale Objekt bei der Garantie und Berechnung von globalen Fehlerschranken ist also der Ausdruck

$$\inf_{\bar{x} \in \text{bd } M} \min_{d \in N'(\bar{x}, M)} \langle \nabla f(\bar{x}), d \rangle = \inf_{\bar{x} \in \text{bd } M} \psi(\bar{x})$$

mit der oben definierten Funktion

$$\psi(\bar{x}) = \min_{d \in N'(\bar{x}, M)} \langle \nabla f(\bar{x}), d \rangle.$$

Um die eher abstrakten Formeln aus Korollar 2.5.2 zu *konkretisieren*, setzen wir im Folgenden die Slater-Bedingung in M voraus. Dies ermöglicht einige Vereinfachungen.

2.5.4 Lemma *Die Funktion $f : \mathbb{R}^n \to \mathbb{R}$ sei konvex und stetig differenzierbar, und die Menge $M = f_{\leq}^0$ erfülle die SB. Dann gilt*

$$\mathrm{bd}\, M = f_{=}^0,$$

und jeder Punkt $\bar{x} \in \mathrm{bd}\, M$ erfüllt

$$N'(\bar{x}, M) = \left\{ \frac{\nabla f(\bar{x})}{\|\nabla f(\bar{x})\|_2} \right\}$$

sowie

$$\psi(\bar{x}) = \|\nabla f(\bar{x})\|_2.$$

Beweis Da M die SB erfüllt, liefern Satz 1.6.7 und Korollar 1.6.9 zunächst die funktionale Beschreibung des Rands von M

$$\mathrm{bd}\, M = f_{=}^0.$$

Insbesondere ist die Ungleichung $f(x) \leq 0$ an jedem Punkt $\bar{x} \in \mathrm{bd}\, M$ aktiv, und es gilt $\nabla f(\bar{x}) \neq 0$. Wiederum wegen der vorausgesetzten SB liefert Lemma 2.3.13 damit

$$N(\bar{x}, M) = \mathrm{cone}(\{\nabla f(\bar{x})\}) \supsetneq \{0\},$$

es existiert also für alle $s \in N(\bar{x}, M)$ ein $\lambda \geq 0$ mit $s = \lambda \nabla f(\bar{x})$. Insbesondere erhalten wir für alle $s \in N'(\bar{x}, M)$ die Bedingung $1 = \|s\|_2 = \lambda \|\nabla f(\bar{x})\|_2$ und damit die funktionale Beschreibung der normierten Normalenvektoren

$$N'(\bar{x}, M) = \left\{ \frac{\nabla f(\bar{x})}{\|\nabla f(\bar{x})\|_2} \right\}.$$

Daraus folgt sofort auch die letzte Behauptung

$$\psi(\bar{x}) = \min_{d \in N'(\bar{x}, M)} \langle \nabla f(\bar{x}), d \rangle = \left\langle \nabla f(\bar{x}), \frac{\nabla f(\bar{x})}{\|\nabla f(\bar{x})\|_2} \right\rangle = \|\nabla f(\bar{x})\|_2.$$

$\square$

Die unter der Voraussetzung der SB in M vereinfachte Version von Korollar 2.5.2 lautet nach Lemma 2.5.4 wie folgt.

2.5.5 Korollar   *Die Funktion* $f : \mathbb{R}^n \to \mathbb{R}$ *sei konvex und stetig differenzierbar, und die Menge* $M = f_{\leq}^0$ *erfülle die SB. Dann existiert genau im Fall*

$$\inf_{\bar{x} \in f_{=}^0} \|\nabla f(\bar{x})\|_2 > 0$$

eine globale Fehlerschranke für die Ungleichung $f(x) \leq 0$, *und die bestmögliche Hoffman-Konstante lautet dann*

$$\gamma = \left(\inf_{\bar{x} \in f_{=}^0} \|\nabla f(\bar{x})\|_2 \right)^{-1}.$$

Insbesondere zeigt sich unter der SB in M also, dass die Charakterisierung für die Existenz einer globalen Fehlerschranke aus Korollar 2.5.2 lediglich die ohnehin gültige nichtstrikte Ungleichung

$$\inf_{\bar{x} \in \mathrm{bd}\, M} \psi(\bar{x}) = \inf_{\bar{x} \in f_{=}^0} \|\nabla f(\bar{x})\|_2 \geq 0$$

zu einer strikten Ungleichung verschärft.

Obwohl dies bereits illustriert, dass die Voraussetzung $\inf_{\bar{x} \in f_{=}^0} \|\nabla f(\bar{x})\|_2 > 0$ aus Korollar 2.5.5 eher schwach ist, können wir zusätzlich noch einen starken Zusammenhang zwischen dieser Voraussetzung und der ohnehin vorausgesetzten Gültigkeit der Slater-Bedingung in M herleiten.

Dazu charakterisieren wir die SB wie folgt.

2.5.6 Lemma   *Die Funktion* $f : \mathbb{R}^n \to \mathbb{R}$ *sei konvex und stetig differenzierbar, und die Menge* $M = f_{\leq}^0$ *sei nichtleer. Dann erfüllt* M *genau dann die SB, wenn*

$$\forall\, \bar{x} \in f_{=}^0 : \quad \|\nabla f(\bar{x})\|_2 > 0 \tag{2.5}$$

gilt.

Beweis   Nach Korollar 1.6.9 ist die Gültigkeit der SB äquivalent zur Gültigkeit der LUB in ganz M. Die Bedingung in (2.5) ist nach Übung 1.6.6 gerade eine Möglichkeit, die Gültigkeit der LUB in ganz M zu formulieren. $\square$

Nach Lemma 2.5.6 stimmt die Forderung $\inf_{\bar{x} \in f_{\underline{=}}^0} \|\nabla f(\bar{x})\|_2 > 0$ aus Korollar 2.5.5 „fast" mit der Forderung der Slater-Bedingung in M überein, und zwar in folgendem Sinne: Aus $\inf_{\bar{x} \in f_{\underline{=}}^0} \|\nabla f(\bar{x})\|_2 > 0$ folgt zwar die SB, aber die SB ist im Allgemeinen etwas zu schwach, um auch $\inf_{\bar{x} \in f_{\underline{=}}^0} \|\nabla f(\bar{x})\|_2 > 0$ zu garantieren (da das Infimum positiver Zahlen verschwinden kann). Damit lässt sich die Bedingung $\inf_{\bar{x} \in f_{\underline{=}}^0} \|\nabla f(\bar{x})\|_2 > 0$ aber immerhin als eine „starke Slater-Bedingung" interpretieren. Wir führen dies als Definition ein.

2.5.7 Definition (Starke Slater-Bedingung – glatter Fall)
Die Funktion $f : \mathbb{R}^n \to \mathbb{R}$ sei konvex und stetig differenzierbar, und die Menge $M = f_{\leq}^0$ sei nichtleer. Dann erfüllt M die *starke Slater-Bedingung*, wenn

$$\inf_{\bar{x} \in f_{\underline{=}}^0} \|\nabla f(\bar{x})\|_2 > 0$$

gilt.

In dieser Terminologie impliziert die starke SB in einer nichtleeren Menge M natürlich die SB, und die entsprechende Formulierung von Korollar 2.5.5 lautet wie folgt.

2.5.8 Satz *Die Funktion $f : \mathbb{R}^n \to \mathbb{R}$ sei konvex und stetig differenzierbar, und die Menge $M = f_{\leq}^0$ erfülle die SB. Dann existiert eine globale Fehlerschranke für die Ungleichung $f(x) \leq 0$ genau dann, wenn M sogar die starke SB erfüllt, und die bestmögliche Hoffman-Konstante lautet dann*

$$\gamma = \left(\inf_{\bar{x} \in f_{\underline{=}}^0} \|\nabla f(\bar{x})\|_2 \right)^{-1}.$$

2.5.9 Bemerkung Im Hinblick auf Bemerkung 2.1.5 halten wir fest, dass eine Charakterisierung der Existenz einer globalen Fehlerschranke durch eine Constraint Qualification wie in Satz 2.5.8 zu erwarten war.

Wir zeigen nun noch, dass es für *beschränkte* Mengen M genügt, anstelle der starken SB nur die übliche SB zu fordern, um die Existenz von globalen Fehlerschranken zu garantieren und die bestmögliche Hoffman-Konstante anzugeben.

2.5.10 Lemma *Die Funktion $f : \mathbb{R}^n \to \mathbb{R}$ sei konvex und stetig differenzierbar, und die Menge $M = f_{\leq}^0$ sei beschränkt und erfülle die SB. Dann erfüllt M auch die starke SB.*

Beweis Da die Menge M aufgrund der SB nichtleer ist, folgt aus ihrer Beschränktheit zunächst die Existenz von Randpunkten; es gilt also $f_{=}^0 = \mathrm{bd}\, M \neq \emptyset$. Die Beschränktheit von M und die Stetigkeit von f liefern außerdem die Kompaktheit von $f_{=}^0$. Aus der Stetigkeit der euklidischen Norm und der stetigen Differenzierbarkeit von f folgt ferner die Stetigkeit der Funktion $\psi(\bar{x}) = \|\nabla f(\bar{x})\|_2$, so dass der Satz von Weierstraß gemeinsam mit Lemma 2.5.6

$$\inf_{\bar{x} \in f_{=}^0} \|\nabla f(\bar{x})\|_2 \;=\; \min_{\bar{x} \in f_{=}^0} \|\nabla f(\bar{x})\|_2 \;>\; 0$$

liefert, also die starke SB. $\qquad\square$

Dass die SB für unbeschränkte Mengen nicht notwendigerweise die starke SB impliziert, sehen wir in Beispiel 4.1.25 für eine nichtglatte konvexe Funktion. Deren Nichtglattheit spielt dabei keine wesentliche Rolle, so dass sie sich mit gewissem technischen Aufwand zu einer glatten Funktion mit denselben Eigenschaften bezüglich SB und starker SB modifizieren lässt.

Die Kombination von Lemma 2.5.10 mit Satz 2.5.8 ergibt das folgende Resultat.

2.5.11 Korollar *Die Funktion $f : \mathbb{R}^n \to \mathbb{R}$ sei konvex und stetig differenzierbar, und die Menge $M = f_{\leq}^0$ sei beschränkt und erfülle die SB. Dann existiert eine globale Fehlerschranke für die Ungleichung $f(x) \leq 0$, und die bestmögliche Hoffman-Konstante lautet*

$$\gamma \;=\; \left(\min_{\bar{x} \in f_{=}^0} \|\nabla f(\bar{x})\|_2 \right)^{-1}.$$

Die in Korollar 2.5.11 unter anderem bewiesene *Existenz* der globalen Fehlerschranke war sogar für $p \geq 1$ und nicht notwendigerweise stetig differenzierbare konvexe Funktionen schon aus dem Satz von Robinson (Satz 2.2.2) bekannt. Die wesentliche Zusatzinformation aus Korollar 2.5.11 für den Fall $p = 1$ und eine stetig differenzierbare konvexe Funktion ist die explizite Angabe der bestmöglichen Hoffman-Konstante.

Es sei aber unterstrichen, dass Satz 2.5.8 auch den Fall *unbeschränkter* Mengen M abdeckt, sofern dort die starke SB gilt. Dies illustriert die folgende Übung.

2.5.12 Übung   Die Funktion $f(x) = x_1^2 - 2x_2 - 1$ ist konvex und stetig differenzierbar, und die Menge $M = f_\leq^0$ ist unbeschränkt und erfüllt die SB. Zeigen Sie, dass M auch die starke SB erfüllt und dass $\gamma = 1/2$ die bestmögliche Hoffman-Konstante für die Ungleichung $f(x) \leq 0$ ist.

Glattheitseigenschaften konvexer Funktionen

3

Inhaltsverzeichnis

In einem nächsten Schritt passen wir in diesem Kapitel die Beweise von Satz 2.5.1 und 2.5.8 zur Charakterisierung von Hoffman-Konstanten so an, dass sie auch *nichtdifferenzierbare* konvexe Funktionen f abdecken. Zentrale Eigenschaften der Funktion f für die Beweise von Satz 2.5.1 und 2.5.8 sind ihre Stetigkeit, ihre Richtungsdifferenzierbarkeit, die Stetigkeit der Richtungsableitung im Richtungsvektor sowie die C^1-Charakterisierung von Konvexität.

Während etwa im Beweis zu Satz 2.5.1 die Stetigkeit der Funktion f aus ihrer stetigen Differenzierbarkeit folgt, zeigt Abschn. 3.1, dass Stetigkeit auch aus der Konvexität einer Funktion resultiert (zumindest auf dem Inneren ihres Definitionsbereichs). Mit der ebenfalls ohne weitere Voraussetzungen vorliegenden Existenz der einseitigen Richtungsableitung konvexer Funktionen, deren Stetigkeit in der Richtung und einer der C^1-Charakterisierung nachempfundenen Ungleichung befasst sich Abschn. 3.2.

Nach der Klärung dieser grundlegenden Glattheitseigenschaften konvexer Funktionen gibt Abschn. 3.3 die Verallgemeinerung von Satz 2.5.1 auf beliebige konvexe Funktionen an, nämlich den Satz von Lewis und Pang. Da er mit algorithmisch schwer handhabbaren geometrischen Objekten wie dem Rand einer Menge sowie normierten Normalenrichtungen formuliert ist, liefert Abschn. 3.4 eine Konkretisierung auf den Fall der speziellen nicht-glatten konvexen Funktion g_0, wobei wir gleichzeitig die Slater-Bedingung in der Menge $M_0 = (g_0)^0_{\leq}$ fordern. Der Nachweis der Existenz von globalen Fehlerschranken und die Berechnung kleinstmöglicher Hoffman-Konstanten ist damit zumindest in einfachen Beispielen möglich. Einen allgemeinen Zugang liefert aber erst Kap. 4.

© Der/die Autor(en), exklusiv lizenziert durch Springer-Verlag GmbH, DE, ein Teil von Springer Nature 2021
O. Stein, *Grundzüge der Konvexen Analysis*,
https://doi.org/10.1007/978-3-662-62757-0_3

3.1   Lokale Lipschitz-Stetigkeit konvexer Funktionen

Wir befassen uns zunächst mit der Stetigkeit konvexer Funktionen. Die auf der konvexen
Menge $X = \{x \in \mathbb{R} \mid x \geq 0\}$ definierte Funktion

$$f(x) := \begin{cases} x^2, & x > 0 \\ 1, & x = 0 \end{cases}$$

belegt, dass konvexe Funktionen durchaus unstetig sein können. Falls für $n > 1$ der Rand
des Definitionsbereichs X einer konvexen Funktion f in dem Sinne gekrümmt ist, dass er
keine Geradensegmente enthält, kann man f auf bd X sogar beliebig definieren, sofern f
nur überall auf bd X größere Werte besitzt als auf int X. Beispielsweise ist die Funktion mit
dem in Abb. 3.1 illustrierten Graphen konvex auf der Einheitskreisscheibe X.

Wir werden allerdings sehen, dass Unstetigkeitsstellen von f höchstens am Rand des Definitionsbereichs auftreten können, so dass auf ganz $\mathbb{R}^n$ konvexe Funktionen glücklicherweise
stetig sind. Wir können sogar eine besondere Art der Stetigkeit zeigen, nämlich die lokale
Lipschitz-Stetigkeit.

3.1.1 Definition (Lipschitz-Stetigkeit)

a) Für $X \subseteq \mathbb{R}^n$ heißt $f : X \to \mathbb{R}$ *Lipschitz-stetig,* falls eine Konstante $L > 0$ mit

$$\forall\, x, y \in X : \quad |f(x) - f(y)| \leq L\,\|x - y\|_2$$

existiert. Die Zahl L heißt dann *Lipschitz-Konstante* für f auf X.

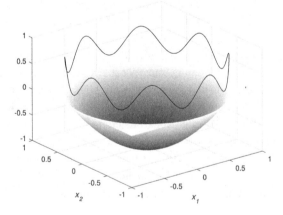

Abb. 3.1 „Konvexes Monster"

b) Für $X \subseteq \mathbb{R}^n$ heißt $f : X \to \mathbb{R}$ *lokal Lipschitz-stetig*, falls jeder Punkt $\bar{x} \in X$ eine Umgebung $U \subseteq \mathbb{R}^n$ besitzt, so dass f auf $U \cap X$ Lipschitz-stetig ist.

Für $x = y$ ist die Lipschitz-Bedingung uninteressant. Für $x \neq y$ besagt sie, dass die Sekante durch die Punkte $(x, f(x))$ und $(y, f(y))$ an den Graphen von f eine „betraglich beschränkte Steigung" besitzt. Das Auftreten des Betrags erklärt sich dadurch, dass für $n > 1$ nicht alle Argumente x und y durch $\leq$ vergleichbar sind und daher nicht klar ist, ob man die Sekantensteigung von x aus in Richtung y oder in entgegengesetzter Richtung messen soll. Im betraglichen Ausdruck $|f(x) - f(y)| / \|x - y\|_2$ spielt dies jedoch keine Rolle. Für eine Lipschitz-stetige Funktion ist dieser Ausdruck für jede Wahl von $x, y \in X$ durch die gleiche Konstante $L > 0$ beschränkt. Die „Variation" von f ist in diesem Sinne also beschränkt, und man spricht manchmal auch von *Dehnungsbeschränktheit*.

Die folgenden Beispiele und Bemerkungen verdeutlichen das Konzept der Lipschitz-Stetigkeit.

- Die Funktion $f(x) = \sqrt[3]{x}$ ist auf $X = [-1, 1]$ nicht Lipschitz-stetig. Abb. 3.2 illustriert, warum dies geometrisch klar ist: Man kann mit den Wahlen $x = 0$ und $y^k = 1/k$ für $k \to \infty$ beliebig steile Sekanten an den Graphen von f erzeugen. An jedem Punkt $\bar{x} \in X \setminus \{0\}$ ist f allerdings *lokal* Lipschitz-stetig.
- Die Funktion $f(x) = x^2$ ist auf $X = \mathbb{R}$ nicht Lipschitz-stetig. Auch dies ist geometrisch klar, und formal sieht man es wie folgt: Für alle $x, y \in \mathbb{R}$ gilt

$$|f(x) - f(y)| = |x^2 - y^2| = |x + y| \cdot |x - y|.$$

Da der Ausdruck $|x + y|$ durch passende Wahlen von $x, y \in \mathbb{R}$ beliebig groß wird, findet man keine Lipschitz-Konstante L. Allgemeiner sieht man mit diesem Argument, dass $f(x) = x^2$ auf jeder beschränkten Menge X Lipschitz-stetig ist und auf jeder unbeschränkten Menge X nicht. Insbesondere ist f lokal Lipschitz-stetig.

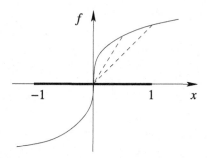

Abb. 3.2 Nicht Lipschitz-stetige Funktion

- Aus der Lipschitz-Stetigkeit von f auf X folgt die lokale Lipschitz-Stetigkeit von f auf X. Die (sogar konvexe) Funktion $f(x) = x^2$ mit $X = \mathbb{R}$ zeigt, dass die Umkehrung dieser Aussage nicht gilt.
- Aus der lokalen Lipschitz-Stetigkeit von f auf X folgt die Stetigkeit von f auf X. Die (sogar konvexe) Funktion $f(x) = -\sqrt{1 - x^2}$ mit $X = [-1, 1]$ zeigt, dass die Umkehrung dieser Aussage nicht gilt.
- Lipschitz-Stetigkeit lässt sich auch bezüglich beliebiger anderer Normen $\| \cdot \|$ anstelle von $\| \cdot \|_2$ in Definition 3.1.1 betrachten, was wir hier aber nicht benötigen.
- Die Funktion $f(x) = |x|$ ist auf $\mathbb{R}$ nicht differenzierbar, aber konvex und Lipschitz-stetig.
- Die Funktion $f(x) = -|x|$ ist auf $\mathbb{R}$ weder differenzierbar noch konvex, aber Lipschitz-stetig.

Die letzten beiden Beispiele zeigen, dass Lipschitz-stetige Funktionen nicht notwendigerweise differenzierbar sind. Ein tiefliegendes Ergebnis der Analysis (der Satz von Rademacher) besagt aber, dass Lipschitz-stetige Funktionen in einem gewissen Sinne „fast überall" differenzierbar sind. Dies lässt sich beispielsweise ausnutzen, um die Idee des konvexen Subdifferentials (Kap. 4) auf Lipschitz-stetige Funktionen zu übertragen (Bemerkung 4.1.19, [6]).

Für eine Lipschitz-Konstante L von f auf X ist auch jedes $L' > L$ eine Lipschitz-Konstante von f auf X. Im Allgemeinen ist man aber daran interessiert, möglichst kleine oder sogar die kleinste Lipschitz-Konstante zu identifizieren, da dies den höchsten Informationsgehalt über das Verhalten von f auf X liefert. Falls dieses kleinste L zu aufwendig zu berechnen ist, kann man sich auch mit größeren Lipschitz-Konstanten zufrieden geben, die dann nur eine gröbere Beschreibung des Verhaltens von f auf X liefern.

Eine solche Möglichkeit zur Berechnung von Lipschitz-Konstanten liefert das folgende Ergebnis, denn für stetig differenzierbare Funktionen auf kompakten konvexen Mengen lässt sich eine Lipschitz-Konstante durch Lösen eines globalen Optimierungsproblems bestimmen.

3.1.2 Lemma

a) *Es seien $X \subseteq \mathbb{R}^n$ nichtleer und konvex, $f : X \to \mathbb{R}$ differenzierbar, und es gelte*

$$\sup_{x \in X} \| \nabla f(x) \|_2 < +\infty.$$

Dann ist f auf X Lipschitz-stetig, und jedes $L > 0$ mit

$$L \geq \sup_{x \in X} \| \nabla f(x) \|_2$$

ist eine Lipschitz-Konstante von f auf X.

b) *Es seien $X \subseteq \mathbb{R}^n$ nichtleer, konvex und kompakt, und $f : X \to \mathbb{R}$ sei stetig differenzierbar. Dann ist f auf X Lipschitz-stetig, und jedes $L > 0$ mit*

$$L \geq \max_{x \in X} \|\nabla f(x)\|_2$$

ist eine Lipschitz-Konstante von f auf X.

Beweis Es seien $x, y \in X$. Da die Lipschitz-Bedingung für $x = y$ klar ist, gelte $x \neq y$. Nach dem Mittelwertsatz [9, 24] gibt es dann ein $t \in (0, 1)$ mit

$$f(y) = f(x) + \langle \nabla f(x + t(y - x)), y - x \rangle,$$

wobei die Konvexität von X auch $x + t(y - x) \in X$ impliziert. Mit der Cauchy-Schwarz-Ungleichung folgt daraus

$$|f(y) - f(x)| = |\langle \nabla f(x + t(y - x)), y - x \rangle| \leq \|\nabla f(x + t(y - x))\|_2 \cdot \|y - x\|_2$$
$$\leq \left(\sup_{z \in X} \|\nabla f(z)\|_2 \right) \cdot \|y - x\|_2.$$

Die Unabhängigkeit der Zahl $\sup_{z \in X} \|\nabla f(z)\|_2$ von x und y liefert nun die Behauptung von Aussage a. Die Behauptung von Aussage b folgt aus der von Aussage a, weil unter den zusätzlichen Voraussetzungen nach dem Satz von Weierstraß das Supremum als Maximum angenommen wird. $\qquad\square$

3.1.3 Übung Da man nur an möglichst kleinen Lipschitz-Konstanten interessiert ist, wäre es in Lemma 3.1.2b naheliegend, direkt $L := \max_{x \in X} \|\nabla f(x)\|_2$ als Lipschitz-Konstante zu definieren. In welchem Spezialfall würde dann aber ein formales Problem entstehen?

3.1.4 Übung Zeigen Sie anhand der Menge $X = \{0\} \times \mathbb{R}$ und der Funktion $f(x) = x_1$, dass es möglich sein kann, die Größe der in Lemma 3.1.2a angegebenen Lipschitz-Konstanten zu unterbieten.

3.1.5 Übung Zeigen Sie unter den Voraussetzungen von Lemma 3.1.2b, dass $L = \max_{x \in X} \|\nabla f(x)\|_1$ eine Lipschitz-Konstante für f auf X bezüglich $\|\cdot\|_\infty$ ist.

3.1.6 Übung Es seien $X \subseteq \mathbb{R}^n$ nichtleer, abgeschlossen und konvex sowie $f \in C^1(X, \mathbb{R})$. Zeigen Sie, dass dann f auf X lokal Lipschitz-stetig ist.

Das folgende Ergebnis zeigt, in welchem Sinne sich die Differenzierbarkeitsvoraussetzung an f aus Übung 3.1.6 durch eine Konvexitätsvoraussetzung ersetzen lässt.

3.1.7 Satz *Für eine konvexe Menge $X \subseteq \mathbb{R}^n$ sei $f : X \to \mathbb{R}$ konvex. Dann ist f auf dem Inneren $\text{int } X$ der Menge X lokal Lipschitz-stetig.*

Beweis Wir zeigen die lokale Lipschitz-Stetigkeit von f an einem beliebigen Punkt $\bar{x} \in$ int X. Dazu weisen wir zunächst die Existenz eines $\varepsilon > 0$ nach, so dass f auf der Kugel $B_2(\bar{x}, \varepsilon) := \{x \in \mathbb{R}^n \mid \|x - \bar{x}\|_2 \le \varepsilon\}$ beschränkt ist.

Dies wäre eine direkte Folgerung aus dem Satz von Weierstraß, wenn die Stetigkeit von f bereits bekannt wäre, was aber nicht der Fall ist.

Dafür wählen wir $\varepsilon > 0$ so klein, dass die Box $B_\infty(\bar{x}, \varepsilon) := \{x \in \mathbb{R}^n \mid \|x - \bar{x}\|_\infty \le \varepsilon\}$ ganz in X enthalten ist. Wenn wir die Ecken von $B_\infty(\bar{x}, \varepsilon)$ mit v^k, $k = 1, \ldots, 2^n$, bezeichnen, dann gilt $B_\infty(\bar{x}, \varepsilon) = \text{conv}(\{v^1, \ldots, v^{2^n}\})$ (vgl. Bemerkung 3.1.8), d.h., jedes Element $x \in B_\infty(\bar{x}, \varepsilon)$ besitzt eine Darstellung

$$x = \sum_{k=1}^{2^n} \lambda_k v^k$$

mit $\lambda_k \ge 0$, $k = 1, \ldots, 2^n$, und $\sum_{k=1}^{2^n} \lambda_k = 1$. Aus der Jensen-Ungleichung (Übung 1.3.6) und der Konvexität von f folgt dann mit $K := \max_{k=1,\ldots,2^n} f(v^k)$

$$f(x) \le \sum_{k=1}^{2^n} \lambda_k f(v^k) \le K \sum_{k=1}^{2^n} \lambda_k = K,$$

so dass f auf $B_\infty(\bar{x}, \varepsilon)$ durch K nach oben beschränkt ist. Wegen $\|x\|_\infty \le \|x\|_2$ für alle $x \in \mathbb{R}^n$ gilt außerdem $B_2(\bar{x}, \varepsilon) \subseteq B_\infty(\bar{x}, \varepsilon) \subseteq X$, so dass f auch auf $B_2(\bar{x}, \varepsilon)$ durch K nach oben beschränkt ist.

Man könnte an dieser Stelle auch darauf verzichten, aus der Beschränktheit von f auf $B_\infty(\bar{x}, \varepsilon)$ diejenige auf $B_2(\bar{x}, \varepsilon)$ zu folgern, würde dann aber die lokale Lipschitz-Stetigkeit von f bezüglich der ℓ_∞-Norm erhalten.

Um die Beschränktheit von f auf $B_2(\bar{x}, \varepsilon)$ nach unten zu sehen, definieren wir für den Punkt $x \in B_2(\bar{x}, \varepsilon)$ seine „Spiegelung an $\bar{x}$", $y := 2\bar{x} - x$ (Abb. 3.3). Dann gilt $\|y - \bar{x}\|_2 = \|\bar{x} - x\|_2 \le \varepsilon$, also $y \in B_2(\bar{x}, \varepsilon)$. Es folgt

$$f(\bar{x}) = f\left(\frac{x + y}{2}\right) \le \frac{f(x) + f(y)}{2} \le \frac{f(x) + K}{2}$$

und damit $f(x) \ge 2f(\bar{x}) - K$, so dass f auf $B_2(\bar{x}, \varepsilon)$ durch $2f(\bar{x}) - K$ nach unten beschränkt ist. Insgesamt folgt daraus für alle $x \in B_2(\bar{x}, \varepsilon)$

$$|f(x)| = \max\{-f(x), f(x)\} \le \max\{K - 2f(\bar{x}), K\} =: K'.$$

Nach dieser Vorbereitung können wir die Lipschitz-Stetigkeit von f auf der Menge $B_2(\bar{x}, \varepsilon/2)$ zeigen, woraus die Behauptung folgt. Dazu seien $x, y \in B_2(\bar{x}, \varepsilon/2)$ mit $x \ne y$ sowie

$$t := \frac{\varepsilon}{2\|x - y\|_2} \quad \text{und} \quad z := x + t(x - y)$$

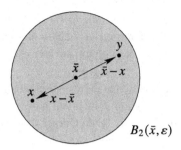

Abb. 3.3 „Spiegelung" von x an $\bar{x}$

(Abb. 3.4). Dann gilt

$$\|z - \bar{x}\|_2 \;\leq\; \|x - \bar{x}\|_2 + t\,\|x - y\|_2 \;\leq\; \frac{\varepsilon}{2} + \frac{\varepsilon}{2},$$

also $z \in B_2(\bar{x}, \varepsilon)$ und damit $f(z) \leq K'$.

Die Konvexität von f liefert außerdem

$$f(x) \;=\; f\left(\frac{1}{t+1}\,z + \frac{t}{t+1}\,y\right) \;\leq\; \frac{1}{t+1}\,f(z) + \frac{t}{t+1}\,f(y),$$

woraus

$$f(x) - f(y) \;\leq\; \frac{1}{t+1}\,(f(z) - f(y)) \;\leq\; \frac{2K'}{t} \;=\; \frac{4K'}{\varepsilon}\|x - y\|_2$$

folgt. Durch Vertauschung der Rollen von x und y erhalten wir schließlich

$$|f(x) - f(y)| \;\leq\; L\,\|x - y\|_2$$

mit der Lipschitz-Konstante $L = 4K'/\varepsilon$. $\square$

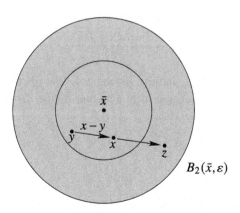

Abb. 3.4 Konstruktion im Beweis der lokalen Lipschitz-Stetigkeit

3.1.8 Bemerkung   Die im Beweis zu Satz 3.1.7 benutzte Identität $B_\infty(\bar{x}, \varepsilon) = \text{conv}(\{v^1, \ldots, v^{2^n}\})$ ist anschaulich klar, wir verzichten hier aber auf einen Beweis. Allgemein lässt sich sogar zeigen, dass jedes Polytop die konvexe Hülle seiner Ecken ist [28].

Die beiden einführenden Beispielfunktionen dieses Abschnitts zeigen, dass unter den Voraussetzungen von Satz 3.1.7 die Funktion f nicht auf ganz X stetig zu sein braucht. Das Beispiel $f(x) = -\sqrt{1 - x^2}$ mit $X = [-1, 1]$ zeigt ferner, dass selbst bei auf X stetigen konvexen Funktionen nicht notwendigerweise auf ganz X lokale Lipschitz-Stetigkeit herrschen muss.

Durch die Setzung $X := \mathbb{R}^n$ in Satz 3.1.7 erhalten wir aber sofort das folgende Resultat.

3.1.9 Korollar   *Jede konvexe Funktion $f : \mathbb{R}^n \to \mathbb{R}$ ist lokal Lipschitz-stetig auf ganz $\mathbb{R}^n$.*

Insbesondere kann man neben der Voraussetzung der Konvexität der Funktionen $g_i : \mathbb{R}^n \to \mathbb{R}, i \in I$, im Satz von Robinson (Satz 2.2.2) auf die zusätzliche Voraussetzung ihrer Stetigkeit verzichten.

Im Hinblick auf unsere geplante Untersuchung nichtdifferenzierbarer konvexer Funktionen stellen wir außerdem fest, dass die Stetigkeit der Funktion $f : \mathbb{R}^n \to \mathbb{R}$ im Beweis von Satz 2.5.1 nicht nur unter ihrer dort vorausgesetzten stetigen Differenzierbarkeit gewährleistet ist, sondern auch durch ihre Konvexität.

3.2   Einseitige Richtungsdifferenzierbarkeit konvexer Funktionen

Das nächste Resultat zur Verallgemeinerung des Beweises von Satz 2.5.1 betrifft den Grenzwert der Differenzenquotienten

$$\lim_{t \searrow 0} \frac{f(\bar{x} + td) - f(\bar{x})}{t}$$

für den dort betrachteten Punkt $\bar{x}$ und die Richtung d. Wie oben bei der Untersuchung der Stetigkeit werden wir sehen, dass er nicht nur unter stetiger Differenzierbarkeit von f existiert, sondern auch unter Konvexität.

3.2.1 Definition (Einseitige Richtungsableitung)

Falls für $X \subseteq \mathbb{R}^n$ und eine Funktion $f : X \to \mathbb{R}$ an einem Punkt $x \in X$ für eine Richtung $d \in \mathbb{R}^n$ der Ausdruck

$$f'(x, d) = \lim_{t \searrow 0} \frac{f(x + td) - f(x)}{t}$$

existiert, dann heißt er *einseitige Richtungsableitung* von f an x in Richtung d, und f heißt an x in Richtung d *einseitig richtungsdifferenzierbar*. Falls f an x in jede Richtung d einseitig richtungsdifferenzierbar ist, nennt man f an x einseitig richtungsdifferenzierbar, und falls f an jedem $x \in X$ einseitig richtungsdifferenzierbar ist, dann heißt f einseitig richtungsdifferenzierbar auf X.

Die Forderung der einseitigen Richtungsdifferenzierbarkeit von f an x in Richtung d bedeutet genau genommen, dass für jede Folge (t^k) mit $\lim_k t^k = 0$ und $t^k > 0$, $k \in \mathbb{N}$, der Grenzwert $\lim_k (f(x + t^k d) - f(x))/t^k$ existiert und identisch ist. Man spricht von *einseitiger* Richtungsdifferenzierbarkeit (oder Richtungsdifferenzierbarkeit *von rechts*), weil dabei keine negativen Folgenglieder t^k zugelassen sind. In der Definition der einseitigen Richtungsdifferenzierbarkeit wird insbesondere nicht vorausgesetzt, dass die Folgen (t^k) als monoton fallend zu wählen sind (wie es die Notation $\lim_{t \searrow 0}$ vielleicht vermuten ließe).

3.2.2 Beispiel

Die Funktion $f(x) = \|x\|$ ist für jede Norm an $x = 0$ einseitig richtungsdifferenzierbar mit $f'(0, d) = \|d\|$, denn für jede Richtung d und jedes $t > 0$ gilt

$$\frac{f(0 + td) - f(0)}{t} = \frac{\|td\| - \|0\|}{t} \equiv \|d\|.$$

Zu beachten ist, dass d auch für eindimensionale Probleme eine Richtung vorgibt, weshalb in diesem Beispiel für $f(x) = |x|$ sowohl die einseitige Richtungsableitung $f'(0, 1)$ als auch $f'(0, -1)$ den Wert $+1$ besitzen. ◀

3.2.3 Übung Für $X \subseteq \mathbb{R}^n$ sei die Funktion $f : X \to \mathbb{R}$ an einem Punkt $x \in X$ in eine Richtung $d \in \mathbb{R}^n$ einseitig richtungsdifferenzierbar. Zeigen Sie, dass dann die einseitige Richtungsableitung in d positiv homogen ist, dass also

$$\forall \, \lambda > 0 : \quad f'(x, \lambda d) = \lambda \, f'(x, d)$$

gilt.

Eine von der Terminologie her erwartbare hinreichende Bedingung für einseitige Richtungsdifferenzierbarkeit ist Differenzierbarkeit, was wir im Beweis von Satz 2.5.1 bereits benutzt haben, hier aber noch einmal explizit formulieren. Eine Funktion $f : \mathbb{R}^n \to \mathbb{R}$ heißt bekanntlich an $x \in \mathbb{R}^n$ *differenzierbar*, wenn ein Vektor $s(x)$ mit der Eigenschaft

$$\lim_{y \to x} \frac{f(y) - f(x) - \langle s(x), y - x \rangle}{\|y - x\|_2} = 0$$

existiert.

3.2.4 Übung Zeigen Sie, dass aus der Differenzierbarkeit einer Funktion $f : \mathbb{R}^n \to \mathbb{R}$ an $x \in \mathbb{R}^n$ ihre einseitige Richtungsdifferenzierbarkeit an x mit

$$f'(x, d) = \langle s(x), d \rangle$$

für alle $d \in \mathbb{R}^n$ folgt.

Da für jedes $i \in \{1, \ldots, n\}$ die partielle Ableitung von f nach der Variable x_i die Beziehung $\partial_{x_i} f(x) = f'(x, e_i)$ erfüllt (wobei e_i den i-ten Einheitsvektor bezeichnet), impliziert Übung 3.2.4 die Beziehung $\partial_{x_i} f(x) = s_i(x)$, also dass der Vektor $s(x)$ mit dem bereits eingeführten Gradienten $\nabla f(x)$ von f an x übereinstimmt. Insbesondere folgt

$$f'(x, d) = \langle \nabla f(x), d \rangle. \tag{3.1}$$

Weniger offensichtlich ist, dass auch die Konvexität einer Funktion hinreichend für ihre einseitige Richtungsdifferenzierbarkeit ist.

3.2.5 Satz *Für eine konvexe Menge $X \subseteq \mathbb{R}^n$ sei die Funktion $f : X \to \mathbb{R}$ konvex. Dann gelten die folgenden Aussagen:*

a) *Für alle $x \in X$ und alle Richtungen $d = y - x$ mit $y \in X$ gilt*

$$\lim_{t \searrow 0} \frac{f(x + td) - f(x)}{t} = \inf_{t \in (0,1]} \frac{f(x + td) - f(x)}{t} \in [-\infty, +\infty).$$

b) *An jedem $x \in \operatorname{int} X$ ist f einseitig richtungsdifferenzierbar, und für alle Richtungen $d \in \mathbb{R}^n$ gilt mit einem $\lambda \in (0, 1]$*

$$f'(x, d) = \inf_{t \in (0, \lambda]} \frac{f(x + td) - f(x)}{t}.$$

Für $d = y - x$ mit $y \in X$ ist dabei $\lambda = 1$ wählbar. Ferner gilt

$$|f'(x, d)| \leq L \|d\|_2$$

mit einer von d unabhängigen Konstante $L > 0$.

Beweis Um die Behauptung von Aussage a zu sehen, seien $x, y \in X$ beliebig gewählt und $d := y - x$. Dann folgt $x + td \in X$ für alle $t \in (0, 1]$ aus der Konvexität von X, so dass $f(x + td)$ für diese t definiert ist. Mit der Hilfsfunktion

$$\Delta_d(t) := \frac{f(x + td) - f(x)}{t}$$

ist

$$\lim_{t \searrow 0} \Delta_d(t) = \inf_{t \in (0,1]} \Delta_d(t)$$

zu zeigen, wobei Grenzwert und Infimum im uneigentlichen Sinne den Wert $-\infty$ annehmen dürfen.

Dazu sei zunächst $t^k \searrow 0$ beliebig. Dann gilt mit einem $k_0 \in \mathbb{N}$ für alle $k \geq k_0$ auch $t^k \in (0, 1]$ und damit

$$\Delta_d(t^k) \geq \inf_{t \in (0,1]} \Delta_d(t)$$

sowie

$$\liminf_k \Delta_d(t^k) \geq \inf_{t \in (0,1]} \Delta_d(t).$$

Da die Folge $t^k \searrow 0$ beliebig gewählt war, haben wir auch

$$\liminf_{t \searrow 0} \Delta_d(t) \geq \inf_{t \in (0,1]} \Delta_d(t)$$

gezeigt. Die Behauptung würde folgen, wenn wir zusätzlich

$$\limsup_{t \searrow 0} \Delta_d(t) \leq \inf_{t \in (0,1]} \Delta_d(t)$$

beweisen könnten.

Dazu zeigen wir, dass die Funktion Δ_d auf der Menge $(0, 1]$ monoton wachsend ist. Tatsächlich gilt für alle $0 < t_1 \leq t_2 \leq 1$

$$f(x + t_1 d) = f\left(\frac{t_1}{t_2}(x + t_2 d) + \left(1 - \frac{t_1}{t_2}\right) x\right) \leq \frac{t_1}{t_2} f(x + t_2 d) + \left(1 - \frac{t_1}{t_2}\right) f(x)$$

und damit

$$\Delta_d(t_1) = \frac{f(x + t_1 d) - f(x)}{t_1} \leq \frac{f(x + t_2 d) - f(x)}{t_2} = \Delta_d(t_2).$$

Es ist die *Hauptidee* dieses Beweises, dass bei konvexen Funktionen die Sekantensteigungen Δ_d monoton wachsen.

Nun seien $\bar{t} \in (0, 1]$ und $t^k \searrow 0$ beliebig. Dann gibt es ein $k_0 \in \mathbb{N}$ mit $t^k \leq \bar{t}$ für alle $k \geq k_0$. Aus der Monotonie von Δ_d folgt $\Delta_d(t^k) \leq \Delta_d(\bar{t})$ für alle $k \geq k_0$ und damit

$$\limsup_{k} \Delta_d(t^k) \leq \Delta_d(\bar{t})$$

sowie

$$\limsup_{t \searrow 0} \Delta_d(t) \leq \Delta_d(\bar{t}).$$

Da $\bar{t}$ beliebig aus $(0, 1]$ gewählt war, folgt

$$\limsup_{t \searrow 0} \Delta_d(t) \leq \inf_{t \in (0,1]} \Delta_d(t),$$

insgesamt also die Behauptung von Aussage a.

Um die in Aussage b behauptete einseitige Richtungsdifferenzierbarkeit von f an $x \in$ int X zu beweisen, müssen wir noch ausschließen, dass die Funktion $\Delta_d(t)$ für ein $d \in \mathbb{R}^n$ auf $(0, 1]$ nicht nach unten beschränkt ist, also den Fall $\inf_{t \in (0,1]} \Delta_d(t) = -\infty$. Um Aussage a benutzen zu können, benötigen wir für d zunächst eine Darstellung $d = y - x$ mit $y \in X$. Zum Beispiel für eine beschränkte Menge X und einen „zu langen" Vektor d ist dies aber nicht möglich, so dass wir stattdessen eine gestauchte Version λd von d mit $\lambda \in (0, 1]$ sowie die nach Übung 3.2.3 gültige Darstellung

$$f'(x, d) = \lambda^{-1} f'(x, \lambda d)$$

ausnutzen.

Für gegebenes $d \in \mathbb{R}^n$ gilt wegen $x \in$ int X tatsächlich $x + \lambda d \in X$ für ein hinreichend kleines $\lambda \in (0, 1]$, so dass wir $y := x + \lambda d$ setzen können und die in Aussage a gewünschte Darstellung $\lambda d = y - x$ erhalten. Demnach dürfen wir

$$\lim_{t \searrow 0} \Delta_{\lambda d}(t) = \inf_{t \in (0,1]} \Delta_{\lambda d}(t)$$

schreiben. Da f an $x \in$ int X laut Satz 3.1.7 lokal Lipschitz-stetig ist, existiert (unabhängig von der Wahl von d) eine Konstante $L > 0$, so dass für alle hinreichend kleinen $t \in (0, 1]$ die Abschätzung

$$|\Delta_{\lambda d}(t)| = \frac{|f(x + t\lambda d) - f(x)|}{t} \leq \frac{L \|t\lambda d\|_2}{t} = L\lambda\|d\|_2$$

gilt und damit auch

$$|\lim_{t \searrow 0} \Delta_{\lambda d}(t)| = |\inf_{t \in (0,1]} \Delta_{\lambda d}(t)| \leq L\lambda\|d\|_2 < \infty.$$

Folglich existiert die einseitige Richtungsableitung $f'(x, \lambda d)$ und ist in der Form

$$|f'(x, \lambda d)| \leq L\lambda \|d\|_2$$

beschränkt. Aus Übung 3.2.3 folgt schließlich

$$|f'(x, d)| = \lambda^{-1} |f'(x, \lambda d)| \leq L\|d\|_2 < \infty,$$

so dass auch $f'(x, d)$ existiert. Die Darstellung von $f'(x, d)$ als Infimum folgt aus Aussage a. $\qquad \square$

3.2.6 Korollar *Für eine konvexe Menge $X \subseteq \mathbb{R}^n$ sei die Funktion $f : X \to \mathbb{R}$ konvex. Dann ist f an jedem $x \in$ int X einseitig richtungsdifferenzierbar, und es gilt*

$$\forall\, y \in X : \quad f(y) \geq f(x) + f'(x, y - x).$$

Beweis Aus Satz 3.2.5b folgt die einseitige Richtungsdifferenzierbarkeit von f an $x \in$ int X, und mit $d := y - x$ erhalten wir für alle $t \in (0, 1]$

$$f'(x, y - x) \leq \frac{f(x + t(y - x)) - f(x)}{t}.$$

Daraus folgt für $t = 1$ die Behauptung. $\qquad \square$

Durch die Setzung $X := \mathbb{R}^n$ in Korollar 3.2.6 erhalten wir schließlich das folgende Resultat.

3.2.7 Korollar *Jede konvexe Funktion $f : \mathbb{R}^n \to \mathbb{R}$ ist einseitig richtungsdifferenzierbar auf ganz $\mathbb{R}^n$, und es gilt*

$$\forall\, x, y \in \mathbb{R}^n : \quad f(y) \geq f(x) + f'(x, y - x).$$

Insbesondere ist die einseitige Richtungsdifferenzierbarkeit der Funktion $f : \mathbb{R}^n \to \mathbb{R}$ im Beweis von Satz 2.5.1 nicht nur unter ihrer dort vorausgesetzten stetigen Differenzierbarkeit gewährleistet, sondern auch durch ihre Konvexität.

Die Ungleichungen in Korollar 3.2.6 und Korollar 3.2.7 entsprechen wegen (3.1) genau den Ungleichungen, die uns laut der C^1-Charakterisierung von Konvexität (Satz 1.4.2) für differenzierbare konvexe Funktionen bereits bekannt waren.

3.2.8 Bemerkung   Die in Satz 3.2.5a betrachteten Richtungen $d = y - x$ mit $y \in X$ spannen den *Radialkegel*

$$R(x, X) = \{d \in \mathbb{R}^n \,|\, \exists\, t > 0 : x + td \in X\}$$

an die konvexe Menge X in $x \in X$ auf. Da die lokale Lipschitz-Stetigkeit von f an Punkten $x \in \mathrm{bd}\, X$ nicht wie in Satz 3.2.5b gewährleistet ist, kann für $d \in R(x, X)$ die uneigentliche einseitige Richtungsableitung $f'(x, d) = -\infty$ auftreten. Ein Beispiel dafür sind die beiden Randpunkte der Menge $X = [-1, 1]$ für die Funktion $f(x) = -\sqrt{1 - x^2}$.

Überraschenderweise tritt derselbe Effekt auch für die Randpunkte von X im Fall der zu Beginn von Abschn. 3.1 angegebenen *unstetigen* Funktionen auf. Diese Funktionen sind also an Unstetigkeitsstellen in gewisse Richtungen (uneigentlich) einseitig richtungsdifferenzierbar.

Da für $y := x + d$ die Ungleichung $f(y) \geq f(x) + f'(x, y - x)$ im Fall $f'(x, d) = -\infty$ formal sogar ebenfalls gilt, lässt sich die Aussage von Korollar 3.2.6 bei Bedarf wie folgt verallgemeinern: Für eine konvexe Menge $X \subseteq \mathbb{R}^n$ ist eine konvexe Funktion $f : X \to \mathbb{R}$ an jedem $x \in X$ für jedes $y \in X$ in die Richtung $y - x$ (ggf. uneigentlich) einseitig richtungsdifferenzierbar, und es gilt $f(y) \geq f(x) + f'(x, y - x)$. Davon machen wir im Folgenden aber keinen Gebrauch.

Abschließend betrachten wir für eine konvexe Funktion $f : X \to \mathbb{R}$ und einen fest gewählten Punkt $x \in \mathrm{int}\, X$ noch Eigenschaften der einseitigen Richtungsableitung $f'(x, \cdot)$ in der Richtung d. So ist die einseitige Richtungsableitung nach Übung 3.2.3 und Satz 3.2.5b eine positiv homogene Funktion in d. Wir zeigen als Nächstes, dass $f'(x, \cdot)$ außerdem subadditiv und damit konvex ist.

3.2.9 Lemma   *Für eine konvexe Menge $X \subseteq \mathbb{R}^n$ sei die Funktion $f : X \to \mathbb{R}$ konvex. Dann ist für jeden fest gewählten Punkt $x \in \mathrm{int}\, X$ die einseitige Richtungsableitung $f'(x, \cdot)$ eine subadditive Funktion auf $\mathbb{R}^n$.*

Beweis   Es seien $d^1, d^2 \in \mathbb{R}^n$. Dann sind für alle hinreichend kleinen $t > 0$ die Punkte $x + 2td^1$, $x + 2td^2$ und $x + t(d^1 + d^2)$ in X enthalten, und die Konvexität von f liefert

$$f(x + t(d^1 + d^2)) = f(\tfrac{1}{2}(x + 2td^1) + \tfrac{1}{2}(x + 2td^2)) \leq \tfrac{1}{2} f(x + 2td^1) + \tfrac{1}{2} f(x + 2td^2).$$

Daraus folgt

$$
\begin{aligned}
f'(x, d^1 + d^2) &= \lim_{t \searrow 0} \frac{f(x + t(d^1 + d^2)) - f(x)}{t} \\
&\leq \lim_{t \searrow 0} \frac{\frac{1}{2} f(x + 2td^1) - \frac{1}{2} f(x) + \frac{1}{2} f(x + 2td^2) - \frac{1}{2} f(x)}{t} \\
&= \lim_{t \searrow 0} \frac{f(x + 2td^1) - f(x)}{2t} + \lim_{t \searrow 0} \frac{f(x + 2td^2) - f(x)}{2t} \\
&= f'(x, d^1) + f'(x, d^2),
\end{aligned}
$$

also die gewünschte Subadditivität. □

3.2.10 Satz *Für eine konvexe Menge $X \subseteq \mathbb{R}^n$ sei die Funktion $f : X \to \mathbb{R}$ konvex. Dann ist für jeden fest gewählten Punkt $x \in \operatorname{int} X$ die einseitige Richtungsableitung $f'(x, \cdot)$ eine konvexe Funktion auf $\mathbb{R}^n$.*

Beweis Da die positive Homogenität der einseitigen Richtungsableitung $f'(x, \cdot)$ aus Übung 3.2.3 und ihre Subadditivität aus Lemma 3.2.9 folgen, erhalten wir die Behauptung aus Übung 1.3.19. □

3.2.11 Korollar *Für eine konvexe Menge $X \subseteq \mathbb{R}^n$ sei die Funktion $f : X \to \mathbb{R}$ konvex. Dann ist für jeden fest gewählten Punkt $x \in \operatorname{int} X$ die einseitige Richtungsableitung $f'(x, \cdot)$ eine lokal Lipschitz-stetige Funktion auf $\mathbb{R}^n$.*

Beweis Die Behauptung folgt sofort aus Satz 3.2.10 und Korollar 3.1.9. □

Damit haben wir auch die letzte Eigenschaft einer allgemeinen konvexen Funktion nachgewiesen, die wir für die Verallgemeinerung von Satz 2.5.1 benötigen, nämlich die Stetigkeit der einseitigen Richtungsableitung im Richtungsvektor.

Mit Hilfe der einseitigen Richtungsableitung können wir auch *Stationarität* für nichtglatte konvexe unrestringierte Optimierungsprobleme definieren. Dies geschieht analog zum glatten Fall (Bemerkung 1.4.4), basiert also auf dem Ausschluss von Abstiegsrichtungen erster Ordnung an Minimalpunkten.

3.2.12 Lemma *Für die konvexe Funktion $f : \mathbb{R}^n \to \mathbb{R}$ seien ein Punkt x und eine Richtung $d \in \mathbb{R}^n$ mit $f'(x, d) < 0$ gegeben. Dann ist d eine Abstiegsrichtung für f in x.*

Beweis Nach Satz 3.2.5b gilt

$$0 > f'(x, d) = \inf_{t \in (0,1]} \frac{f(x + td) - f(x)}{t}.$$

Demnach gibt es ein $\bar{t} \in (0, 1]$, so dass $f(x + \bar{t}d) - f(x)$ negativ ist. Die im Beweis zu Satz 3.2.5b gezeigte Monotonie der Funktion $(f(x + td) - f(x))/t$ liefert, dass $f(x + td) - f(x)$ auch für alle $t \in (0, \bar{t}]$ negativ ist, also die Behauptung. $\square$

3.2.13 Definition (Stationärer Punkt – unrestringierter nichtglatter Fall)
Für eine konvexe Funktion $f : \mathbb{R}^n \to \mathbb{R}$ heißt $x \in \mathbb{R}^n$ *stationärer Punkt* von f, falls

$$\forall d \in \mathbb{R}^n : \quad f'(x, d) \geq 0$$

gilt.

In dieser Terminologie ist jeder globale Minimalpunkt einer unrestringierten konvexen Funktion nach Lemma 3.2.12 notwendigerweise ein stationärer Punkt. Korollar 3.2.7 liefert außerdem, dass jeder stationäre Punkt einer unrestringierten konvexen Funktion notwendigerweise auch globaler Minimalpunkt ist. Damit haben wir das folgende Resultat bewiesen.

3.2.14 Satz *Die globalen Minimalpunkte einer konvexen Funktion $f : \mathbb{R}^n \to \mathbb{R}$ stimmen genau mit ihren stationären Punkten überein.*

Dies ist die Verallgemeinerung von Satz 1.4.5 auf den nichtglatten Fall, da im glatten Fall die stationären mit den kritischen Punkten übereinstimmen (Bemerkung 1.4.4). Wie man *kritische* Punkte im nichtglatten Fall definiert und wie sie mit den stationären Punkten zusammenhängen, sehen wir in Kap. 4.

3.3   Der Satz von Lewis und Pang für allgemeine konvexe Funktionen

Wir sind jetzt in der Lage, Satz 2.5.1 auf nichtdifferenzierbare konvexe Funktionen zu verallgemeinern. Dazu stellen wir die gleichen Vorüberlegungen wie dort an, wobei wir die Richtungsableitung $\langle \nabla f(\bar{x}), d \rangle$ aus dem stetig differenzierbaren Fall durch die im konvexen Fall existierende einseitige Richtungsableitung $f'(\bar{x}, d)$ ersetzen. Insbesondere lautet die kleinste einseitige Richtungsableitung von f an einem Punkt $\bar{x} \in \text{bd}\, M$ für Richtungen in $N'(\bar{x}, M)$ jetzt

$$\psi(\bar{x}) = \min_{d \in N'(\bar{x}, M)} f'(\bar{x}, d).$$

Wie im glatten Fall wird auch dieses Minimum nach dem Satz von Weierstraß tatsächlich angenommen, da $f'(\bar{x}, d)$ nach Korollar 3.2.11 für jedes $\bar{x} \in \mathbb{R}^n$ stetig in d ist sowie $N'(\bar{x}, M)$ laut Korollar 2.4.7 nichtleer und kompakt. Die in Korollar 2.4.7 dafür geforderte konvexe, abgeschlossene und nichtleere Menge M erhalten wir aus der Konvexität von f, aus der laut Korollar 3.1.9 vorliegenden Stetigkeit von f sowie aus der Existenz des betrachteten Punkts $\bar{x} \in \text{bd}\, M$.

3.3.1 Satz (Satz von Lewis und Pang [14])

Die Funktion $f : \mathbb{R}^n \to \mathbb{R}$ sei konvex, und die Menge $M = f_{\leq}^0$ sei nichtleer. Dann ist $\gamma > 0$ genau dann eine Hoffman-Konstante für die Ungleichung $f(x) \leq 0$, wenn

$$\gamma^{-1} \leq \inf_{\bar{x} \in \text{bd}\, M} \min_{d \in N'(\bar{x}, M)} f'(\bar{x}, d)$$

gilt.

Beweis Für $M = \mathbb{R}^n$ ist die Behauptung wie im glatten Fall trivialerweise richtig. Anderenfalls gilt $\emptyset \neq M \neq \mathbb{R}^n$, also $\text{bd}\, M \neq \emptyset$.

Aufgrund der lokalen Lipschitz-Stetigkeit und der einseitigen Richtungsdifferenzierbarkeit von f sowie der lokalen Lipschitz-Stetigkeit der einseitigen Richtungsableitung in den Richtungsvektoren überträgt sich auch der restliche Beweis von Satz 2.5.1 fast wörtlich. Insbesondere gilt am Ende des Beweises für $x \in M^c$ mit $\bar{x} := \text{pr}(x, M) \in \text{bd}\, M$ nach Übung 3.2.3 und Korollar 3.2.7

$$\gamma^{-1} \leq f'\left(\bar{x}, \frac{x - \bar{x}}{\text{dist}(x, M)}\right) \leq \frac{f(x) - f(\bar{x})}{\text{dist}(x, M)} = \frac{f^+(x)}{\text{dist}(x, M)}.$$

$\square$

Analog zum glatten Fall (Korollar 2.5.2) folgen aus Satz 3.3.1 eine Charakterisierung für die Existenz einer globalen Fehlerschranke und eine Formel für die bestmögliche Hoffman-Konstante.

> **3.3.2 Korollar** *Die Funktion* $f : \mathbb{R}^n \to \mathbb{R}$ *sei konvex, und die Menge* $M = f_{\leq}^0$ *sei nichtleer. Dann existiert genau im Fall*
>
> $$\inf_{\bar{x}\in\mathrm{bd}\,M} \min_{d\in N'(\bar{x},M)} f'(\bar{x},d) > 0$$
>
> *eine globale Fehlerschranke für die Ungleichung* $f(x) \leq 0$, *und die bestmögliche Hoffman-Konstante lautet dann*
>
> $$\gamma = \left(\inf_{\bar{x}\in\mathrm{bd}\,M} \min_{d\in N'(\bar{x},M)} f'(\bar{x},d) \right)^{-1}.$$

Wie sich die Existenz der globalen Fehlerschranke mit Hilfe einer passenden Verallgemeinerung der starken Slater-Bedingung aus dem glatten Fall garantieren lässt, diskutieren wir mit Hilfe des Subdifferentials der Funktion f in Abschn. 4.4.

3.4　Eine Konkretisierung des Satzes von Lewis und Pang für g_0 unter der SB

Wir konkretisieren die Aussage von Korollar 3.3.2 nun zum einen dadurch, dass wir den uns interessierenden Spezialfall $f := g_0 = \max_{i\in I} g_i$ mit auf $\mathbb{R}^n$ konvexen und stetig differenzierbaren Funktionen g_i, $i \in I$, betrachten und zum anderen durch die zusätzliche Voraussetzung der Slater-Bedingung in der Menge

$$M = M_0 = \{x \in \mathbb{R}^n \,|\, g_i(x) \leq 0, \ i \in I\}.$$

Im für Korollar 3.3.2 zentralen Ausdruck $\inf_{\bar{x}\in\mathrm{bd}\,M_0} \min_{d\in N'(\bar{x},M_0)} g_0'(\bar{x},d)$ interessieren uns im Folgenden funktionale Darstellungen der Mengen bd M_0 und $N'(\bar{x}, M_0)$ (analog zum glatten Fall in Lemma 2.5.4) sowie Formeln für die abstrakt definierten Funktionen $g_0'(\bar{x},d)$ und

$$\psi(\bar{x}) = \min_{d\in N'(\bar{x},M_0)} g_0'(\bar{x},d).$$

Dies benötigt einige Vorbereitungen.

Wir beginnen mit einem Resultat, das bereits für lediglich stetige Funktionen g_i, $i \in I$, gilt. Dazu definieren wir zu $\bar{x} \in \mathbb{R}^n$ die Menge

$$I_\star(\bar{x}) := \{i \in I \mid g_i(\bar{x}) = g_0(\bar{x})\}$$

der an $\bar{x}$ „aktiven" Indizes.

Zu beachten ist bei dieser Wortwahl, dass in der Definition von $I_\star(\bar{x})$ nicht $g_0(\bar{x}) = 0$ vorausgesetzt wird, so dass $I_\star(\bar{x})$ nicht notwendigerweise mit der (ohnehin nur für $\bar{x} \in M_0 = \{x \in \mathbb{R}^n \mid g_0(x) \le 0\}$ definierten) aktiven Indexmenge $I_0(\bar{x}) = \{i \in I \mid g_i(\bar{x}) = 0\}$ übereinstimmt. Insbesondere gilt $I_\star(\bar{x}) \ne \emptyset$ für alle $\bar{x} \in \mathbb{R}^n$, aber $I_0(\bar{x}) \ne \emptyset$ ist nur für spezielle Punkte $\bar{x} \in M_0$ erfüllt, nämlich genau für die $\bar{x} \in M_0$ mit $g_0(\bar{x}) = 0$. In diesem Fall gilt tatsächlich auch $I_\star(\bar{x}) = I_0(\bar{x})$.

3.4.1 Lemma *Die Funktionen $g_i, i \in I$, seien auf $\mathbb{R}^n$ stetig. Dann besitzt jeder Punkt $\bar{x} \in \mathbb{R}^n$ eine Umgebung U mit*

$$I_\star(x) \subseteq I_\star(\bar{x})$$

für alle $x \in U$.

Beweis Angenommen, die Behauptung ist falsch. Dann existiert eine Folge $(x^k) \subseteq \mathbb{R}^n$ mit $\lim_k x^k = \bar{x}$ und $I_\star(x^k) \not\subseteq I_\star(\bar{x})$ für alle $k \in \mathbb{N}$. Zu jedem k gibt es also einen Index $i_k \in I_\star(x^k)$ mit $i_k \notin I_\star(\bar{x})$. Die Endlichkeit der Menge $I = \{1, \dots, p\}$ erlaubt es durch Übergang zu einer Teilfolge, den Index $i_k \equiv j$ ohne Beschränkung der Allgemeinheit fest zu wählen. Es gilt also $j \in I_\star(x^k)$ für alle $k \in \mathbb{N}$ sowie $j \notin I_\star(\bar{x})$. Aus $j \in I_\star(x^k)$ folgt $g_j(x^k) = g_0(x^k)$ für alle $k \in \mathbb{N}$ und wegen der Stetigkeit der Funktionen g_j und g_0 auch $g_j(\bar{x}) = g_0(\bar{x})$. Dann erhalten wir aber den Widerspruch $j \in I_\star(\bar{x})$. $\qquad\square$

3.4.2 Lemma *Die Funktionen $g_i, i \in I$, seien auf $\mathbb{R}^n$ konvex und stetig differenzierbar. Dann ist die Funktion $g_0 = \max_{i \in I} g_i$ auf $\mathbb{R}^n$ einseitig richtungsdifferenzierbar, und für alle $\bar{x}, d \in \mathbb{R}^n$ gilt*

$$g_0'(\bar{x}, d) = \max_{i \in I_\star(\bar{x})} \langle \nabla g_i(\bar{x}), d \rangle.$$

Beweis Wegen der Konvexität der Funktion g_0 auf $\mathbb{R}^n$ folgt ihre einseitige Richtungsdifferenzierbarkeit aus Korollar 3.2.7. Um die Formel für die einseitige Richtungsableitung zu sehen, stellen wir zunächst für jedes $i \in I_\star(\bar{x})$ und alle $t > 0$

$$\frac{g_0(\bar{x} + td) - g_0(\bar{x})}{t} \ge \frac{g_i(\bar{x} + td) - g_i(\bar{x})}{t}$$

fest, woraus nach dem Grenzübergang $t \searrow 0$ die Abschätzung $g_0'(\bar{x}, d)$ $\geq \max_{i \in I_\star(\bar{x})} \langle \nabla g_i(\bar{x}), d \rangle$ folgt.

Um Gleichheit in dieser Abschätzung zu sehen, also die Existenz eines $j \in I_\star(\bar{x})$ mit $g_0'(\bar{x}, d) = \langle \nabla g_j(\bar{x}), d \rangle$, wählen wir eine Folge (t^k) mit $t^k \searrow 0$. Dann gilt

$$g_0'(\bar{x}, d) \;=\; \lim_k \frac{g_0(\bar{x} + t^k d) - g_0(\bar{x})}{t^k}.$$

Wegen der Endlichkeit der Menge I können wir durch eventuellen Übergang zu einer Teilfolge ohne Beschränkung der Allgemeinheit für alle $k \in \mathbb{N}$ einen festen Index $j \in I_\star(\bar{x}+t^k d)$ wählen, also

$$g_0(\bar{x} + t^k d) \;=\; g_j(\bar{x} + t^k d)$$

schreiben. Da der Punkt $\bar{x} + t^k d$ für fast alle $k \in \mathbb{N}$ in der nach Lemma 3.4.1 existierenden Umgebung U liegt, gilt für diese k außerdem $I_\star(\bar{x} + t^k d) \subseteq I_\star(\bar{x})$ und damit $j \in I_\star(\bar{x})$ und $g_0(\bar{x}) = g_j(\bar{x})$. Wir erhalten also wie gewünscht

$$g_0'(\bar{x}, d) \;=\; \lim_k \frac{g_0(\bar{x} + t^k d) - g_0(\bar{x})}{t^k} \;=\; \lim_k \frac{g_j(\bar{x} + t^k d) - g_j(\bar{x})}{t^k} \;=\; \langle \nabla g_j(\bar{x}), d \rangle.$$

□

3.4.3 Lemma *Die Funktionen $g_i : \mathbb{R}^n \to \mathbb{R}$, $i \in I$, seien stetig differenzierbar und konvex, und die Menge $M_0 = (g_0)_{\leq}^0$ erfülle die SB. Dann gilt*

$$\mathrm{bd}\, M_0 \;=\; (g_0)_{=}^0,$$

und jeder Punkt $\bar{x} \in (g_0)_{=}^0$ erfüllt

$$N'(\bar{x}, M_0) \;=\; \mathrm{cone}(\{\nabla g_i(\bar{x}), \, i \in I_0(\bar{x})\}) \cap B_=(0,1) \neq \emptyset$$

sowie

$$g_0'(\bar{x}, d) \;=\; \max_{i \in I_0(\bar{x})} \langle \nabla g_i(\bar{x}), d \rangle.$$

Außerdem berechnet sich der Wert $\psi(\bar{x})$ für jeden Punkt $\bar{x} \in (g_0)_{=}^0$ als Optimalwert des Problems

$$Q(\bar{x}): \quad \min_{\lambda, \alpha} \alpha \quad \text{s.t.} \quad \lambda \geq 0, \quad \lambda^\mathsf{T} A(\bar{x})^\mathsf{T} A(\bar{x}) \lambda = 1, \quad A(\bar{x})^\mathsf{T} A(\bar{x}) \lambda \leq \alpha e$$

mit $A(\bar{x}) := (\nabla g_i(\bar{x}), \, i \in I_0(\bar{x}))$, $\lambda \in \mathbb{R}^{p_0}$ und $p_0 := |I_0(\bar{x})|$. Der Vektor e bezeichnet den Einservektor in $\mathbb{R}^{p_0}$.

Beweis Die erste Behauptung wurde bereits in Satz 1.7.10 und die zweite in Lemma 2.3.13 bewiesen. Die dritte Behauptung folgt aus Lemma 3.4.2, da alle $\bar{x} \in$ bd M_0 wie gesehen $g_0(\bar{x}) = 0$ erfüllen. Damit gilt $I_\star(\bar{x}) = I_0(\bar{x})$.

Um die letzte Behauptung zu sehen, stellen wir zunächst fest, dass nach obigen Überlegungen $\psi(\bar{x}) = \min_{d \in N'(\bar{x}, M_0)} g'_0(\bar{x}, d)$ konkreter der Optimalwert des Problems

$$\widetilde{Q}(\bar{x}) : \min_d \ \max_{i \in I_0(\bar{x})} \ \langle \nabla g_i(\bar{x}), d \rangle \quad \text{s.t.} \quad d \in \text{cone}(\{\nabla g_i(\bar{x}), i \in I_0(\bar{x})\}) \cap B_=(0, 1)$$

ist. Wir zeigen nun noch, dass dieser mit dem Optimalwert von $Q(\bar{x})$ übereinstimmt. Die explizite Darstellung der Elemente d des Kegels

$$\text{cone}(\{\nabla g_i(\bar{x}), i \in I_0(\bar{x})\}) = \{A(\bar{x})\lambda \mid \lambda \geq 0\}$$

und die Epigraphumformulierung liefern tatsächlich die Äquivalenz des Problems $\widetilde{Q}(\bar{x})$ mit dem Problem

$$\min_{\lambda, \alpha} \alpha \quad \text{s.t.} \quad \lambda \geq 0, \quad \|A(\bar{x})\lambda\|_2 = 1, \quad \langle \nabla g_i(\bar{x}), A(\bar{x})\lambda \rangle \leq \alpha, \ i \in I_0(\bar{x}),$$

dessen Restriktionen wiederum zu denen von $Q(\bar{x})$ äquivalent sind. Damit besitzt auch $Q(\bar{x})$ den Optimalwert $\psi(\bar{x})$. $\qquad \square$

Die unter unseren Voraussetzungen konkretisierte Version von Korollar 3.3.2 lautet nach Lemma 3.4.3 wie folgt.

3.4.4 Korollar *Die Funktionen $g_i : \mathbb{R}^n \to \mathbb{R}, i \in I$, seien stetig differenzierbar und konvex, und die Menge $M_0 = (g_0)^0_{\leq}$ erfülle die SB. Dann existiert genau im Fall*

$$\inf_{\bar{x} \in (g_0)^0_{=}} \psi(\bar{x}) > 0$$

eine globale Fehlerschranke für die Ungleichung $g_0(x) \leq 0$, wobei $\psi(\bar{x})$ als Optimalwert des Problems $Q(\bar{x})$ aus Lemma 3.4.3 bestimmt ist. Die bestmögliche Hoffman-Konstante lautet dann

$$\gamma = \left(\inf_{\bar{x} \in (g_0)^0_{=}} \psi(\bar{x}) \right)^{-1} .$$

Im Folgenden suchen wir nach hinreichenden Bedingungen für die Gültigkeit der Ungleichung $\inf_{\bar{x} \in (g_0)^0_{=}} \psi(\bar{x}) > 0$, da sie nach Korollar 3.4.4 die Existenz der gesuchten globalen Fehlerschranke garantiert.

Im Fall $p = 1$ haben wir in Lemma 2.5.4 für $\bar{x} \in (g_0)_{=}^0$ die viel einfachere Formel $\psi(\bar{x}) = \|\nabla g_1(\bar{x})\|_2$ gesehen, aus der sofort auch $\psi(\bar{x}) \geq 0$ folgte. In Lemma 2.5.6 haben wir dann sogar bewiesen, dass die Gültigkeit der SB durch $\psi(\bar{x}) > 0$ für alle $\bar{x} \in (g_0)_{=}^0$ charakterisiert ist.

Tatsächlich können wir auch für $p \geq 1$ mit den bislang hergeleiteten Mitteln zumindest zeigen, dass $\psi(\bar{x})$ unter der SB in M_0 für alle $\bar{x} \in (g_0)_{=}^0$ positiv ist.

3.4.5 Lemma *Die Funktionen g_i, $i \in I$, seien auf $\mathbb{R}^n$ konvex und stetig differenzierbar, und die Menge $M_0 = (g_0)_{\leq}^0$ erfülle die SB. Dann gilt $\psi(\bar{x}) > 0$ für jeden Punkt $\bar{x} \in (g_0)_{=}^0$.*

Beweis Für jeden zulässigen Punkt (λ, α) von $Q(\bar{x})$ gilt

$$0 \leq \big\langle \lambda, \alpha e - A(\bar{x})^{\mathsf{T}} A(\bar{x}) \lambda \big\rangle = \alpha \lambda^{\mathsf{T}} e - \lambda^{\mathsf{T}} A(\bar{x})^{\mathsf{T}} A(\bar{x}) \lambda = \alpha \lambda^{\mathsf{T}} e - 1.$$

Diese Ungleichung schließt zunächst $\lambda^{\mathsf{T}} e = 0$ aus, woraus $\lambda^{\mathsf{T}} e > 0$ folgt, und wir erhalten für den Zielfunktionswert α des zulässigen Punkts (λ, α) die Abschätzung

$$\alpha \geq \frac{1}{\lambda^{\mathsf{T}} e} > 0.$$

Die Lösbarkeit von $Q(\bar{x})$ impliziert damit auch die Positivität des Optimalwerts $\psi(\bar{x})$ (das Problem $Q(\bar{x})$ ist lösbar, weil es äquivalent zum als lösbar erkannten allgemeinen Problem der Minimierung von $g_0'(\bar{x}, d)$ über $N'(\bar{x}, M_0)$ ist). $\qquad\square$

Auch für $p \geq 1$ wird es später also sinnvoll sein, die Charakterisierung $\inf_{\bar{x} \in (g_0)_{=}^0} \psi(\bar{x}) > 0$ der Existenz einer globalen Fehlerschranke aus Korollar 3.4.4 (oder eine hinreichende Bedingung dafür) als eine starke Slater-Bedingung aufzufassen. Dass allerdings diese Charakterisierung für eine nichtleere und kompakte Menge $(g_0)_{=}^0$ aus der Slater-Bedingung in M_0 per Satz von Weierstraß folgt (wie für $p = 1$ in Lemma 2.5.10), kann man hier nicht mehr erwarten.

Das folgende Beispiel zeigt nämlich, dass die Funktion ψ für $p \geq 2$ leider selbst in einfachen Fällen unstetig sein kann, und dies auch noch an ihren Minimalpunkten auf $(g_0)_{=}^0$. Glücklicherweise liefert Korollar 3.4.4 in diesem Beispiel trotzdem die Existenz einer globalen Fehlerschranke und eine Formel für die bestmögliche Hoffman-Konstante.

3.4.6 Beispiel

Wir betrachten wieder die durch die vier linearen Ungleichungsfunktionen

$$g_1(x) = x_1 - 2,$$
$$g_2(x) = x_2 - 1,$$
$$g_3(x) = -x_1 - 2,$$
$$g_4(x) = -x_2 - 1$$

beschriebene Box $M_0 = [-2, 2] \times [-1, 1]$ aus Beispiel 1.2.6. Die Gradienten der Ungleichungsrestriktionen lauten

$$\nabla g_1(x) = \begin{pmatrix} 1 \\ 0 \end{pmatrix}, \quad \nabla g_2(x) = \begin{pmatrix} 0 \\ 1 \end{pmatrix}, \quad \nabla g_3(x) = \begin{pmatrix} -1 \\ 0 \end{pmatrix}, \quad \nabla g_4(x) = \begin{pmatrix} 0 \\ -1 \end{pmatrix}.$$

Wir betrachten Randpunkte der Form $\bar{x}(t) = (2, 1 - t)^\mathsf{T}$ mit $t \in [0, 1]$. Für $t = 0$ gilt $\bar{x}(0) = (2, 1)^\mathsf{T}$ und $I_0(\bar{x}(0)) = \{1, 2\}$, also setzen wir im Problem $Q(\bar{x}(0))$ aus Lemma 3.4.3

$$A(\bar{x}(0)) := \begin{pmatrix} 1 & 0 \\ 0 & 1 \end{pmatrix},$$

und zu lösen ist

$$Q(\bar{x}(0)): \quad \min_{(\lambda, \alpha) \in \mathbb{R}^2 \times \mathbb{R}} \alpha \quad \text{s.t.} \quad \lambda \geq 0, \quad \lambda^\mathsf{T} \lambda = 1, \quad \lambda \leq \alpha e.$$

Als Epigraphumformulierung ist dies zur Minimierung der Funktion $\|\lambda\|_\infty$ unter den Nebenbedingungen $\lambda \geq 0$ und $\|\lambda\|_2 = 1$ für $\lambda \in \mathbb{R}^2$ äquivalent, und geometrisch erkennt man leicht den Optimalwert $\psi(\bar{x}(0)) = 1/\sqrt{2}$.

Für $t \in (0, 1]$ gilt andererseits $I_0(\bar{x}(t)) = \{1\}$, also

$$A(\bar{x}(t)) = \begin{pmatrix} 1 \\ 0 \end{pmatrix}$$

sowie $A(\bar{x}(t))^\mathsf{T} A(\bar{x}(t)) = 1$, und zu lösen ist

$$Q(\bar{x}(t)): \quad \min_{(\lambda, \alpha) \in \mathbb{R} \times \mathbb{R}} \alpha \quad \text{s.t.} \quad \lambda \geq 0, \quad \lambda^2 = 1, \quad \lambda \leq \alpha,$$

woraus $\psi(\bar{x}(t)) = 1$ folgt. Die Funktion $\psi(\bar{x}(t))$ ist demnach an $t = 0$ unstetig. Beispielsweise mit Hilfe von Symmetrieüberlegungen macht man sich leicht klar, dass ψ in *allen* Ecken von M_0 den Wert $1/\sqrt{2}$ und auf dem Rest von $(g_0)^0_=$ den Wert 1 besitzt. Folglich ist ψ sogar *genau* an den Minimalpunkten des Problems

$$\min \psi(\bar{x}) \quad \text{s.t.} \quad \bar{x} \in (g_0)^0_=$$

unstetig.

Trotzdem können wir die zu konservative Bestimmung des Höchstabstands aus Beispiel 2.2.5 nun so anpassen, dass eine im Rahmen der entropischen Glättung bestmögliche
Mengenapproximation entsteht. Es gilt nämlich

$$\min_{\bar{x} \in (g_0)^0_{=}} \psi(\bar{x}) = \frac{1}{\sqrt{2}},$$

so dass Korollar 3.4.4 die Existenz einer globalen Fehlerschranke sowie die bestmögliche
Hoffman-Konstante

$$\gamma = \left(\min_{\bar{x} \in (g_0)^0_{=}} \psi(\bar{x}) \right)^{-1} = \sqrt{2}$$

liefert. Folglich können wir die auf Satz 2.2.2 beruhende Wahl von $\delta = \varepsilon/(\sqrt{5}\log(4))$
aus Beispiel 2.2.5 per Satz 2.1.9 auf den Wert $\delta = \varepsilon/(\sqrt{2}\log(4))$ vergrößern, ohne die
für das kleinere δ gültige Abschätzung $\text{ex}(M_{t,1}, M_0) \leq \varepsilon$, $t \in (0, \delta]$, einzubüßen. Für
$\varepsilon = 1$ erhalten wir jetzt

$$t \leq \frac{1}{\sqrt{2}\log(4)} \approx 0.51.$$

Abb. 3.5 vergleicht die Approximation aus Beispiel 2.2.5 mit der gewonnenen Verbesserung. ◄

Beispiel 3.4.6 suggeriert, dass sich die Berechnung von $\psi(\bar{x})$ und damit auch die Stetigkeitsbetrachtungen noch erheblich vereinfachen lassen könnten, da es zumindest im linearen Fall
und für $n = 2$ scheinbar unnötig ist, die einseitigen Richtungsableitungen $g_0'(\bar{x}, d)$ über die
normierten Normalenrichtungen $d \in N'(\bar{x}, M)$ zu minimieren. Im Beispiel stimmt nämlich die optimale Richtung d dieses Problems für $\bar{x} = (2, 1)^\mathsf{T}$ genau mit der Richtung

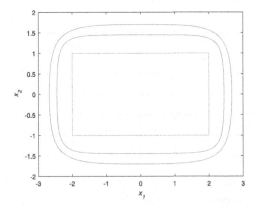

Abb. 3.5 Glättung einer Box mit per bestmöglicher Hoffman-Konstante berechnetem garantierten
Höchstabstand

$d = (1/\sqrt{2})\,(1,1)^\mathsf{T}$ überein, in der die Funktion g_0 von $\bar{x}$ aus Nichtdifferenzierbarkeitsstellen besitzt, oder vereinfacht formuliert: Man braucht scheinbar nur die Richtung des „Knicks" im Graphen von g_0 auszurechnen (was auf das Lösen eines linearen Gleichungssystems hinausläuft), statt das Minimierungsproblem zu lösen. Die folgende Übung zeigt, dass dieses Vorgehen schon im linearen Fall und für $n = 2$ falsch wäre.

3.4.7 Übung Für $n = 2$ seien die Funktionen $g_1^a(x) = ax_2$, $g_2(x) = x_1 + x_2$ und $g_0^a(x) = \max\{g_1^a(x), g_2(x)\}$ mit $a > 0$ sowie der Punkt $\bar{x} = 0$ gegeben. Skizzieren Sie für die drei Wahlen $a \in \{1/2, 3/2, 3\}$ die Menge $M_0^a = \{x \in \mathbb{R}^2 \,|\, g_0^a(x) \leq 0\}$, die Menge der normierten Normalenrichtungen $N'(\bar{x}, M_0^a)$ und die optimale Richtung des Problems, die einseitige Richtungsableitung $(g_0^a)'(\bar{x}, d)$ über $d \in N'(\bar{x}, M_0^a)$ zu minimieren. Vergleichen Sie diese optimalen Richtungen jeweils mit der Richtung, in die der Knick des Graphen von g_0^a durch $\bar{x}$ verläuft.

Die Beobachtung aus Beispiel 3.4.6 bedeutet, dass man die für die Existenz einer globalen Fehlerschranke gewünschte Bedingung $\inf_{\bar{x}\in(g_0)_=^0} \psi(\bar{x}) > 0$ selbst in einfachen Fällen nicht per Satz von Weierstraß aus der Konsistenz und Kompaktheit von $(g_0)_=^0$ sowie der Stetigkeit von ψ auf $(g_0)_=^0$ folgern kann, da ψ unstetig sein kann. Andererseits nimmt die Funktion ψ in Beispiel 3.4.6 ihr Minimum über $(g_0)_=^0$ an, *obwohl* ψ unstetig ist. Tatsächlich genügt im Satz von Weierstraß bereits die Unterhalbstetigkeit von ψ auf $(g_0)_=^0$.

> **3.4.8 Definition (Unterhalbstetigkeit)**
> Für eine abgeschlossene Menge $X \subseteq \mathbb{R}^n$ heißt die Funktion $f : X \to \mathbb{R}$ *unterhalbstetig*, wenn ihr Epigraph $\mathrm{epi}(f, X)$ eine abgeschlossene Menge ist.

3.4.9 Übung Zeigen Sie, dass die Funktion $\psi : (g_0)_=^0 \to \mathbb{R}$ aus Beispiel 3.4.6 unterhalbstetig ist.

Der folgende Satz wird beispielsweise in [26] bewiesen.

> **3.4.10 Satz (Satz von Weierstraß für unterhalbstetige Funktionen)**
> *Die Menge $X \subseteq \mathbb{R}^n$ sei nichtleer und kompakt, und $f : X \to \mathbb{R}$ sei unterhalbstetig. Dann besitzt f auf X einen globalen Minimalpunkt.*

Leider zerschlägt sich auch die Hoffnung, unter schwachen Voraussetzungen wenigstens zeigen zu können, dass ψ auf $(g_0)^0_=$ stets unterhalbstetig ist.

3.4.11 Übung Betrachten Sie die Menge M^3_0 aus Übung 3.4.7. Zeigen Sie, dass die Funktion $\psi : (g^3_0)^0_= \to \mathbb{R}$ an $\bar{x} = 0$ nicht unterhalbstetig ist.

Satz 3.4.10 erweist uns in Kap. 4 dennoch gute Dienste. Dort hilft uns das konvexe Subdifferential einer konvexen Funktion, die Struktur und die Eigenschaften von ψ besser zu verstehen und auszunutzen.

Das konvexe Subdifferential

4

Inhaltsverzeichnis

Wir möchten nun klären, wie man die in Korollar 3.4.4 als äquivalent zur Existenz einer globalen Fehlerschranke erkannte Positivität des Ausdrucks $\inf_{\bar{x} \in (g_0)_{\leqq}^0} \psi(\bar{x})$ ohne Stetigkeitsbetrachtungen für die chronisch unstetige Funktion $\psi(\bar{x}) = \min_{d \in N'(\bar{x}, M_0)} g_0'(\bar{x}, d)$ garantieren kann. Im Problem $\widetilde{Q}(\bar{x})$ aus dem Beweis zu Lemma 3.4.3 erkennt man zumindest ein wichtiges *Zusammenspiel* zwischen den Mengen $N'(\bar{x}, M_0)$ und den einseitigen Richtungsableitungen $g_0'(\bar{x}, d)$, da beide Objekte mit Hilfe derselben Vektoren $\nabla g_i(\bar{x})$, $i \in I_0(\bar{x})$, dargestellt werden.

Um diesen grundlegenden Zusammenhang zu verstehen und auszunutzen, wenden wir uns noch einmal dem Satz von Lewis und Pang für allgemeine konvexe Funktionen aus Abschn. 3.3 zu und konkretisieren ihn etwas systematischer. Insbesondere betrachten wir zunächst nur eine allgemeine konvexe Funktion f, für die die Menge $M = f_{\leq}^0$ die Slater-Bedingung erfüllt. Die noch konkretere zusätzliche Setzung $f := g_0$ erfolgt erst in einem zweiten Schritt.

Das zentrale Werkzeug für die folgenden Untersuchungen ist das Subdifferential einer konvexen Funktion, das Abschn. 4.1 ausführlich diskutiert. Dort sehen wir unter anderem, wie sich die einseitige Richtungsableitung einer konvexen Funktion mit Hilfe des Subdifferentials ausdrücken lässt. Dass sich für eine konvexe Funktion f auch der Normalenkegel an eine Menge $M = f_{\leq}^0$ durch das Subdifferential beschreiben lässt, ist Inhalt von Abschn. 4.3. Zur Herleitung der dortigen Resultate ist in Abschn. 4.2 einige Vorarbeit zum Zusammenhang verschiedener Tangentialkegel an konvexe Mengen erforderlich.

© Der/die Autor(en), exklusiv lizenziert durch Springer-Verlag GmbH, DE, ein Teil von
Springer Nature 2021
O. Stein, *Grundzüge der Konvexen Analysis*,
https://doi.org/10.1007/978-3-662-62757-0_4

Abschn. 4.4 nutzt diese Resultate, um den Satz von Lewis und Pang und seine Folgerungen für allgemeine konvexe Funktionen unter der Slater-Bedingung anzugeben, wobei insbesondere die Existenz einer globalen Fehlerschranke aus einer nichtglatten Version der starken Slater-Bedingung folgt. Abschn. 4.5 konkretisiert diese Ergebnisse schließlich für die Wahl $f = g_0$.

4.1   Definition und Eigenschaften

Nach Satz 1.4.2 gilt für eine auf einer konvexen Menge $X \subseteq \mathbb{R}^n$ konvexe und stetig differenzierbare Funktion $f : X \to \mathbb{R}$ stets

$$\forall x, y \in X : \quad f(y) \geq f(x) + \langle \nabla f(x), y - x \rangle. \tag{4.1}$$

Eine Möglichkeit, diese Aussage auf nichtdifferenzierbare konvexe Funktionen zu übertragen, haben wir im Rahmen der einseitigen Richtungsdifferenzierbarkeit in Korollar 3.2.6 und Bemerkung 3.2.8 kennengelernt, die für eine konvexe Menge $X \subseteq \mathbb{R}^n$ und eine konvexe Funktion $f : X \to \mathbb{R}$

$$\forall x, y \in X : \quad f(y) \geq f(x) + f'(x, y - x)$$

liefern.

Eine andere Möglichkeit zur Übertragung von (4.1) auf nichtdifferenzierbare konvexe Funktionen bietet die folgende Definition.

4.1.1 Definition (Subgradient und Subdifferential)
Die Menge $X \subseteq \mathbb{R}^n$ und die Funktion $f : X \to \mathbb{R}$ seien konvex. Dann heißt ein Vektor $s \in \mathbb{R}^n$ *Subgradient* von f an $x \in X$, falls

$$\forall y \in X : \quad f(y) \geq f(x) + \langle s, y - x \rangle$$

gilt. Die Menge $\partial f(x)$ aller Subgradienten von f an $x \in X$ heißt *Subdifferential* von f an x, und die mengenwertige Abbildung $\partial f : X \rightrightarrows \mathbb{R}^n, x \mapsto \partial f(x)$ heißt Subdifferential von f auf X.

Zwischen Subdifferential und einseitiger Richtungsableitung werden wir enge Zusammenhänge herstellen.

Beispiele

Für $n = 1$ entsprechen Subgradienten $s \in \partial f(x) \subseteq \mathbb{R}$ gerade den Steigungen von „Subtangenten", wie sie in Abb. 4.1 eingezeichnet sind, also von Geraden durch $(x, f(x))$, die komplett unter dem Graphen von f liegen. Abb. 4.2 zeigt, dass für nichtkonvexe Funktionen das Subdifferential $\partial f(x)$ leer sein kann. Auch für konvexe Funktionen $f : X \to \mathbb{R}$ kann dieser Effekt an Randpunkten von X auftreten, wie Abb. 4.3 für die Funktion $f(x) = -\sqrt{1 - x^2}$ an den Randpunkten $x = \pm 1$ von $X = [-1, 1]$ illustriert.

Abb. 4.1 Subtangenten an eine konvexe Funktion

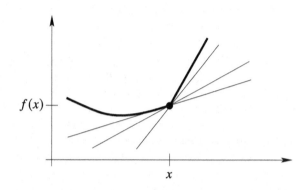

Abb. 4.2 Fehlende Subtangenten an eine nichtkonvexe Funktion

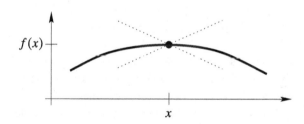

Abb. 4.3 Fehlende Subtangenten am Rand des Definitionsbereichs einer konvexen Funktion

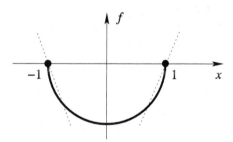

4.1.2 Übung Zeigen Sie, dass das Subdifferential der auf $X = \mathbb{R}^1$ definierten konvexen Funktion $f(x) = |x|$ durch

$$
\partial f(x) = \begin{cases} -1, & x < 0 \\ [-1, 1], & x = 0 \\ 1, & x > 0 \end{cases}
$$

gegeben ist. Abb. 4.4 illustriert für dieses Beispiel, dass das Subdifferential eine natürliche Verallgemeinerung der Ableitung ist.

Kritische Punkte

Als erste Anwendung des Subdifferentials führen wir analog zu Definition 1.4.3 kritische Punkte für nicht notwendigerweise differenzierbare unrestringierte konvexe Funktionen ein und charakterisieren wie in Satz 1.4.5 globale Minimalpunkte als kritische Punkte.

4.1.3 Definition (Kritischer Punkt – nichtglatter Fall)

Für eine konvexe Funktion $f : \mathbb{R}^n \to \mathbb{R}$ heißt $x \in \mathbb{R}^n$ *kritischer Punkt* von f, falls

$$
0 \in \partial f(x)
$$

gilt.

Beispielsweise besitzt die Funktion $f(x) = |x|$ aus Übung 4.1.2 auf $\mathbb{R}$ den eindeutigen kritischen Punkt $x = 0$. Dieses Beispiel belegt übrigens auch, dass an einem kritischen Punkt keineswegs $\partial f(x) = \{0\}$ gelten muss.

Der folgende Satz verallgemeinert Satz 1.4.5 auf den nichtglatten Fall.

Abb. 4.4 Graphen der Betragsfunktion und ihres Subdifferentials

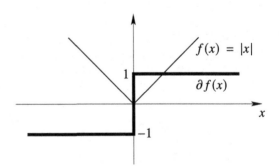

4.1.4 Satz *Die globalen Minimalpunkte einer konvexen Funktion $f : \mathbb{R}^n \to \mathbb{R}$ stimmen genau mit ihren kritischen Punkten überein.*

Beweis Zunächst sei x ein kritischer Punkt von f. Dann erfüllt $s = 0$ die Ungleichungen

$$\forall\, y \in \mathbb{R}^n : \quad f(y) \geq f(x) + \langle s, y - x \rangle.$$

Daraus folgt sofort die globale Minimalität von x für f.

Andererseits sei x ein globaler Minimalpunkt von f. Dann gilt

$$\forall\, y \in \mathbb{R}^n : \quad f(y) \geq f(x) = f(x) + \langle 0, y - x \rangle,$$

so dass $s = 0$ in $\partial f(x)$ liegt. $\qquad\square$

Überraschenderweise erlaubt es die Art und Weise der Definition des Subdifferentials, den Beweis von Satz 4.1.4 direkt zu führen anstatt wie im glatten Fall per Rückgriff auf das Konzept der Stationarität (Bemerkung 1.4.4). Die „eigentliche Arbeit" fällt allerdings bei der konkreten Berechnung des Subdifferentials an (z.B. in Satz 4.1.7 für glatte Funktionen).

Da nach Satz 3.2.14 und 4.1.4 sowohl die stationären als auch die kritischen Punkte einer unrestringierten konvexen Funktion mit ihren globalen Minimalpunkten übereinstimmen, sind natürlich auch die stationären und die kritischen Punkte identisch. Im glatten Fall haben wir diesen Zusammenhang in Bemerkung 1.4.4 gezeigt.

Berechnung

Nach ihrer Motivation zu Beginn dieses Abschnitts ist zu erwarten, dass Subdifferential und einseitige Richtungsableitung eng zusammenhängen. Eine erste Verbindung lautet wie folgt.

4.1.5 Lemma *Für eine konvexe Menge $X \subseteq \mathbb{R}^n$ sei die Funktion $f : X \to \mathbb{R}$ konvex. Dann gelten die folgenden Aussagen:*

a) *Für alle $x \in X$, alle Richtungen $d = y - x$ mit $y \in X$ und alle Subgradienten $s \in \partial f(x)$ gilt*

$$\inf_{t \in (0,1]} \frac{f(x + td) - f(x)}{t} \geq \langle s, d \rangle.$$

b) *Für alle $x \in \operatorname{int} X$, alle Richtungen $d \in \mathbb{R}^n$ und alle Subgradienten $s \in \partial f(x)$ gilt*

$$f'(x, d) \geq \langle s, d \rangle$$

sowie

$$\langle s, d \rangle \leq L \, \|d\|_2$$

mit einer von s und d unabhängigen Konstante $L > 0$.

Beweis Wie im Beweis zu Satz 3.2.5a folgt unter den Voraussetzungen von Aussage a zunächst $x + td \in X$ für alle $t \in (0, 1]$, so dass $f(x + td)$ für diese t definiert ist. Außerdem gilt für diese t per Definition des Subgradienten

$$f(x + td) \geq f(x) + \langle s, (x + td) - x \rangle = f(x) + t \langle s, d \rangle.$$

Daraus folgt die Behauptung a.

Zum Beweis von Aussage b folgen zunächst aus Satz 3.2.5b die einseitige Richtungsdifferenzierbarkeit von f an x in Richtung d und die Existenz eines $\lambda \in (0, 1]$ mit

$$f'(x, d) = \inf_{t \in (0,\lambda]} \frac{f(x + td) - f(x)}{t},$$

wobei $y := x + \lambda d \in X$ gilt. Aus Aussage a folgt daher

$$\langle s, \lambda d \rangle \leq \inf_{t \in (0,1]} \frac{f(x + t\lambda d) - f(x)}{t} = \inf_{t \in (0,\lambda]} \frac{f(x + td) - f(x)}{t/\lambda} = \lambda f'(x, d),$$

nach Division durch λ also die erste Behauptung von Aussage b. Satz 3.2.5b liefert ferner $f'(x, d) \leq L\|d\|_2$ mit der von s und d unabhängigen lokalen Lipschitz-Konstante L von f an x, womit auch die zweite Behauptung von Aussage b bewiesen ist.   □

Es sei darauf hingewiesen, dass Lemma 4.1.5 *nicht* $\partial f(x) \neq \emptyset$ voraussetzt. Aus Aussage a folgt sogar $\partial f(x) = \emptyset$, falls die einseitige Richtungsableitung $f'(x, d) = -\infty$ für $x \in \mathrm{bd} X$ nur uneigentlich existiert (Bemerkung 3.2.8).

Aus Lemma 4.1.5 können wir eine hilfreiche Charakterisierung des Subdifferentials mit Hilfe von einseitigen Richtungsableitungen schließen.

4.1.6 Satz *Für eine konvexe Menge $X \subseteq \mathbb{R}^n$ sei die Funktion $f : X \to \mathbb{R}$ konvex. Dann gilt für alle $x \in \mathrm{int} X$*

$$\partial f(x) = \{s \in \mathbb{R}^n \,|\, \forall d \in \mathbb{R}^n : f'(x, d) \geq \langle s, d \rangle\}.$$

Beweis Die Inklusion $\subseteq$ folgt sofort aus Lemma 4.1.5b. Um die Inklusion $\supseteq$ zu sehen, wählen wir ein $s \in \mathbb{R}^n$ mit $f'(x, d) \geq \langle s, d \rangle$ für alle $d \in \mathbb{R}^n$. Dann gilt insbesondere für alle $y \in X$ mit $d := y - x$

$$\langle s, y - x \rangle \leq f'(x, y - x),$$

und Korollar 3.2.6 liefert $\langle s, y - x \rangle \leq f(y) - f(x)$, also $s \in \partial f(x)$.   □

Satz 4.1.6 erlaubt es häufig, das Subdifferential für konvexe Funktionen zu berechnen, deren einseitige Richtungsableitung explizit bekannt ist. Die folgenden drei Sätze belegen dies für stetig differenzierbares f, für die uns konkret interessierende nichtglatte Funktion g_0 sowie für die euklidische Norm.

4.1.7 Satz *Für eine konvexe Menge $X \subseteq \mathbb{R}^n$ sei die Funktion $f \in C^1(X, \mathbb{R})$ konvex. Dann gilt für alle $x \in \operatorname{int} X$*

$$\partial f(x) = \{\nabla f(x)\}.$$

Beweis Es sei $x \in \operatorname{int} X$ beliebig gewählt. Dass $\nabla f(x) \in \partial f(x)$ gilt, folgt sofort aus Satz 1.4.2. Wir müssen also noch zeigen, dass $\partial f(x)$ keine weiteren Elemente enthält.

Nach Satz 4.1.6 und (3.1) gilt

$$\partial f(x) = \{s \in \mathbb{R}^n \,|\, \forall d \in \mathbb{R}^n : \langle \nabla f(x), d \rangle \geq \langle s, d \rangle\} = \{s \in \mathbb{R}^n \,|\, \forall d \in \mathbb{R}^n : 0 \geq \langle s - \nabla f(x), d \rangle\}.$$

Insbesondere erfüllt jedes $s \in \partial f(x)$ mit $d := s - \nabla f(x)$ die Ungleichung

$$0 \geq \langle s - \nabla f(x), s - \nabla f(x) \rangle = \|s - \nabla f(x)\|_2^2,$$

woraus wie gewünscht $s = \nabla f(x)$ folgt. $\qquad\square$

4.1.8 Bemerkung Die *stetige* Differenzierbarkeit lässt sich in einigen hier formulierten Resultaten zur bloßen Differenzierbarkeit abschwächen, so auch in Satz 4.1.7. Insbesondere ist auch für die Gültigkeit der in ihrem Beweis benutzten C^1-Charakterisierung von f nur die Differenzierbarkeit von f auf einer offenen Obermenge von X erforderlich [24].

Der folgende Satz erklärt die Beobachtung aus Abschn. 1.7, dass die Menge $\operatorname{conv}(\{\nabla g_i(\bar{x}), i \in I_0(\bar{x})\})$ bei der Untersuchung der Funktion g_0 eine zentrale Rolle spielt.

4.1.9 Satz *Die Funktionen $g_i, i \in I$, seien auf $\mathbb{R}^n$ konvex und stetig differenzierbar. Dann gilt für alle $\bar{x} \in (g_0)^0_=$*

$$\partial g_0(\bar{x}) = \operatorname{conv}(\{\nabla g_i(\bar{x}), i \in I_0(\bar{x})\}).$$

Beweis Nach Lemma 3.4.2 gilt

$$g_0'(\bar{x}, d) = \max_{i \in I_0(\bar{x})} \langle \nabla g_i(\bar{x}), d \rangle$$

für alle $d \in \mathbb{R}^n$. Satz 4.1.6 liefert also

$$\partial g_0(\bar{x}) = \{s \in \mathbb{R}^n \mid \forall d \in \mathbb{R}^n : \max_{i \in I_0(\bar{x})} \langle \nabla g_i(\bar{x}), d \rangle \geq \langle s, d \rangle\}.$$

Ein Vektor s liegt demnach genau dann in $\partial g_0(\bar{x})$, wenn die Ungleichung

$$\max_{i \in I_0(\bar{x})} \langle \nabla g_i(\bar{x}), d \rangle < \langle s, d \rangle$$

keine Lösung $d \in \mathbb{R}^n$ besitzt. Dies ist äquivalent zur Unlösbarkeit des Ungleichungssystems

$$\langle \nabla g_i(\bar{x}) - s, d \rangle < 0, \quad i \in I_0(\bar{x}),$$

und Letzteres nach dem Lemma von Gordan (Satz 2.4.8) zu

$$0 \in \operatorname{conv}(\{\nabla g_i(\bar{x}) - s, \ i \in I_0(\bar{x})\}),$$

also zu $s \in \operatorname{conv}(\{\nabla g_i(\bar{x}), \ i \in I_0(\bar{x})\})$. $\square$

4.1.10 Satz   *Die Funktion* $f(x) = \|x\|_2$ *erfüllt* $\partial f(0) = B_2(0, 1)$.

Beweis   Nach Beispiel 3.2.2 und Satz 4.1.6 gilt

$$\partial f(0) = \{s \in \mathbb{R}^n \mid \forall d \in \mathbb{R}^n : \|d\|_2 \geq \langle s, d \rangle\} = \{s \in \mathbb{R}^n \mid 1 \geq \|s\|_2\}.$$

In der letzten Gleichheit folgt die Inklusion $\subseteq$ aus der Wahl $d := s$ und die Inklusion $\supseteq$ aus der Cauchy-Schwarz-Ungleichung. $\square$

4.1.11 Übung   Zeigen Sie, dass die Funktion $f(x) = \|x\|_2$ für alle $x \neq 0$ das einpunktige Subdifferential

$$\partial f(x) = \left\{\frac{x}{\|x\|_2}\right\}$$

besitzt.

4.1.12 Beispiel

Mit Hilfe von Satz 4.1.9 können wir auch das Subdifferential der ℓ_1-Norm berechnen, also $\partial f(x)$ für $f(x) = \|x\|_1$. Dies liegt daran, dass sich $\|x\|_1$ als Maximum endlich vieler linearer Funktionen schreiben lässt. Nach einer Rechenregel für die Optimierung separabler Funktionen über kartesischen Produkten [24, 25] gilt nämlich für jedes $x \in \mathbb{R}^n$

$$\|x\|_1 \;=\; \sum_{i=1}^{n} |x_i| \;=\; \sum_{i=1}^{n} \max_{c_i \in \{\pm 1\}} c_i x_i \;=\; \max_{c \in \{\pm 1\}^n} \sum_{i=1}^{n} c_i x_i \;=\; \max_{c \in \{\pm 1\}^n} \langle c, x \rangle.$$

Dabei wird für jedes i der Wert $\max_{c_i \in \{\pm 1\}} c_i x_i$ für $c_i = +1 \, (-1)$ angenommen, falls x_i positiv (negativ) ist, und für $x_i = 0$ sind beide Wahlen von $c_i \in \{\pm 1\}$ erlaubt. Mit der mengenwertigen Vorzeichenabbildung

$$\text{sign}(a) \;=\; \begin{cases} \{+1\}, & a > 0, \\ \{-1\}, & a < 0, \\ \{\pm 1\}, & a = 0, \end{cases}$$

für $a \in \mathbb{R}$ und ihrer Vektorversion $\text{sign}(x) = \text{sign}(x_1) \times \ldots \times \text{sign}(x_n)$ für $x \in \mathbb{R}^n$ erfüllt die Aktive-Index-Menge zur Funktion $\max_{c \in \{\pm 1\}^n} \langle c, x \rangle$ also

$$I_\star(x) \;=\; \{c \in \{\pm 1\}^n \,|\, \langle c, x \rangle = \|x\|_1\} \;=\; \text{sign}(x).$$

Da es im Beweis von Satz 4.1.9 unerheblich ist, dass die Aktive-Index-Menge $I_\star(x)$ dort durch $I_0(x)$ ersetzt werden kann, erhalten wir für alle $x \in \mathbb{R}^n$ das Subdifferential der ℓ_1-Norm

$$\partial f(x) \;=\; \text{conv}(\{c \in \{\pm 1\}^n \,|\, c \in I_\star(x)\}) \;=\; \text{conv}(\text{sign}(x)).$$

◄

4.1.13 Übung Zeigen Sie für $f(x) = \|x\|_1$ die Beziehung

$$\partial f(0) \;=\; B_\infty(0, 1) \;=\; \{s \in \mathbb{R}^n \,|\, \|s\|_\infty \le 1\}.$$

Constraint Qualifications

Wir nutzen die Darstellung der Menge $\partial g_0(\bar{x})$ aus Satz 4.1.9 zunächst, um eine Verallgemeinerung von Satz 1.6.8 auf nichtdifferenzierbare konvexe Funktionen zu motivieren. Dort war für stetig differenzierbare konvexe Funktionen g_i, $i \in I$, die Äquivalenz der SB mit der MFB an einem Punkt sowie an allen Punkten in M_0 gezeigt worden. Da die MFB mit Hilfe von Gradienten der g_i, $i \in I$, formuliert wird, ist zunächst unklar, wie sie sich auf den nichtdifferenzierbaren Fall übertragen lassen könnte.

Allerdings wissen wir aus Lemma 1.7.6, dass die MFB genau dann an $\bar{x} \in M_0$ erfüllt ist, wenn $g_0(\bar{x}) < 0$ oder $0 \notin \text{conv}(\{\nabla g_i(\bar{x}), \, i \in I_0(\bar{x})\})$ gilt. Nach Satz 4.1.9 ist Letzteres gleichbedeutend mit $0 \notin \partial g_0(\bar{x})$, so dass wir versuchen können, die MFB auch für eine allgemeine nichtglatte konvexe Funktion f wie folgt zu definieren.

4.1.14 Definition (Mangasarian-Fromowitz-Bedingung – nichtglatter Fall)
Für eine konvexe Funktion $f : \mathbb{R}^n \to \mathbb{R}$ und $M = f_{\leq}^0$ ist an $\bar{x} \in M$ die *Mangasarian-Fromowitz-Bedingung (MFB)* erfüllt, wenn $f(\bar{x}) < 0$ oder $0 \notin \partial f(\bar{x})$ gilt.

Der Versuch dieser Definition ist zunächst insofern erfolgreich, als er die folgende Verallgemeinerung von Satz 1.6.8 zulässt (vgl. auch Lemma 4.2.6).

4.1.15 Satz *Für eine konvexe Funktion $f : \mathbb{R}^n \to \mathbb{R}$ und eine nichtleere Menge $M = f_{\leq}^0$ sind die folgenden Aussagen äquivalent:*
a) *Die MFB gilt irgendwo in M.*
b) *Die MFB gilt überall in M.*
c) *M erfüllt die SB.*

Beweis Es gelte die Aussage a, es existiere also ein $\bar{x} \in M$ mit $f(\bar{x}) < 0$ oder $0 \notin \partial f(\bar{x})$. Im Fall $f(\bar{x}) < 0$ folgt sofort die Aussage c. Im Fall $f(\bar{x}) = 0$ muss $0 \notin \partial f(\bar{x})$ erfüllt sein, also ist $\bar{x}$ kein kritischer Punkt und nach Satz 4.1.4 auch kein globaler Minimalpunkt von f auf $\mathbb{R}^n$. Folglich existiert ein $x^\star \in \mathbb{R}^n$ mit $f(x^\star) < f(\bar{x}) = 0$, so dass ebenfalls die Aussage c folgt.

Wir nehmen nun die Negation der Aussage b an, also die Existenz eines $\bar{x} \in M$ mit $f(\bar{x}) = 0$ und $0 \in \partial f(\bar{x})$. Dann ist $\bar{x}$ nach Satz 4.1.4 globaler Minimalpunkt von f auf $\mathbb{R}^n$ mit Minimalwert $f(\bar{x}) = 0$. Damit ist die Existenz eines Slater-Punkts von M ausgeschlossen; es gilt also die Negation der Aussage c. Wir haben damit gezeigt, dass die Aussage b aus der Aussage c folgt.

Wegen $M \neq \emptyset$ folgt schließlich, dass die Aussage a aus der Aussage b folgt. Damit haben wir einen Ringschluss erreicht. $\qquad\square$

Mit Hilfe von Satz 4.1.15 können wir eine erste Konkretisierung im Satz von Lewis und Pang für allgemeine konvexe Funktionen f (Satz 3.3.1) treffen, wenn wir in $M = f_{\leq}^0$ lediglich die SB fordern.

4.1.16 Korollar *Für eine konvexe Funktion $f : \mathbb{R}^n \to \mathbb{R}$ erfülle die Menge $M = f_{\leq}^0$ die SB. Dann gilt*

$$\mathrm{bd}\, M = f_{=}^0.$$

Beweis Da die Konvexität von f nach Korollar 3.1.9 die Stetigkeit von f impliziert, liefert Übung 1.6.4 die Inklusion bd$M \subseteq f_=^0$. Um die umgekehrte Inklusion zu sehen, nehmen wir die Existenz eines $\bar{x} \in f_=^0$ mit $\bar{x} \notin$ bd$M$ an. Daraus folgt $\bar{x} \in$ int M und damit $f(\bar{x}) = 0$ sowie $f(x) \leq 0$ für alle x aus einer Umgebung von $\bar{x}$. Dies bedeutet, dass $\bar{x}$ lokaler Maximalpunkt von f ist. Wegen der Konvexität von f ist das nur möglich, wenn f auf einer Kugel um $\bar{x}$ konstant verschwindet.

Um dies formal zu sehen, wähle einen Radius $\varepsilon > 0$ mit $B_2(\bar{x}, \varepsilon) \subseteq M = f_=^0$ sowie ein beliebiges $x \in B_2(\bar{x}, \varepsilon)$. Dann gilt $\varepsilon \geq \|x - \bar{x}\| = \|\bar{x} - x\|$, so dass mit dem Punkt $x = \bar{x} + (x - \bar{x})$ auch seine „Spiegelung an $\bar{x}$", $\bar{x} - (x - \bar{x}) = 2\bar{x} - x$, in $B_2(\bar{x}, \varepsilon)$ liegt (Abb. 3.3). Wegen $f(2\bar{x} - x) \leq 0$ sowie $0 = f(\bar{x}) = f(\frac{1}{2}x + \frac{1}{2}(2\bar{x} - x)) \leq \frac{1}{2}f(x) + \frac{1}{2}f(2\bar{x} - x) \leq \frac{1}{2}f(x)$ gilt also $0 \leq f(x) \leq 0$ und damit $f(x) = 0$ für jedes $x \in B_2(\bar{x}, \varepsilon)$.

Dann ist $\bar{x}$ allerdings auch lokaler Minimalpunkt von f. Da jeder lokale Minimalpunkt einer konvexen Funktion auch globaler Minimalpunkt ist, folgt nach Satz 4.1.4 $0 \in \partial f(\bar{x})$. Folglich ist die MFB an $\bar{x}$ verletzt, was nach Voraussetzung und Satz 4.1.15 jedoch ausgeschlossen ist. $\square$

Die Äquivalenz der Aussagen b und c in Satz 4.1.15 liefert die folgende verallgemeinerte Version von Lemma 2.5.6.

4.1.17 Korollar *Die Funktion $f : \mathbb{R}^n \to \mathbb{R}$ sei konvex, und die Menge $M = f_{\leq}^0$ sei nichtleer. Dann erfüllt M genau dann die SB, wenn*

$$\forall \bar{x} \in f_=^0 : \quad 0 \notin \partial f(\bar{x})$$

gilt.

Beim Vergleich der Formulierungen von Korollar 4.1.17 und Lemma 2.5.6 fällt auf, dass in Letzterem anstelle der naheliegenden und zu Korollar 4.1.17 besser passenden Bedingung „$\forall \bar{x} \in f_=^0 : 0 \neq \nabla f(\bar{x})$" die Formulierung „$\forall \bar{x} \in f_=^0 : \|\nabla f(\bar{x})\|_2 > 0$" gewählt wurde. Grund war dort, dass dies besser zu der in der Formel für die globale Fehlerschranke auftretenden Funktion $\psi(\bar{x}) = \|\nabla f(\bar{x})\|_2$ passte und die Definition der starken Slater-Bedingung ermöglichte. Dies ist im Folgenden auch für den nichtglatten Fall hilfreich.

Die entsprechende Umformulierung der Bedingung aus Korollar 4.1.17 anstelle von „$0 \neq \partial f(\bar{x})$" besagt

$$\forall s \in \partial f(\bar{x}) : \quad \|s\|_2 > 0.$$

Für die folgenden Überlegungen würden wir dies gerne weiter zu

$$\min_{s \in \partial f(\bar{x})} \|s\|_2 > 0$$

umformulieren, was aber nicht möglich wäre, wenn das Infimum der Funktion $\|s\|_2$ über der Menge $\partial f(\bar{x})$ nicht angenommen wird. Falls beispielsweise $\partial f(\bar{x})$ offen sein könnte, dann wäre $0 \notin \partial f(\bar{x})$ gleichzeitig mit $\inf_{s \in \partial f(\bar{x})} \|s\|_2 = 0$ möglich.

Glücklicherweise besitzt das Subdifferential einer konvexen Funktion sehr angenehme Eigenschaften, die hier und später auch in anderen Zusammenhängen weiterhelfen.

4.1.18 Übung Die Menge $X \subseteq \mathbb{R}^n$ und die Funktion $f : X \to \mathbb{R}$ seien konvex. Zeigen Sie, dass das Subdifferential $\partial f(x)$ dann für alle $x \in X$ abgeschlossen und konvex ist.

4.1.19 Bemerkung Der in der Literatur geläufige und auch in der Überschrift dieses Kapitels benutzte Begriff *konvexes Subdifferential* bezieht sich *nicht* darauf, dass das Subdifferential nach Übung 4.1.18 stets eine konvexe Menge bildet. Vielmehr deutet er an, dass es sich um das *Subdifferential für konvexe Funktionen* handelt. Für nicht notwendigerweise konvexe Funktionen existieren weitere Subdifferentiale, etwa dasjenige von Clarke für lokal Lipschitz-stetige Funktionen [1, 6]. Dabei handelt es sich ebenfalls um eine konvexe Menge, es wird aber als *Clarke'sches Subdifferential* bezeichnet.

Den folgenden Satz, der noch weiter gehende Eigenschaften des Subdifferentials garantiert, formulieren wir nur für den uns interessierenden Fall $X = \mathbb{R}^n$ (für allgemeinere Fälle vgl. Bemerkung 4.1.21).

4.1.20 Satz *Für eine konvexe Funktion $f : \mathbb{R}^n \to \mathbb{R}$ ist $\partial f(x)$ für alle $x \in \mathbb{R}^n$ nichtleer, kompakt und konvex.*

Beweis Es sei $x \in \mathbb{R}^n$ gegeben. Wegen Übung 4.1.18 ist nur noch zu zeigen, dass $\partial f(x)$ nichtleer und beschränkt ist.

Um zu sehen, dass $\partial f(x)$ nichtleer ist, weisen wir die Existenz einer Stützhyperebene im Punkt $(x, f(x))$ an den Epigraphen $\mathrm{epi}\, f := \mathrm{epi}(f, \mathbb{R}^n)$ von f auf $\mathbb{R}^n$ nach (Abb. 4.5). Dazu überprüfen wir zunächst die Voraussetzungen von Satz 2.4.6: Die Menge $\mathrm{epi}\, f$ ist wegen $(x, f(x)) \in \mathrm{epi}\, f$ nichtleer, nach Übung 1.3.10 ist sie außerdem konvex, und da aus der lokalen Lipschitz-Stetigkeit von f auf $\mathbb{R}^n$ die Unterhalbstetigkeit von f auf $\mathbb{R}^n$ folgt [26], ist $\mathrm{epi}\, f$ auch abgeschlossen. Ferner gilt $(x, f(x)) \in \mathrm{bd}\,\mathrm{epi}\, f$, da $(x, f(x))$ selbst in $\mathrm{epi}\, f$ liegt, die Punkte (x, α) mit $\alpha < f(x)$ aber nicht. Nach Satz 2.4.6 existiert also eine Stützhyperebene an $\mathrm{epi}\, f$ in $(x, f(x))$.

Es gibt folglich ein $a \in \mathbb{R}^n$ sowie $\mu, b \in \mathbb{R}$ mit $(a, \mu) \in \mathbb{R}^{n+1} \setminus \{0\}$, so dass die beiden Bedingungen

$$\langle a, x \rangle + \mu\, f(x) = b \tag{4.2}$$

und

$$\forall\, (y, \alpha) \in \mathrm{epi}\, f : \quad \langle a, y \rangle + \mu\, \alpha \leq b \tag{4.3}$$

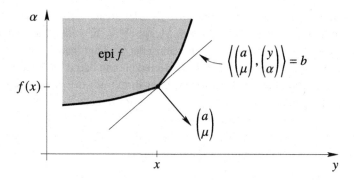

Abb. 4.5 Konstruktion im Beweis der Konsistenz des Subdifferentials

gelten. Um ein Skalarprodukt mit dem Vektor $y - x$ zu erzeugen, wie es in der Definition von $\partial f(x)$ auftritt, subtrahieren wir (4.2) von (4.3) und erhalten

$$\forall\, (y, \alpha) \in \operatorname{epi} f: \quad \langle a, y - x \rangle + \mu\,(\alpha - f(x)) \;\leq\; 0. \tag{4.4}$$

Im nächsten Schritt möchten wir (4.4) durch μ dividieren und stellen zunächst $\mu \neq 0$ fest. Im Fall $\mu = 0$ würde aus (4.4) nämlich $\langle a, y - x \rangle \leq 0$ für alle $y \in \mathbb{R}^n$ folgen, mit der Wahl $y := x + a$ also $\|a\|_2^2 \leq 0$ und damit $a = 0$. Dies erzeugt aber den Widerspruch $(a, \mu) = 0$.

Alternativ kann man argumentieren, dass $\langle a, y - x \rangle \leq 0$ für alle $y \in \mathbb{R}^n$ gerade $a \in N(x, \mathbb{R}^n)$ bedeutet, woraus mit Übung 2.3.2 $a = 0$ folgt.

Für die Richtung der Ungleichung ist bei der geplanten Division das Vorzeichen von μ entscheidend. Mit der Wahl $y := x$ und $\alpha := f(x) + 1$ liegt (x, α) in epi f, so dass (4.4) die Relation $0 \geq \mu(\alpha - f(x)) = \mu$ liefert. Da wir bereits $\mu \neq 0$ gezeigt haben, gilt also $\mu < 0$.

Wir dürfen demnach den Vektor $s := -a/\mu$ definieren, für den nach (4.4)

$$\forall\, (y, \alpha) \in \operatorname{epi} f: \quad \alpha - f(x) \;\geq\; \langle s, y - x \rangle$$

gilt. Da für jedes $y \in \mathbb{R}^n$ insbesondere der Punkt $(y, f(y))$ in epi f liegt, folgt daraus

$$\forall\, y \in \mathbb{R}^n: \quad f(y) - f(x) \;\geq\; \langle s, y - x \rangle,$$

also $s \in \partial f(x)$ und damit $\partial f(x) \neq \emptyset$.

Es bleibt noch die Beschränktheit von $\partial f(x)$ zu zeigen. Für jedes $s \in \partial f(x)$ und jede Richtung $d \in \mathbb{R}^n$ gilt nach Lemma 4.1.5b $\langle s, d \rangle \leq L\,\|d\|_2$ mit einer von s und d unabhängigen Konstante $L > 0$. Die Wahl $d := s$ liefert demnach $\|s\|_2 \leq L$, also $\partial f(x) \subseteq B_2(0, L)$ und damit die Behauptung. $\qquad\square$

4.1.21 Bemerkung Die Aussage von Satz 4.1.20 gilt auch für konvexe Funktionen $f : X \to \mathbb{R}$ mit einer nichtleeren konvexen Menge $X \subseteq \mathbb{R}^n$, allerdings nur für Punkte $x \in \mathrm{int}\, X$. Dass der Beweis für diesen Fall technischer ist, liegt daran, dass selbst für eine abgeschlossene Menge X die lokale Lipschitz-Stetigkeit und damit die Unterhalbstetigkeit von f auf X nicht garantiert sind, man also nicht direkt mit der Abgeschlossenheit der Menge $\mathrm{epi}(f, X)$ argumentieren kann, um $\partial f(x) \neq \emptyset$ zu zeigen.

4.1.22 Übung Konstruieren Sie eine konvexe Menge $X \subseteq \mathbb{R}^1$ und eine konvexe Funktion $f : X \to \mathbb{R}$ so, dass $\partial f(x)$ für ein $x \in X$ unbeschränkt ist.

Als direkte Schlussfolgerung aus Satz 4.1.20 erhalten wir für eine konvexe Funktion $f : \mathbb{R}^n \to \mathbb{R}$, dass an jedem $\bar{x} \in \mathbb{R}^n$ der Satz von Weierstraß die Annahme des Infimums der stetigen Funktion $\|s\|_2$ über der nichtleeren und kompakten Menge $\partial f(\bar{x})$ garantiert. Damit können wir die gewünschte Umformulierung von Korollar 4.1.17 angeben.

4.1.23 Korollar *Die Funktion $f : \mathbb{R}^n \to \mathbb{R}$ sei konvex, und die Menge $M = f^0_{\leq}$ sei nichtleer. Dann erfüllt M genau dann die SB, wenn*

$$\forall\, \bar{x} \in f^0_{=} : \quad \min_{s \in \partial f(\bar{x})} \|s\|_2 > 0$$

gilt.

Damit ist auch die natürliche Verallgemeinerung der starken Slater-Bedingung aus Definition 2.5.7 klar.

4.1.24 Definition (Starke Slater-Bedingung – nichtglatter Fall)
Die Funktion $f : \mathbb{R}^n \to \mathbb{R}$ sei konvex, und die Menge $M = f^0_{\leq}$ sei nichtleer. Dann erfüllt M die *starke Slater-Bedingung*, wenn

$$\inf_{\bar{x} \in f^0_{=}} \min_{s \in \partial f(\bar{x})} \|s\|_2 > 0$$

gilt.

Die starke SB impliziert in nichtleeren Mengen offensichtlich die SB. Dass die Umkehrung dieser Aussage nicht immer gilt, belegt das folgende Beispiel. Es basiert auf [2, 13] und beschreibt aus geometrischer Sicht einen parabolischen Kegelschnitt.

4.1.25 Beispiel

Die Funktion $f(x) = \|x\|_2 - x_2 - 1$ ist konvex und beschreibt die Menge $M = \{x \in \mathbb{R}^2 | \|x\|_2 - x_2 - 1 \le 0\}$. Eine geometrisch handhabbarere Darstellung dieser Menge erhalten wir aus der Beobachtung

$$c(x) := \|x\|_2 + x_2 + 1 = \sqrt{x_1^2 + x_2^2} + x_2 + 1 \ge |x_2| + x_2 + 1 \ge 1 > 0$$

für alle $x \in \mathbb{R}^2$ und der daraus resultierenden Äquivalenz von $x \in M$ und

$$0 \ge c(x) \cdot f(x) = \|x\|_2^2 - (x_2 + 1)^2 = x_1^2 - 2x_2 - 1 \tag{4.5}$$

(Abb. 4.6).

Da beispielsweise $x^\star = 0$ ein Slater-Punkt von M ist, liefert Korollar 4.1.16 die funktionale Beschreibung

$$f_=^0 = \{x \in \mathbb{R}^2 | \|x\|_2 - x_2 - 1 = 0\} \tag{4.6}$$

für den Rand von M. Mit demselben Argument wie oben folgt dessen geometrisch handhabbarere Darstellung

$$f_=^0 = \{x \in \mathbb{R}^2 | x_1^2 - 2x_2 - 1 = 0\}. \tag{4.7}$$

Nach Übung 4.1.11 besitzt f auf ganz $f_=^0$ ein einpunktiges Subdifferential, nämlich

$$\partial f(x) = \left\{ \frac{x}{\|x\|_2} - \begin{pmatrix} 0 \\ 1 \end{pmatrix} \right\}.$$

Die Länge seines Elements erfüllt

$$\left\| \frac{x}{\|x\|_2} - \begin{pmatrix} 0 \\ 1 \end{pmatrix} \right\|_2^2 = \left(\frac{x_1}{\|x\|_2} \right)^2 + \left(\frac{x_2 - \|x\|_2}{\|x\|_2} \right)^2 = \frac{2\|x\|_2^2 - 2x_2\|x\|_2}{\|x\|_2^2} = 2 \left(1 - \frac{x_2}{x_2 + 1} \right),$$

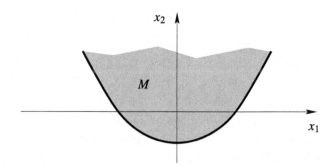

Abb. 4.6 Menge M in Beispiel 4.1.25

wobei wir in der letzten Gleichheit (4.6) für $x \in f^0_=$ ausgenutzt haben. Da (4.5) $x_2 \geq -1/2$ impliziert, ist dieser Ausdruck positiv, und wir erhalten

$$\forall\, x \in f^0_= : \quad \min_{s \in \partial f(x)} \|s\|_2 = \sqrt{2\left(1 - \frac{x_2}{x_2 + 1}\right)} > 0.$$

Nach Korollar 4.1.23 ist die Positivität der Länge des (kürzesten und hier eindeutigen) Subgradienten von f für jedes $\bar{x} \in f^0_=$ unter der schon verifizierten SB ohnehin klar. Allerdings folgt daraus in diesem Beispiel *nicht* die Positivität des entsprechenden Infimums, also die starke SB. Denn beispielsweise die Punkte $x^k = (k, (k^2 - 1)/2)$ liegen nach (4.7) für alle $k \in \mathbb{N}$ in $f^0_=$, erfüllen also

$$\forall\, k \in \mathbb{N} : \quad \min_{s \in \partial f(x^k)} \|s\|_2 = \sqrt{2\left(1 - \frac{k^2 - 1}{k^2 + 1}\right)},$$

aber der letzte Ausdruck strebt für $k \to \infty$ gegen null. ◀

In Beispiel 4.1.25 haben wir unter anderem gesehen, dass die Menge $M = f^0_\leq$ mit $f(x) = \|x\|_2 - x_2 - 1$ die alternative funktionale Darstellung $M = \widetilde{f}^0_\leq$ mit $\widetilde{f}(x) = x^2_1 - 2x_2 - 1$ besitzt. Während die Darstellung von M mit f die starke SB verletzt, zeigt Übung 2.5.12, dass andererseits die Darstellung von M durch $\widetilde{f}$ die starke SB erfüllt.

Was die starke SB mit der Bedingung für die Existenz einer globalen Fehlerschranke aus Korollar 3.3.2 zu tun hat, können wir erst in Satz 4.4.3 klären.

Halbstetigkeitseigenschaften

Mit Hilfe zweier weiterer grundlegender Eigenschaften des Subdifferentials können wir aber bereits zeigen, dass wie im glatten Fall (Lemma 2.5.10) zumindest für beschränkte konvexe Mengen M die starke SB stets aus der SB folgt.

4.1.26 Lemma *Die Funktion* $f : \mathbb{R}^n \to \mathbb{R}$ *sei konvex. Dann ist der Graph ihres Subdifferentials* $\partial f : \mathbb{R}^n \rightrightarrows \mathbb{R}^n$

$$\mathrm{gph}\,\partial f = \{(x, s) \in \mathbb{R}^n \times \mathbb{R}^n \mid s \in \partial f(x)\}$$

eine abgeschlossene Menge.

Beweis Es sei $(x^k, s^k) \subseteq \mathrm{gph}\,\partial f$ eine Folge mit Grenzpunkt $(\bar{x}, \bar{s})$. Zu zeigen ist $(\bar{x}, \bar{s}) \in \mathrm{gph}\,\partial f$. Dazu sei $y \in \mathbb{R}^n$ beliebig gewählt. Da für alle $k \in \mathbb{N}$ der Vektor s^k in $\partial f(x^k)$ liegt, gilt insbesondere

$$f(y) \geq f(x^k) + \langle s^k, y - x^k \rangle.$$

Die Stetigkeit von f und des Skalarprodukts liefern im Grenzübergang

$$f(y) \geq f(\bar{x}) + \langle \bar{s}, y - \bar{x} \rangle,$$

womit wegen der Beliebigkeit von y die Beziehung $\bar{s} \in \partial f(\bar{x})$ und damit die Behauptung gezeigt sind. $\qquad\square$

4.1.27 Lemma *Die Funktion $f : \mathbb{R}^n \to \mathbb{R}$ sei konvex. Dann existieren zu jedem $\bar{x} \in \mathbb{R}^n$ eine Umgebung U und eine Konstante $L > 0$, so dass für alle $x \in U$*

$$\partial f(x) \subseteq B_2(0, L)$$

gilt.

Beweis Nach Satz 3.1.7 existiert zu $\bar{x} \in \mathbb{R}^n$ eine Umgebung U, so dass f auf U lokal Lipschitz-stetig mit Lipschitz-Konstante $L > 0$ ist. Für jedes $x \in U$ existiert dann ein $t_x > 0$, so dass für alle $d \in B_2(0, 1)$ und alle $t \in (0, t_x)$ zunächst $x + td \in U$ und damit $f(x + td) - f(x) \leq tL\|d\|_2$ gilt. Daraus folgt

$$f'(x, d) = \inf_{t > 0} \frac{f(x + td) - f(x)}{t} \leq L\|d\|_2.$$

Für jedes $s \in \partial f(x)$ folgt aus Satz 4.1.31 also

$$\langle s, d \rangle \leq f'(x, d) \leq L\|d\|_2,$$

so dass wir für jedes $s \in \partial f(\bar{x}) \setminus \{0\}$ mit der Wahl $d := s / \|s\|_2 \in B_2(0, 1)$

$$\|s\|_2 \leq L$$

erhalten, also $\partial f(x) \subseteq B_2(0, L)$. $\qquad\square$

Lemma 4.1.26 und 4.1.27 besagen in der Sprechweise der parametrischen Optimierung gerade, dass das Subdifferential einer konvexen Funktion eine abgeschlossene und lokal beschränkte mengenwertige Abbildung ist [26]. In der parametrischen Optimierung wird außerdem gezeigt, dass eine für alle $x \in \mathbb{R}^n$ definierte (Optimalwert-)Funktion der Form $v(x) = \min_{s \in F(x)} z(s)$ mit einer stetigen Funktion z und einer abgeschlossenen und lokal beschränkten mengenwertigen Abbildung F stets auf $\mathbb{R}^n$ unterhalbstetig ist. Nach Satz 3.4.10 nimmt eine solche Funktion v auf jeder nichtleeren und kompakten Menge ihr Infimum als Minimum an.

Analog heißt eine auf $\mathbb{R}^n$ definierte Funktion v *oberhalbstetig*, falls $-v$ auf $\mathbb{R}^n$ unterhalbstetig ist. Jede auf $\mathbb{R}^n$ oberhalbstetige Funktion nimmt auf nichtleeren und kompakten Mengen ihr Supremum als Maximum an [26].

Daraus erhalten wir das folgende Resultat.

4.1.28 Lemma *Die Funktion* $f : \mathbb{R}^n \to \mathbb{R}$ *sei konvex. Dann ist die Funktion*

$$\ell : \mathbb{R}^n \to \mathbb{R}, \ x \mapsto \min_{s \in \partial f(x)} \|s\|_2$$

unterhalbstetig, und die Funktion

$$u : \mathbb{R}^n \to \mathbb{R}, \ x \mapsto \max_{s \in \partial f(x)} \|s\|_2$$

ist oberhalbstetig.

4.1.29 Übung   Zeigen Sie, dass die in Beispiel 3.4.6 berechnete Funktion ψ im dortigen Fall mit der Funktion ℓ übereinstimmt. Dies zeigt, dass ℓ zwar unterhalb-, aber nicht notwendigerweise oberhalbstetig ist.

4.1.30 Lemma   *Die Funktion* $f : \mathbb{R}^n \to \mathbb{R}$ *sei konvex, und die Menge* $M = f_{\leq}^0$ *sei beschränkt und erfülle die SB. Dann erfüllt M auch die starke SB.*

Beweis Wie im Beweis von Lemma 2.5.10 erhalten wir zunächst, dass die Menge $f_{\leq}^0$ nichtleer und kompakt ist. Nach Korollar 4.1.23 ist die Funktion $\ell(x) = \min_{s \in \partial f(x)} \|s\|_2$ auf der Menge $f_{\leq}^0$ positiv, und nach Lemma 4.1.28 ist sie unterhalbstetig. Satz 3.4.10 liefert also, dass ℓ auf der Menge $f_{\leq}^0$ ihr Infimum als Minimum annimmt, und wir erhalten wie gewünscht

$$\inf_{\bar{x} \in f_{\leq}^0} \ \min_{s \in \partial f(\bar{x})} \|s\|_2 = \min_{\bar{x} \in f_{\leq}^0} \ \min_{s \in \partial f(\bar{x})} \|s\|_2 > 0.$$

$\square$

Der Beweisteil von Lemma 4.1.30 nach Konsistenz und Kompaktheit von $f_{\leq}^0$ lässt sich ohne expliziten Rückgriff auf Resultate der parametrischen Optimierung alternativ wie folgt fortsetzen: Wir nehmen an, dass die starke SB verletzt ist, dass also

$$\inf_{\bar{x} \in f_{\leq}^0} \min_{s \in \partial f(\bar{x})} \|s\|_2 = 0$$

gilt. Dann existiert eine Folge $(x^k) \subseteq f_{\leq}^0$ mit $\lim_k \min_{s \in \partial f(x^k)} \|s\|_2 = 0$. Wegen der Kompaktheit von $f_{\leq}^0$ können wir nach der eventuellen Wahl einer Teilfolge ohne Beschränkung der Allgemeinheit die Konvergenz von (x^k) gegen ein $\bar{x} \in f_{\leq}^0$ annehmen.

Ferner existiert für jedes $k \in \mathbb{N}$ wegen der Kompaktheit der Menge $\partial f(x^k)$ ein $s^k \in \partial f(x^k)$ mit $\min_{s \in \partial f(x^k)} \|s\|_2 = \|s^k\|_2$. Diese Folge erfüllt also $\lim_k \|s^k\|_2 = 0$ und damit auch $\lim_k s^k = 0$.

Wegen $(x^k, s^k) \subseteq \mathrm{gph}\, \partial f$ und $\lim_k(x^k, s^k) = (\bar{x}, 0)$ liefert Lemma 4.1.26 auch $(\bar{x}, 0) \in \mathrm{gph}\, \partial f$ und damit $0 \in \partial f(\bar{x})$. Demnach ist die MFB an $\bar{x}$ verletzt, im Widerspruch zur vorausgesetzten SB in M.

Berechnung der einseitigen Richtungsableitung

Neben der bereits in Satz 4.1.6 etablierten Möglichkeit, das Subdifferential einer konvexen Funktion $f : X \to \mathbb{R}$ mit Hilfe ihrer einseitigen Richtungsableitungen zu berechnen, existiert umgekehrt auch eine Formel zur Berechnung der einseitigen Richtungsableitung aus dem Subdifferential. Diese betrachten wir wieder nur für den uns interessierenden Fall $X = \mathbb{R}^n$.

Formal lässt sich die erste Ungleichung in Lemma 4.1.5b dann für alle $x \in \mathbb{R}^n$ und alle Richtungen $d \in \mathbb{R}^n$ auch als

$$f'(x, d) \geq \sup_{s \in \partial f(x)} \langle s, d \rangle \tag{4.8}$$

schreiben. Aufgrund von Satz 4.1.20 und der Stetigkeit des Skalarprodukts $\langle s, d \rangle$ in s dürfen wir das Supremum sogar durch ein Maximum ersetzen. Da die Menge $\partial f(x)$ nach Satz 4.1.20 außerdem konvex und die Funktion $\langle s, d \rangle$ linear in s ist, folgt die Äquivalenz dieses Problems zu einem konvexen Minimierungsproblem.

Tatsächlich gilt in der Ungleichung (4.8) sogar *Gleichheit*, was neben Satz 4.1.6 einen weiteren wichtigen Zusammenhang zwischen einseitiger Richtungsableitung und Subdifferential herstellt.

4.1.31 Satz *Für eine konvexe Funktion $f : \mathbb{R}^n \to \mathbb{R}$ gilt an jedem $x \in \mathbb{R}^n$ für jede Richtung $d \in \mathbb{R}^n$*

$$f'(x, d) = \max_{s \in \partial f(x)} \langle s, d \rangle.$$

Beweis Es ist nur noch $f'(x, d) \leq \max_{s \in \partial f(x)} \langle s, d \rangle$ zu zeigen. Dazu nehmen wir an, für ein $\bar{d}$ gilt $f'(x, \bar{d}) > \max_{s \in \partial f(x)} \langle s, \bar{d} \rangle$.

Nach Satz 3.2.10 ist zu gegebenem $x \in \mathbb{R}^n$ die Funktion $f'_x := f'(x, \cdot)$ konvex auf $\mathbb{R}^n$. Laut Satz 4.1.20 ist ihr Subdifferential an $\bar{d}$ also nichtleer, und wir können folglich ein $\bar{s} \in \partial f'_x(\bar{d})$, also ein $\bar{s} \in \mathbb{R}^n$ mit

$$\forall d \in \mathbb{R}^n : \quad f_x'(d) \geq f_x'(\bar{d}) + \langle \bar{s}, d - \bar{d} \rangle, \tag{4.9}$$

wählen. Insbesondere für $d = 0$ folgt daraus

$$0 = f_x'(0) \geq f_x'(\bar{d}) - \langle \bar{s}, \bar{d} \rangle,$$

also

$$f'(x, \bar{d}) = f_x'(\bar{d}) \leq \langle \bar{s}, \bar{d} \rangle.$$

Falls wir zeigen können, dass $\bar{s}$ auch in $\partial f(x)$ liegt, entsteht daraus ein Widerspruch zur Annahme $f'(x, \bar{d}) > \max_{s \in \partial f(x)} \langle s, \bar{d} \rangle$. Tatsächlich liefert die in Lemma 3.2.9 gezeigte Subadditivität der Funktion f_x' für alle $d \in \mathbb{R}^n$

$$f_x'(d) \leq f_x'(\bar{d}) + f_x'(d - \bar{d}),$$

so dass aus (4.9)

$$\forall d \in \mathbb{R}^n : \quad f'(x, d - \bar{d}) = f_x'(d - \bar{d}) \geq f_x'(d) - f_x'(\bar{d}) \geq \langle \bar{s}, d - \bar{d} \rangle$$

folgt. Nach Satz 4.1.6 liegt $\bar{s}$ also in $\partial f(x)$. $\square$

Nach Satz 4.1.6 und 4.1.31 enthalten die einseitigen Richtungsableitungen und das Subdifferential einer konvexen Funktion dieselbe Information, da man sie wechselseitig auseinander rekonstruieren kann.

4.1.32 Bemerkung Für eine konvexe Menge $A \subseteq \mathbb{R}^n$ heißt die für $x \in \mathbb{R}^n$ definierte Funktion $\text{supp}(x, A) := \sup_{a \in A} \langle a, x \rangle$ *Stützfunktion (support function)* der Menge A. Geometrisch interpretiert gibt sie für einen normierten Vektor x an, „wie weit sich die Menge A in Richtung x ausdehnt". Im Fall $0 \notin A$ kann diese „Ausdehnung" für manche x allerdings nichtpositive Werte annehmen und wird daher manchmal auch als *signierte Ausdehnung* bezeichnet.

Satz 4.1.31 liefert damit unter anderem eine geometrische Interpretation der einseitigen Richtungsableitung, da sie sich als Stützfunktion des Subdifferentials erweist: Für alle $d \in \mathbb{R}^n$ gilt

$$f'(\bar{x}, d) = \text{supp}(d, \partial f(\bar{x})).$$

Bislang haben wir gezeigt, dass in Korollar 3.3.2 unter der zusätzlichen Voraussetzung der SB in der Menge M für den dort zentralen Ausdruck die teilweise Konkretisierung

$$\inf_{\bar{x} \in \text{bd}M} \min_{d \in N'(\bar{x}, M)} f'(\bar{x}, d) = \inf_{\bar{x} \in f_{=}^0} \min_{d \in N'(\bar{x}, M)} \max_{s \in \partial f(x)} \langle s, d \rangle$$

gilt.

Im Folgenden sehen wir, dass sich auch die Menge $N'(\bar{x}, M)$ mit Hilfe des Subdifferentials $\partial f(\bar{x})$ ausdrücken lässt. Für den Fall $f = g_0$ ist dies wegen der Ähnlichkeit der Ausdrücke

$$N'(\bar{x}, M_0) = \text{cone}(\{\nabla g_i(\bar{x}), \ i \in I_0(\bar{x})\}) \cap B_=(0, 1)$$

aus Lemma 3.4.3 und

$$\partial g_0(\bar{x}) = \text{conv}(\{\nabla g_i(\bar{x}), \ i \in I_0(\bar{x})\})$$

aus Satz 4.1.9 nicht weiter erstaunlich. Formulierung und Beweis dieses Zusammenhangs benötigen allerdings einige Vorarbeit, die wir in Abschn. 4.2 aufnehmen.

Rechenregeln

In Anwendungen helfen häufig die folgenden Rechenregeln, um das Subdifferential einer zusammengesetzten konvexen Funktion nach und nach zu berechnen. Dabei sind nach Übung 1.3.3 Summen und positive Vielfache konvexer Funktionen wieder konvex. Dasselbe gilt nach Übung 1.3.4 für die Verknüpfung einer äußeren konvexen mit einer inneren linearen Funktion. Für die Beweise der folgenden beiden Resultate verweisen wir auf [10].

4.1.33 Satz *Die Funktionen f und g seien konvex auf $\mathbb{R}^n$, und es seien Skalare $\alpha, \beta > 0$ gegeben. Dann gilt für alle $x \in \mathbb{R}^n$*

$$\partial[\alpha f + \beta g](x) = \alpha[\partial f](x) + \beta[\partial g](x).$$

4.1.34 Satz *Gegeben seien eine auf $\mathbb{R}^m$ konvexe Funktion f sowie eine (m, n)-Matrix A und ein Vektor $b \in \mathbb{R}^m$. Dann erfüllt die Funktion $g(x) := f(Ax + b)$ für alle $x \in \mathbb{R}^n$*

$$[\partial g](x) = A^{\mathsf{T}}[\partial f](Ax + b).$$

4.2 Einseitige Richtungsableitung und Tangentialkegel

Im Hinblick auf Gl. (3.1) bietet es sich an, die aus der glatten Optimierung [25] bekannten Definitionen von innerem und äußerem Linearisierungskegel per einseitiger Richtungsableitung auf den konvexen Fall zu übertragen. Wesentlich wird später sein, dass wie im glatten Fall unter einer Constraint Qualification auch hier der äußere Linearisierungskegel mit dem (äußeren) Tangentialkegel übereinstimmt.

4.2.1 Definition (Innerer und äußerer Linearisierungskegel)

Für eine konvexe Funktion $f : \mathbb{R}^n \to \mathbb{R}$ sei $\bar{x} \in M = f_{\leq}^0$ gegeben. Dann heißen

a)

$$L_<(\bar{x}, M) = \begin{cases} \{d \in \mathbb{R}^n \mid f'(\bar{x}, d) < 0\}, & \text{falls } f(\bar{x}) = 0 \\ \mathbb{R}^n, & \text{falls } f(\bar{x}) < 0 \end{cases}$$

innerer Linearisierungskegel an M in $\bar{x}$ und

b)

$$L_{\leq}(\bar{x}, M) = \begin{cases} \{d \in \mathbb{R}^n \mid f'(\bar{x}, d) \leq 0\}, & \text{falls } f(\bar{x}) = 0 \\ \mathbb{R}^n, & \text{falls } f(\bar{x}) < 0 \end{cases}$$

äußerer Linearisierungskegel an M in $\bar{x}$.

4.2.2 Definition (Tangentialkegel)

Für eine Menge $M \subseteq \mathbb{R}^n$ sei $\bar{x} \in M$ gegeben. Dann heißt

$$C(\bar{x}, M) = \{d \in \mathbb{R}^n \mid \exists\, t^k \searrow 0,\ d^k \to d \ \forall k \in \mathbb{N} : \bar{x} + t^k d^k \in M\}$$

(äußerer) *Tangentialkegel* an M in $\bar{x}$.

Diese drei Mengen sind wie folgt ineinanderverschachtelt.

4.2.3 Lemma *Für eine konvexe Funktion $f : \mathbb{R}^n \to \mathbb{R}$ sei $\bar{x} \in M = f_{\leq}^0$ gegeben. Dann gilt*

$$L_<(\bar{x}, M) \subseteq C(\bar{x}, M) \subseteq L_{\leq}(\bar{x}, M).$$

Beweis Im Fall $f(\bar{x}) < 0$ gilt $L_<(\bar{x}, M) = L_{\leq}(\bar{x}, M) = \mathbb{R}^n$. Wegen $f(\bar{x}) < 0$ und der Stetigkeit von f ist $\bar{x}$ innerer Punkt von M, so dass auch $C(\bar{x}, M)$ mit dem gesamten Raum $\mathbb{R}^n$ übereinstimmt.

Für $f(\bar{x}) = 0$ wählen wir zunächst ein $d \in L_<(\bar{x}, M)$; es gilt also

$$0 > f'(\bar{x}, d) = \lim_{t \searrow 0} \frac{f(\bar{x} + td) - f(\bar{x})}{t} = \lim_{t \searrow 0} \frac{f(\bar{x} + td)}{t}.$$

Insbesondere für die Folgen (t^k) und (d^k) mit $t^k := 1/k$ und $d^k := d$, $k \in \mathbb{N}$, gilt dann für fast alle $k \in \mathbb{N}$

$$0 > \frac{f(\bar{x} + t^k d)}{t^k}$$

und damit

$$0 > f(\bar{x} + t^k d^k),$$

so dass $\bar{x} + t^k d^k$ für diese k in M liegt. Dies zeigt $d \in C(\bar{x}, M)$.

Um die zweite Inklusion zu sehen, sei $d \in C(\bar{x}, M)$; es gibt also Folgen (t^k) und (d^k) mit $t^k \searrow 0$, $d^k \to d$ und $\bar{x} + t^k d^k \in M$ für alle $k \in \mathbb{N}$. Dies impliziert

$$\frac{f(\bar{x} + t^k d^k) - f(\bar{x})}{t^k} \leq 0$$

für alle $k \in \mathbb{N}$. Würden die Differenzenquotienten auf der linken Seite dieser Ungleichung gegen $f'(\bar{x}, d)$ konvergieren, so erhielten wir $d \in L_{\leq}(\bar{x}, M)$, also die Behauptung. Die gewünschte Konvergenz folgt aus der lokalen Lipschitz-Stetigkeit von f an $\bar{x}$ (Korollar 3.1.9): Mit einer lokalen Lipschitz-Konstante $L > 0$ erhalten wir für alle $k \in \mathbb{N}$

$$\left| \frac{f(\bar{x} + t^k d^k) - f(\bar{x})}{t^k} - f'(\bar{x}, d) \right|$$

$$\leq \left| \frac{f(\bar{x} + t^k d^k) - f(\bar{x})}{t^k} - \frac{f(\bar{x} + t^k d) - f(\bar{x})}{t^k} \right| + \left| \frac{f(\bar{x} + t^k d) - f(\bar{x})}{t^k} - f'(\bar{x}, d) \right|$$

$$\leq L \|d^k - d\|_2 + \left| \frac{f(\bar{x} + t^k d) - f(\bar{x})}{t^k} - f'(\bar{x}, d) \right| \to 0.$$

4.2.4 Bemerkung Am Ende des Beweises von Lemma 4.2.3 haben wir implizit gezeigt, dass konvexe Funktionen nicht nur einseitig richtungsdifferenzierbar im üblichen Sinne (d.h. im Sinne von Dini), sondern auch im Sinne von Hadamard sind.

Außerdem ist beispielsweise aus [25] folgendes Resultat bekannt.

4.2.5 Lemma *Für $M \subseteq \mathbb{R}^n$ sei $\bar{x} \in M$ gegeben. Dann ist der Tangentialkegel $C(\bar{x}, M)$ ein abgeschlossener Kegel.*

Wir bringen nun die in Definition 4.1.14 eingeführte MFB analog zum glatten Fall mit der Konsistenz des inneren Linearisierungskegels in Verbindung.

4.2.6 Lemma *Für eine konvexe Funktion $f : \mathbb{R}^n \to \mathbb{R}$ sei $\bar{x} \in M = f_{\leq}^0$ gegeben. Dann gilt an $\bar{x}$ die MFB genau im Fall $L_<(\bar{x}, M) \neq \emptyset$.*

Beweis Es sei $L_<(\bar{x}, M) = \emptyset$. Daraus folgt $f(\bar{x}) = 0$ und $f'(\bar{x}, d) \geq 0$ für alle $d \in \mathbb{R}^n$. Dann gilt laut Korollar 3.2.7 für alle $y \in \mathbb{R}^n$

$$f(y) \geq f(\bar{x}) + f'(\bar{x}, y - \bar{x}) \geq f(\bar{x}),$$

so dass $\bar{x}$ globaler Minimalpunkt von f auf $\mathbb{R}^n$ ist. Nach Satz 4.1.4 folgt $0 \in \partial f(\bar{x})$, und die MFB ist an $\bar{x}$ also verletzt.

Andererseits sei die MFB an $\bar{x}$ verletzt, d.h., es gilt $f(\bar{x}) = 0$ und $0 \in \partial f(\bar{x})$. Nach Satz 4.1.4 ist $\bar{x}$ dann globaler Minimalpunkt von f mit Wert null; es gilt also $f(y) \geq 0$ für alle $y \in \mathbb{R}^n$. Daraus folgt für alle $d \in \mathbb{R}^n$

$$f'(\bar{x}, d) = \lim_{t \searrow 0} \frac{f(\bar{x} + td) - f(\bar{x})}{t} = \lim_{t \searrow 0} \frac{f(\bar{x} + td)}{t} \geq 0,$$

also $L_<(\bar{x}, M) = \emptyset$. $\qquad\qquad\qquad\qquad\qquad\qquad\qquad\qquad\qquad\qquad\qquad\square$

Wir sind nun in der Lage, unter der MFB die Identität von Tangentialkegel und äußerem Linearisierungskegel zu zeigen.

4.2.7 Satz *Für eine konvexe Funktion $f : \mathbb{R}^n \to \mathbb{R}$ sei an $\bar{x} \in M = f_{\leq}^0$ die MFB erfüllt. Dann gilt*

$$C(\bar{x}, M) = L_{\leq}(\bar{x}, M).$$

Beweis Wegen Lemma 4.2.3 ist nur die Inklusion $L_{\leq}(\bar{x}, M) \subseteq C(\bar{x}, M)$ zu zeigen. Dazu seien ein $d \in L_{\leq}(\bar{x}, M)$ sowie ein nach Lemma 4.2.6 existierender Vektor $d^0 \in L_<(\bar{x}, M)$ gewählt. Aus der Subadditivität und positiven Homogenität von $f'(\bar{x}, \cdot)$ folgt dann für alle $\varepsilon > 0$

$$f'(\bar{x}, d + \varepsilon d^0) \leq f'(\bar{x}, d) + \varepsilon f'(\bar{x}, d^0) < 0;$$

wir erhalten also $d + \varepsilon d^0 \in L_<(\bar{x}, M)$. Der Grenzübergang $\varepsilon \to 0$ sowie Lemma 4.2.3 und Lemma 4.2.5 liefern somit

$$d \in \operatorname{cl}L_<(\bar{x}, M) \subseteq \operatorname{cl}C(\bar{x}, M) = C(\bar{x}, M),$$

wobei $\operatorname{cl}A := A \cup \operatorname{bd}A$ den (topologischen) *Abschluss* einer Menge $A \subseteq \mathbb{R}^n$ bezeichnet. $\square$

4.2.8 Bemerkung Für eine konvexe Funktion $f : \mathbb{R}^n \to \mathbb{R}$ und $\bar{x} \in M = f_\leq^0$ heißt die Identität $C(\bar{x}, M) = L_\leq(\bar{x}, M)$ *Abadie-Bedingung*. Nach Satz 4.2.7 folgt aus der MFB an $\bar{x}$ also die Abadie-Bedingung an $\bar{x}$.

4.3   Subdifferential und Normalenkegel

Wie bereits erwähnt fällt beim Vergleich der Aussagen von Lemma 2.3.13 und Satz 4.1.9 auf, dass der Normalenkegel

$$N(\bar{x}, M_0) = \text{cone}(\{\nabla g_i(\bar{x}), \ i \in I_0(\bar{x})\})$$

an $\bar{x} \in (g_0)_\leq^0$ „fast" mit

$$\partial g_0(\bar{x}) = \text{conv}(\{\nabla g_i(\bar{x}), \ i \in I_0(\bar{x})\})$$

übereinstimmt. Um diesen wichtigen Zusammenhang auch im allgemeinen Fall zu formulieren, definieren wir zu einer Menge $A \subseteq \mathbb{R}^n$ ihre *Strahlenhülle*

$$\text{ray}(A) := \{\lambda a \mid a \in A, \ \lambda \geq 0\}.$$

4.3.1 Bemerkung Die Menge $\text{ray}(A)$ ist offensichtlich ein Kegel und wird daher manchmal auch als *Kegelhülle* von A bezeichnet. Allerdings braucht $\text{ray}(A)$ für eine nichtkonvexe Menge A nicht konvex zu sein, so dass beim Begriff *Kegelhülle* eine Verwechslungsgefahr mit der *konvexen Kegelhülle* $\text{cone}(A)$ besteht, die auch für nichtkonvexe Mengen A stets konvex ist.

Es gilt aber das folgende Resultat.

4.3.2 Lemma *Für jede konvexe Menge $A \subseteq \mathbb{R}^n$ ist auch $\text{ray}(A)$ konvex.*

Beweis Es seien $x, y \in \text{ray}(A)$ und $\lambda \in (0, 1)$. Zu zeigen ist $(1 - \lambda)x + \lambda y \in \text{ray}(A)$. Dazu wählen wir $\sigma, \tau \geq 0$ und $a, b \in A$ mit $x = \sigma a$ und $y = \tau b$. Der Ausdruck $(1 - \lambda)\sigma + \lambda\tau$ ist dann nichtnegativ. Im Fall seines Verschwindens folgt $\sigma = \tau = 0$ und damit $x = y = 0$ sowie $(1 - \lambda)x + \lambda y = 0 \in \text{ray}(A)$. Im Fall $(1 - \lambda)\sigma + \lambda\tau > 0$ gilt

$$\frac{(1 - \lambda)\sigma}{(1 - \lambda)\sigma + \lambda\tau}, \ \frac{\lambda\tau}{(1 - \lambda)\sigma + \lambda\tau} \geq 0$$

und

$$\frac{(1-\lambda)\sigma}{(1-\lambda)\sigma+\lambda\tau} + \frac{\lambda\tau}{(1-\lambda)\sigma+\lambda\tau} = 1,$$

so dass die Konvexität von A

$$\frac{(1-\lambda)x+\lambda y}{(1-\lambda)\sigma+\lambda\tau} = \frac{(1-\lambda)\sigma}{(1-\lambda)\sigma+\lambda\tau}\, a + \frac{\lambda\tau}{(1-\lambda)\sigma+\lambda\tau}\, b \in A$$

und damit $(1-\lambda)x + \lambda y \in \mathrm{ray}(A)$ impliziert.   □

Außerdem benötigen wir die folgende Eigenschaft der Strahlenhülle.

4.3.3 Lemma *Die Menge $A \subseteq \mathbb{R}^n$ sei kompakt, und es gelte $0 \notin A$. Dann ist* $\mathrm{ray}(A)$ *abgeschlossen.*

Beweis Es sei $(x^k) \subseteq \mathrm{ray}(A)$ eine Folge mit $\lim_k x^k = \bar{x}$. Zu zeigen ist $\bar{x} \in \mathrm{ray}(A)$. Dazu wählen wir für jedes $k \in \mathbb{N}$ ein $\lambda^k \geq 0$ und ein $a^k \in A$ mit $x^k = \lambda^k a^k$. Wegen der Kompaktheit von A folgt (nach eventuellem Übergang zu einer Teilfolge) ohne Beschränkung der Allgemeinheit die Konvergenz von (a^k) gegen ein $\bar{a} \in A$.

Wir erhalten $\|x^k\|_2 = \lambda^k \|a^k\|_2$ für alle $k \in \mathbb{N}$ und wegen $0 \notin A$

$$\lim_k \lambda^k = \lim_k \frac{\|x^k\|_2}{\|a^k\|_2} = \frac{\|\bar{x}\|_2}{\|\bar{a}\|_2} =: \bar{\lambda}.$$

Es folgt

$$\bar{x} = \lim_k x^k = \lim_k \lambda^k a^k = (\lim_k \lambda^k)(\lim_k a^k) = \bar{\lambda}\,\bar{a},$$

und wegen $\bar{\lambda} \geq 0$ gilt $\bar{x} = \bar{\lambda}\,\bar{a} \in \mathrm{ray}(A)$.   □

4.3.4 Übung Geben Sie eine kompakte und konvexe Menge $A \subseteq \mathbb{R}^2$ an, für die $\mathrm{ray}(A)$ nicht abgeschlossen ist.

Wir halten zunächst ein Resultat zum Zusammenhang von Normalenkegel und Strahlenhülle des Subdifferentials fest, das ohne die Voraussetzung einer Constraint Qualification auskommt.

4.3.5 Lemma *Für eine konvexe Funktion $f : \mathbb{R}^n \to \mathbb{R}$ sei $M = f_{\leq}^0$. Dann gilt für jedes $\bar{x} \in \mathrm{bd}M$*

$$N(\bar{x}, M) \supseteq \mathrm{ray}(\partial f(\bar{x})).$$

Beweis Für jedes $\bar{x} \in \mathrm{bd}M$ und jedes $d \in \mathrm{ray}(\partial f(\bar{x}))$ existieren ein $\lambda \geq 0$ und ein $s \in \partial f(\bar{x})$ mit $d = \lambda s$. Insbesondere erfüllen alle $y \in M$

$$f(y) \geq f(\bar{x}) + \langle s, y - \bar{x} \rangle \geq f(y) + \langle s, y - \bar{x} \rangle,$$

wobei die zweite Ungleichung aus $y \in M$ und $f(y) \leq 0 = f(\bar{x})$ folgt (Übung 1.6.4). Dies impliziert

$$0 \geq \lambda \langle s, y - \bar{x} \rangle = \langle d, y - \bar{x} \rangle$$

für alle $y \in M$ und damit $d \in N(\bar{x}, M)$. □

Unter der zusätzlichen Voraussetzung der Slater-Bedingung erhalten wir die folgenden Mengenidentitäten.

4.3.6 Satz *Für eine konvexe Funktion $f : \mathbb{R}^n \to \mathbb{R}$ erfülle die Menge $M = f^0_{\leq}$ die SB. Dann gilt für jedes $\bar{x} \in f^0_{=}$*

$$N(\bar{x}, M) = \mathrm{ray}(\partial f(\bar{x}))$$

und

$$N'(\bar{x}, M) = \{d/\|d\|_2 \mid d \in \partial f(\bar{x})\}.$$

Beweis In der ersten Identität ist wegen Lemma 4.3.5 nur noch die Inklusion $\subseteq$ zu beweisen. Dazu wählen wir ein $d \notin \mathrm{ray}(\partial f(\bar{x}))$ und zeigen $d \notin N(\bar{x}, M)$. Hierfür konstruieren wir eine trennende Hyperebene zwischen d und $\mathrm{ray}(\partial f(\bar{x}))$, überprüfen also zunächst die Voraussetzungen des Trennungssatzes (Satz 2.4.1): Da sie stets den Nullpunkt enthält, ist die Menge $\mathrm{ray}(\partial f(\bar{x}))$ nichtleer, und wegen Satz 4.1.20 und Lemma 4.3.2 ist sie konvex. Ferner ist die Menge $\partial f(\bar{x})$ nach Satz 4.1.20 kompakt, und wegen Satz 4.1.15 gilt an $\bar{x}$ die MFB, also $0 \notin \partial f(\bar{x})$. Aus Lemma 4.3.3 folgt demnach die Abgeschlossenheit von $\mathrm{ray}(\partial f(\bar{x}))$.

Wir dürfen Satz 2.4.1 also anwenden und erhalten die Existenz von $a \in \mathbb{R}^n \setminus \{0\}$ und $b \in \mathbb{R}$ mit

$$\langle a, y \rangle \leq b < \langle a, d \rangle$$

für alle $y \in \mathrm{ray}(\partial f(\bar{x}))$. Wegen $0 \in \mathrm{ray}(\partial f(\bar{x}))$ folgt daraus zum einen $0 \leq b < \langle a, d \rangle$, zum anderen gilt für alle $s \in \partial f(\bar{x})$ und $\lambda > 0$

$$\langle a, s \rangle \leq \frac{b}{\lambda}.$$

Daraus resultiert für $\lambda \to \infty$ und mit Satz 4.1.31

$$0 \geq \max_{s \in \partial f(\bar{x})} \langle a, s \rangle = f'(\bar{x}, a).$$

Also liegt a im äußeren Linearisierungskegel $L_{\leq}(\bar{x}, M)$, der nach Satz 4.1.15 und Satz 4.2.7 mit dem Tangentialkegel $C(\bar{x}, M)$ übereinstimmt. Es existieren demnach Folgen $t^k \searrow 0$ und $a^k \to a$ mit $\bar{x} + t^k a^k \in M$.

Wir nehmen nun an, es gilt $d \in N(\bar{x}, M)$. Dann sind insbesondere für alle $k \in \mathbb{N}$ die Ungleichungen

$$0 \geq \langle d, (\bar{x} + t^k a^k) - \bar{x} \rangle = t^k \langle d, a^k \rangle$$

und damit

$$0 \geq \langle d, a^k \rangle$$

erfüllt. Im Grenzübergang folgt dann aber $0 \geq \langle d, a \rangle$, im Widerspruch zur laut Trennungssatz gültigen Ungleichung $0 < \langle d, a \rangle$. Also gilt wie gewünscht $d \notin N(\bar{x}, M)$, und die erste Identität ist bewiesen.

Um die zweite behauptete Identität zu sehen, wählen wir zunächst ein $s \in N'(\bar{x}, M)$; es gilt also $\|s\|_2 = 1$ und $s \in \mathrm{ray}(\partial f(\bar{x}))$. Daher existieren ein $\lambda \geq 0$ und ein $d \in \partial f(\bar{x})$ mit $s = \lambda d$. Wegen $1 = \|s\|_2 = \lambda \|d\|_2$ folgt $\lambda = \|d\|_2^{-1}$ und damit $s = d / \|d\|_2$. Die umgekehrte Inklusion folgt aus $\partial f(\bar{x}) \subseteq \mathrm{ray}(\partial f(\bar{x})) = N(\bar{x}, M)$ und der Tatsache, dass sich wegen $0 \notin \partial f(\bar{x})$ alle Elemente von $\partial f(\bar{x})$ normieren lassen. $\qquad\square$

Die Begründung für den Einsatz des Tangentialkegels $C(\bar{x}, M)$ im obigen Beweis liefert die folgende Übung.

4.3.7 Übung Konstruieren Sie für $n = 2$ ein Beispiel für eine Menge M, einen Normalenkegel $N(\bar{x}, M)$ und einen Punkt $d \notin N(\bar{x}, M)$, bei dem der wie im Beweis von Satz 4.3.6 konstruierte Vektor a zwar in $L_{\leq}(\bar{x}, M)$ liegt, die Punkte $\bar{x} + ta$ mit $t > 0$ aber nicht in M.

4.4 Der Satz von Lewis und Pang für allgemeine konvexe Funktionen unter der SB

Wir können nun eine übersichtliche und im Folgenden zentrale Formel für die kleinste Steigung von f an $\bar{x}$ in normierte Normalenrichtungen angeben, also für $\psi(\bar{x})$.

4.4.1 Lemma *Für eine konvexe Funktion $f : \mathbb{R}^n \to \mathbb{R}$ erfülle die Menge $M = f_{\leq}^0$ die SB. Dann gilt für jedes $\bar{x} \in f_{=}^0$*

$$\psi(\bar{x}) = \min_{d \in N'(\bar{x}, M)} f'(\bar{x}, d) = \min_{d \in \partial f(\bar{x})} \max_{s \in \partial f(\bar{x})} \left\langle s, \frac{d}{\|d\|_2} \right\rangle.$$

Beweis Die Behauptung folgt sofort aus Satz 4.1.31 und Satz 4.3.6.   □

Durch Lemma 4.4.1 erkennt man zunächst formal, dass der Wert $\psi(\bar{x})$ vollständig durch das Subdifferential $\partial f(\bar{x})$ bestimmt ist. Außerdem erlaubt es, eine Einschließung für den Wert $\psi(\bar{x})$ herzuleiten, aus der auch im allgemeinen Fall die Positivität der Funktion ψ an jedem Randpunkt von M folgt (vgl. Lemma 3.4.5 für den Spezialfall $f = g_0$).

4.4.2 Satz *Für eine konvexe Funktion $f : \mathbb{R}^n \to \mathbb{R}$ erfülle die Menge $M = f_{\leq}^0$ die SB. Dann gilt für jedes $\bar{x} \in f_{=}^0$*

$$\psi(\bar{x}) \in \left[\min_{s \in \partial f(\bar{x})} \|s\|_2 , \ \max_{s \in \partial f(\bar{x})} \|s\|_2 \right].$$

Beweis Für jedes $d \in \partial f(\bar{x})$ und jedes $\bar{s} \in \partial f(\bar{x})$ gilt

$$\max_{s \in \partial f(\bar{x})} \left\langle s, \frac{d}{\|d\|_2} \right\rangle \geq \left\langle \bar{s}, \frac{d}{\|d\|_2} \right\rangle,$$

und die spezielle Wahl $\bar{s} := d$ liefert

$$\max_{s \in \partial f(\bar{x})} \left\langle s, \frac{d}{\|d\|_2} \right\rangle \geq \left\langle d, \frac{d}{\|d\|_2} \right\rangle = \|d\|_2 .$$

Daraus folgt nach Lemma 4.4.1

$$\psi(\bar{x}) \geq \min_{d \in \partial f(\bar{x})} \|d\|_2 .$$

Außerdem gilt für jedes $d \in \partial f(\bar{x})$ und jedes $s \in \partial f(\bar{x})$ nach der Cauchy-Schwarz-Ungleichung

$$\left\langle s, \frac{d}{\|d\|_2} \right\rangle \leq \|s\|_2$$

und damit

$$\max_{s \in \partial f(\bar{x})} \left\langle s, \frac{d}{\|d\|_2} \right\rangle \leq \max_{s \in \partial f(\bar{x})} \|s\|_2$$

sowie

$$\psi(\bar{x}) = \min_{d \in \partial f(\bar{x})} \max_{s \in \partial f(\bar{x})} \left\langle s, \frac{d}{\|d\|_2} \right\rangle \leq \max_{s \in \partial f(\bar{x})} \|s\|_2.$$

□

Satz 4.4.2 liefert wegen Satz 4.1.7 eine Verallgemeinerung der Darstellung $\psi(\bar{x}) = \|\nabla f(\bar{x})\|_2$ aus Lemma 2.5.4 vom glatten auf den nichtglatten Fall. Unter anderem zeigt er wegen Korollar 4.1.23, dass die Werte von ψ auf der Menge $f_=^0$ zwischen zwei positiven Funktionen eingeschlossen sind. Da dies gerade die Funktionen ℓ und u aus Lemma 4.1.28 sind, ist ψ auf $f_=^0$ außerdem zwischen einer unterhalbstetigen Unterschranke und einer oberhalbstetigen Oberschranke eingeschlossen. Es sei daran erinnert, dass wir in Abschn. 3.4 an Beispielen gesehen haben, dass ψ selbst weder unter- noch oberhalbstetig zu sein braucht (dies schließt jedoch nicht aus, dass ψ in manchen Fällen etwa mit ℓ übereinstimmt; Übung 4.1.29).

Wir erhalten dadurch insbesondere eine *hinreichende Bedingung* für die Charakterisierung der Existenz einer globalen Fehlerschranke aus Korollar 3.3.2 und damit wenigstens einen wichtigen Teil der gesuchten Verallgemeinerung der Existenzaussage für globale Fehlerschranken aus Satz 2.5.8 auf nichtglatte konvexe Funktionen. Die dabei benutzte starke Slater-Bedingung haben wir in Definition 4.1.24 eingeführt.

> **4.4.3 Satz** *Die Funktion $f : \mathbb{R}^n \to \mathbb{R}$ sei konvex, und die Menge $M = f_\le^0$ sei nichtleer und erfülle die starke SB. Dann existiert eine globale Fehlerschranke für die Ungleichung $f(x) \le 0$, die bestmögliche Hoffman-Konstante lautet*
>
> $$\gamma = \left(\inf_{\bar{x} \in f_=^0} \min_{d \in \partial f(\bar{x})} \max_{s \in \partial f(\bar{x})} \left\langle s, \frac{d}{\|d\|_2} \right\rangle \right)^{-1},$$
>
> *und eine gültige Hoffman-Konstante ist*
>
> $$\gamma = \left(\inf_{\bar{x} \in f_=^0} \min_{s \in \partial f(\bar{x})} \|s\|_2 \right)^{-1}.$$

Beweis Nach Satz 4.4.2 gilt unter der starken SB

$$\inf_{\bar{x} \in f_=^0} \min_{d \in N'(\bar{x}, M)} f'(\bar{x}, d) = \inf_{\bar{x} \in f_=^0} \psi(\bar{x}) \ge \inf_{\bar{x} \in f_=^0} \min_{s \in \partial f(\bar{x})} \|s\|_2 > 0,$$

so dass Korollar 3.3.2 die Existenz einer globalen Fehlerschranke liefert. Die Formel für die bestmögliche Hoffman-Konstante resultiert aus Korollar 3.3.2 und Lemma 4.4.1. Nach Satz 3.3.1 ist jedes

$$\gamma \ge \left(\inf_{\bar{x} \in f_=^0} \min_{d \in \partial f(\bar{x})} \max_{s \in \partial f(\bar{x})} \left\langle s, \frac{d}{\|d\|_2} \right\rangle \right)^{-1}$$

eine gültige Hoffman-Konstante, also auch

$$\gamma = \left(\inf_{\bar{x} \in f_{\leq}^0} \min_{s \in \partial f(\bar{x})} \|s\|_2 \right)^{-1}.$$

$\square$

Die Kombination von Lemma 4.1.30 mit Satz 4.4.3 ergibt das folgende Resultat für beschränkte Mengen. Wegen der Unterhalbstetigkeit der Funktion $\min_{s \in \partial f(\bar{x})} \|s\|_2$ auf der nichtleeren und kompakten Menge $f_{\leq}^0$ darf dort in der letzten Formel das Infimum durch ein Minimum ersetzt werden.

4.4.4 Korollar *Die Funktion $f : \mathbb{R}^n \to \mathbb{R}$ sei konvex, und die Menge $M = f_{\leq}^0$ sei beschränkt und erfülle die SB. Dann existiert eine globale Fehlerschranke für die Ungleichung $f(x) \leq 0$, die bestmögliche Hoffman-Konstante lautet*

$$\gamma = \left(\inf_{\bar{x} \in f_{\leq}^0} \min_{d \in \partial f(\bar{x})} \max_{s \in \partial f(\bar{x})} \left\langle s, \frac{d}{\|d\|_2} \right\rangle \right)^{-1},$$

und eine gültige Hoffman-Konstante ist

$$\gamma = \left(\min_{\bar{x} \in f_{\leq}^0} \min_{s \in \partial f(\bar{x})} \|s\|_2 \right)^{-1}.$$

4.4.5 Übung Zeigen Sie, dass die Menge $M = f_{\leq}^0$ mit $f(x) = \|x\|_2 - x_2 - 1$ aus Beispiel 4.1.25 nicht nur die starke SB verletzt, sondern dass die Ungleichung $f(x) \leq 0$ auch tatsächlich keine globale Fehlerschranke erlaubt.

Das folgende Beispiel aus [13] zeigt, dass eine globale Fehlerschranke vorliegen kann, obwohl die starke SB verletzt ist. Die starke SB ist also nur hinreichend, aber nicht notwendig für die Existenz einer globalen Fehlerschranke.

4.4.6 Beispiel

Wir kombinieren die Funktionen $f(x) = \|x\|_2 - x_2 - 1$ aus Beispiel 4.1.25 und $\widetilde{f}(x) = x_1^2 - 2x_2 - 1$ aus Übung 2.5.12 zur Funktion $\bar{f}(x) := \max\{f(x), \widetilde{f}(x)\}$. Dann besitzt $M = f_{\leq}^0$ nicht nur die alternative funktionale Beschreibung $M = \widetilde{f}_{\leq}^0$, sondern auch $M = \bar{f}_{\leq}^0$. Nach (4.5) gilt $\widetilde{f}(x) = c(x) \cdot f(x)$ mit $c(x) \geq 1$ für alle $x \in \mathbb{R}^2$ und damit insbesondere für alle $x \in M^c$

$$0 < f(x) \leq \widetilde{f}(x).$$

Daraus folgt $\bar{f}(x) = \tilde{f}(x)$ sowie $\bar{f}^+(x) = \tilde{f}^+(x)$. Die Existenz einer globalen Fehlerschranke für $\bar{f}(x) \leq 0$ ist demnach zur Existenz eines $\gamma > 0$ äquivalent, so dass alle $x \in \mathbb{R}^n$

$$\mathrm{dist}(x, M) \leq \gamma\, \tilde{f}^+(x)$$

erfüllen. Die Existenz eines solchen γ ist aus Übung 2.5.12 aber bereits bekannt, sogar mit der kleinstmöglichen Wahl $\gamma = 1/2$. Daher existiert auch für $\bar{f}(x) \leq 0$ eine globale Fehlerschranke mit kleinstmöglicher Hoffman-Konstante $\gamma = 1/2$.

Andererseits ist die starke SB für die funktionale Beschreibung $\bar{f}^0_{\leq}$ von M verletzt, was man wie folgt sieht. Zunächst sind an jedem $\bar{x} \in \mathrm{bd}M = \bar{f}^0_{=}$ sowohl f als auch $\tilde{f}$ aktiv. Daher liefert Satz 4.1.9 für alle $\bar{x} \in \bar{f}^0_{=}$

$$\partial \bar{f}(\bar{x}) = \mathrm{conv}\{\nabla f(\bar{x}), \nabla \tilde{f}(\bar{x})\} = \mathrm{conv}\left\{ \frac{\bar{x}}{\|\bar{x}\|_2} - \begin{pmatrix} 0 \\ 1 \end{pmatrix}, \begin{pmatrix} 2\bar{x}_1 \\ -2 \end{pmatrix} \right\},$$

wobei wir benutzt haben, dass Satz 4.1.9 auch für auf $\mathbb{R}^n$ konvexe Funktionen gilt, die nicht notwendigerweise auf ganz $\mathbb{R}^n$, sondern nur auf einer Umgebung des betrachteten Punkts $\bar{x}$ stetig differenzierbar sind.
Wegen $\nabla f(\bar{x}) \in \partial \bar{f}(\bar{x})$ folgt

$$\inf_{\bar{x} \in \bar{f}^0_{=}} \min_{s \in \partial \bar{f}(\bar{x})} \|s\|_2 \leq \inf_{\bar{x} \in \bar{f}^0_{=}} \left\| \frac{\bar{x}}{\|\bar{x}\|_2} - \begin{pmatrix} 0 \\ 1 \end{pmatrix} \right\|_2 = 0,$$

wie wir in Beispiel 4.1.25 gesehen haben. Die starke SB ist also verletzt. ◄

4.5 Der Satz von Lewis und Pang für g_0 unter der SB

Wir geben das Resultat aus Korollar 4.4.4 nun noch für den Spezialfall $f = g_0$ und ein beschränktes Hindernis an, indem wir die Darstellung von $\partial g_0(\bar{x})$ aus Satz 4.1.9 einsetzen.

4.5.1 Korollar *Die Funktionen $g_i, i \in I$, seien auf $\mathbb{R}^n$ konvex und stetig differenzierbar, und die Menge $M_0 = (g_0)^0_{\leq}$ sei beschränkt und erfülle die SB. Dann existiert eine globale Fehlerschranke für die Ungleichung $g_0(x) \leq 0$, die bestmögliche Hoffman-Konstante lautet*

$$\gamma = \left(\inf_{\bar{x} \in (g_0)^0_{=}} \min_{d \in \mathrm{conv}(\{\nabla g_i(\bar{x}),\, i \in I_0(\bar{x})\})} \max_{s \in \mathrm{conv}(\{\nabla g_i(\bar{x}),\, i \in I_0(\bar{x})\})} \left\langle s, \frac{d}{\|d\|_2} \right\rangle \right)^{-1},$$

und eine gültige Hoffman-Konstante ist

$$\gamma = \left(\min_{\bar{x} \in (g_0)^0_{\underline{}}} \min_{s \in \mathrm{conv}(\{\nabla g_i(\bar{x}), \, i \in I_0(\bar{x})\})} \|s\|_2 \right)^{-1}.$$

Wie in Korollar 2.5.11 ist die *Existenz* der globalen Fehlerschranke in Korollar 4.5.1 bereits aus Satz 2.2.2 bekannt, während die wesentliche Information die Angabe der bestmöglichen Hoffman-Konstante bzw. ihrer Abschätzung ist.

Wir können die Wahl von γ in Satz 2.2.4 nun auf zwei Arten ersetzen.

4.5.2 Satz   *Die Funktionen g_i, $i \in I$, seien auf $\mathbb{R}^n$ konvex und stetig differenzierbar, und die Menge $M_0 = (g_0)^0_{\underline{}}$ sei beschränkt und erfülle die SB. Dann gilt zu gegebenen $r \geq 1$ und $\varepsilon > 0$ mit*

$$\gamma := \left(\inf_{\bar{x} \in (g_0)^0_{\underline{}}} \min_{d \in \mathrm{conv}(\{\nabla g_i(\bar{x}), \, i \in I_0(\bar{x})\})} \max_{s \in \mathrm{conv}(\{\nabla g_i(\bar{x}), \, i \in I_0(\bar{x})\})} \left\langle s, \frac{d}{\|d\|_2} \right\rangle \right)^{-1}$$

und

$$\delta := \frac{\varepsilon}{\gamma r \log(p)}$$

für alle $t \in (0, \delta]$

$$\mathrm{ex}(M_{t,r}, M_0) \leq \varepsilon.$$

Falls dieses kleinstmögliche γ schwer zu berechnen ist, darf es durch die ebenfalls gültige Wahl

$$\gamma = \left(\min_{\bar{x} \in (g_0)^0_{\underline{}}} \min_{s \in \mathrm{conv}(\{\nabla g_i(\bar{x}), \, i \in I_0(\bar{x})\})} \|s\|_2 \right)^{-1}$$

ersetzt werden.

Im Hinblick auf die Eigenschaft (P6), also die explizite Bestimmbarkeit von δ, halten wir fest, dass zumindest für festes $\bar{x} \in (g_0)^0_{\underline{}}$ die Berechnung des Ausdrucks $\min_{s \in \mathrm{conv}(\{\nabla g_i(\bar{x}), \, i \in I_0(\bar{x})\})} \|s\|_2$ effizient möglich ist: Er ist die Wurzel des Optimalwerts von

$$\min \langle s, s \rangle \quad \text{s.t.} \quad s \in \mathrm{conv}(\{\nabla g_i(\bar{x}), \, i \in I_0(\bar{x})\}).$$

Wenn wir wie in Korollar 3.4.4 $p_0 := |I_0(\bar{x})|$ sowie $A(\bar{x}) := (\nabla g_i(\bar{x}), \, i \in I_0(\bar{x}))$ setzen und $\lambda \in \mathbb{R}^{p_0}$ wählen, ist dieses Problem äquivalent zu dem konvex-quadratischen und damit effizient lösbaren Problem

$$\min \lambda^\mathsf{T} A(\bar{x})^\mathsf{T} A(\bar{x}) \lambda \quad \text{s.t.} \quad e^\mathsf{T} \lambda = 1, \ \lambda \geq 0.$$

Da die Menge $(g_0)^0_=$ eine $(n-1)$-dimensionale Mannigfaltigkeit ist, kann die für *jedes* $\bar{x} \in (g_0)^0_=$ erforderliche Lösung dieser Probleme allerdings sehr aufwendig sein.

4.5.3 Übung Zeigen Sie für die Glättung der Box aus Beispiel 1.2.6, dass die beiden in Satz 4.5.2 angegebenen Wahlen von γ identisch sind. Ersetzen Sie dabei die Berechnung der zugehörigen Funktion ψ aus Beispiel 3.4.6 durch die in Satz 4.5.2 angegebene Formel.

4.5.4 Übung Die Funktionen g_i, $i \in I$, seien auf $\mathbb{R}^n$ affin-linear, und die Menge $M_0 = (g_0)^0_\leq$ erfülle die SB. Zeigen Sie, dass die Menge M_0 dann (selbst bei Unbeschränktheit) auch die starke SB erfüllt. Passen Sie Korollar 4.5.1 an diesen Fall an.

Globale Lipschitz-Stetigkeit

5

Inhaltsverzeichnis

Während wir in den letzten drei Kapiteln gesehen haben, wie sich *Höchst*abstände zu Hindernismengen mit Hilfe des Konzepts der globalen Fehlerschranken und der Berechnung von Hoffman-Konstanten steuern lassen, diskutieren wir im vorliegenden Kapitel, wie globale Lipschitz-Abschätzungen und die Berechnung zugehöriger Lipschitz-Konstanten *Mindest*abstände zum Hindernis garantieren. Ferner nutzen wir aus, dass wir in unserem Glättungsansatz nicht nur den Parameterwert $r = 1$, sondern auch $r > 1$ wählen dürfen.

Abschn. 5.1 motiviert dazu zunächst, warum sich eine globale Lipschitz-Abschätzung als eine Art „„Gegenteil""einer globalen Fehlerschranke interpretieren lässt und warum man mit ihrer Hilfe Mindestabstände zu einem Hindernis steuern kann. Die Existenz von globalen Lipschitz-Abschätzungen können wir beispielsweise aus einer nichtglatten Version des Mittelwertsatzes schließen, den wir als weiteres Resultat der konvexen Analysis in Abschn. 5.2 beweisen. Ihn nutzen Abschn. 5.3, um die Eigenschaft (P7) zur Möglichkeit der Einhaltung von Mindestabständen nachzuweisen, sowie Abschn. 5.4, um die Eigenschaft (P8) zu deren Quantifizierung zu zeigen.

Abschn. 5.5 illustriert, wie sich zusätzlich das Konzept der Monotonie des Subdifferentials konvexer Funktionen ausnutzen lässt, um gegebenenfalls kleinere Lipschitz-Konstanten als in Abschn. 5.4 anzugeben. Abschn. 5.6 diskutiert abschließend eine geschickte Wahl des Parameters r.

© Der/die Autor(en), exklusiv lizenziert durch Springer-Verlag GmbH, DE, ein Teil von   137
Springer Nature 2021
O. Stein, *Grundzüge der Konvexen Analysis*,
https://doi.org/10.1007/978-3-662-62757-0_5

5.1   Sicherheitsabstand im Problem der Mengenglättung

Die Einhaltung eines maximalen Approximationsfehlers der entropischen Glättung, wie er durch (P5) gewährleistet ist, garantiert zunächst leider keineswegs, dass sich auch irgendeiner der in (P7) geforderten Sicherheitsabstände zwischen einem Hindernis M_0 und einer approximierender Menge $M_{t,r}$ realisieren lässt.

Um dies zu sehen, erinnern wir an die Konstruktion der approximierenden Menge als

$$M_{t,r} = \{x \in \mathbb{R}^n \mid g_{t,r}(x) = \varphi_{t,r}(g(x)) \leq 0\}$$

mit

$$\varphi_{t,r}(a) = t \log\left(\sum_{i=1}^{p} \exp(a_i/t)\right) - tr \log(p).$$

Aus (P4) ist bereits $M_0 \subseteq M_{t,r}$ für alle $t > 0$ und $r \geq 1$ bekannt. Etwas genauer gilt für jeden Punkt $x \in M_0$, der $g_j(x) < 0$ für mindestens ein $j \in I$ erfüllt,

$$g_{t,r}(x) = t \log\left(\sum_{i=1}^{p} \exp(g_i(x)/t)\right) - tr \log(p) < t \log(p)(1 - r) \leq 0,$$

so dass solche Punkte x für alle $t > 0$ und $r \geq 1$ im Inneren von $M_{t,r}$ liegen. Jeder Punkt $x \in M_0$ mit $I_0(x) = I$ erfüllt andererseits

$$g_{t,r}(x) = t \log(p)(1 - r),$$

woraus mit $r = 1$ die Beziehung $g_{t,1}(x) = 0$ für alle $t > 0$ folgt. Wegen (P3) gilt dann $x \in \mathrm{bd}\, M_{t,1}$ und damit $\inf_{x \in \mathrm{bd}\, M_{t,1}} \mathrm{dist}(x, M_0) = 0$. Die Hindernismenge M_0 und die approximierende Menge $M_{t,1}$ lassen demnach *keinen* Sicherheitsabstand zu.

5.1.1 Beispiel

Für $n = p = 2$ illustrieren die eine „Linse"definierenden konvexen Funktionen

$$g_1(x) = \frac{x_1^2 + (x_2 - \frac{3}{2})^2 - \frac{25}{4}}{10},$$

$$g_2(x) = \frac{x_1^2 + (x_2 + \frac{15}{4})^2 - \frac{289}{16}}{20}$$

diesen Effekt an den Punkten $(\pm 2, 0)$: Abb. 5.1 stellt die Menge M_0 gemeinsam mit den Rändern der Mengen $M_{t,1}$, $t \in \{0.1, 0.5, 0.9, 0.99\}$, dar. ◄

Abb. 5.1 Glättung einer Linse
von außen ohne
Sicherheitsabstand

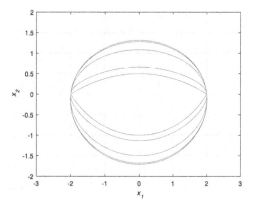

Um in unserem Ansatz also überhaupt Sicherheitsabstände einhalten zu können, sind Wahlen $r > 1$ erforderlich. Abb. 5.2 zeigt die Situation aus Beispiel 5.1.1 mit $r = 1.5$ anstelle von $r = 1$.

Zur Quantifizierung der Abstände bringen wir wie bei der Analyse von Höchstabständen in Kap. 2 Ausdrücke der Form $\|x - y\|_2$ mit Differenzen von Funktionswerten $g_0(x) - g_0(y)$ in Zusammenhang, und zwar mit gewissen $t > 0$ und $r > 1$ für $x \in$ bd $M_{t,r}$ und $y \in M_0$.

Jetzt möchten wir $\|x - y\|_2$ aber nicht nach *oben*, sondern im Gegenteil nach *unten* abschätzen, denn wir müssen einen *Mindest*abstand zwischen bd $M_{t,r}$ und M_0 gewährleisten. Als günstig erweist sich dabei wieder ein linearer Zusammenhang zur Differenz der Funktionswerte $g_0(x) - g_0(y)$, etwa

$$\|x - y\|_2 \geq \ell\, |g_0(x) - g_0(y)|$$

mit einer Konstante $\ell > 0$. Dies bedeutet gerade, dass $L := \ell^{-1}$ eine Lipschitz-Konstante für g_0 ist (Definition 3.1.1).

Abb. 5.2 Glättung einer Linse
von außen mit
Sicherheitsabstand

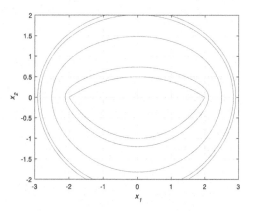

Um dabei alle Paarungen von $x \in$ bd $M_{t,r}$ und $y \in M_0$ abdecken zu können, muss die zugehörige Lipschitz-Bedingung für g_0 auf der ganzen Menge $M_{t,r}$ gelten, also auf einer von uns vorgegebenen und damit „großen" Menge. Dies folgt noch nicht aus der für konvexe Funktionen nach Satz 3.1.7 stets gültigen *lokalen* Lipschitz-Stetigkeit, die für jeden Punkt die Existenz einer möglicherweise „kleinen" Umgebung U gewährleistet, auf der eine Lipschitz-Bedingung mit zugehöriger Lipschitz-Konstante gilt (vgl. die Funktion $f(x) = x^2$ auf $\mathbb{R}$). Wenn die der Lipschitz-Stetigkeit zugrunde liegende Menge hingegen wie hier *vorgegeben* ist, sprechen wir von *globaler Lipschitz-Stetigkeit* von g_0 auf dieser Menge.

Komplizierend kommt außerdem hinzu, dass wir mit Hilfe einer einzigen Lipschitz-Konstante die Menge aller Glättungsparameter t beschreiben möchten, für die ein vorgegebener Sicherheitsabstand eingehalten wird, so dass die Lipschitz-Konstante unabhängig von diesen t gewählt werden muss. Da nach der Garantie des Höchstabstands in (P5) aber ohnehin nur noch Werte $t \leq \delta$ in Betracht gezogen werden, bietet es sich wegen der Monotonieeigenschaft (P4) an, eine Lipschitz-Konstante von g_0 zur Menge $M_{\delta,r}$ mit einem $r > 1$ zu betrachten.

5.1.2 Lemma *Für ein $\delta > 0$ (z. B. das δ zu vorgegebenem $\varepsilon > 0$ aus (P5) und (P6)) und ein $r > 1$ sei die Funktion g_0 Lipschitz-stetig auf $M_{\delta,r}$ mit Lipschitz-Konstante $L > 0$. Dann garantiert für jeden Sicherheitsabstand*

$$0 < \sigma \leq \frac{(r-1)\log(p)}{L}\delta$$

die Wahl

$$\tau = \frac{L}{(r-1)\log(p)}\sigma$$

die Bedingung

$$\inf_{x \in \text{bd } M_{t,r}} \text{dist}(x, M_0) \geq \sigma \quad \text{für alle } t \in [\tau, \delta].$$

Beweis Wir stellen zunächst fest, dass wegen $r > 1$ der Wert τ wohldefiniert und positiv ist. Die Oberschranke an σ sorgt dafür, dass das Intervall $[\tau, \delta]$ nicht leer ist.

Aus (P4) folgt $M_0 \subseteq M_{t,r} \subseteq M_{\delta,r}$ für alle $t \in [\tau, \delta]$, also gilt mit beliebigem $t \in [\tau, \delta]$ die Lipschitz-Bedingung insbesondere für alle $x \in$ bd $M_{t,r} \subseteq M_{\delta,r}$ und $y \in M_0$. Aus Übung 1.6.4 folgt dann außerdem $g_{t,r}(x) = 0$. Durch Anwendung der Abschätzung nach unten in Lemma 1.2.7 erhalten wir also

$$\|x - y\|_2 \geq \frac{g_0(x) - g_0(y)}{L} \geq \frac{g_0(x)}{L} = \frac{g_0(x) - g_{t,r}(x)}{L} \geq \frac{(r - 1) \log(p)}{L} t$$

$$\geq \frac{(r - 1) \log(p)}{L} \tau = \sigma$$

und damit auch

$$\inf_{x \in \text{bd } M_{t,r}} \text{dist}(x, M_0) = \inf_{x \in \text{bd } M_{t,r}} \inf_{y \in M_0} \|x - y\|_2 \geq \sigma.$$

$\square$

Die Forderung (P7) lässt sich also unter den Voraussetzungen von Lemma 5.1.2 erfüllen. Wir müssen nun noch klären, wann diese Voraussetzungen selbst erfüllbar sind, insbesondere also, wann eine globale Lipschitz-Bedingung für g_0 auf $M_{\delta,r}$ gilt. Um (P8) zu garantieren, benötigen wir außerdem eine Möglichkeit, eine zugehörige globale Lipschitz-Konstante L explizit zu bestimmen.

In Lemma 3.1.2b haben wir gesehen, wie dies für *stetig differenzierbare* Funktionen per Mittelwertsatz möglich ist. In Abschn. 5.2 beweisen wir daher einen Mittelwertsatz für nicht notwendigerweise differenzierbare, aber konvexe Funktionen und geben damit in Abschn. 5.3 und Abschn. 5.4 Voraussetzungen an, unter denen (P7) bzw. (P8) erfüllbar sind. Abschn. 5.5 diskutiert eine partielle Verbesserung dazu mittels des Konzepts der Monotonie des Subdifferentials konvexer Funktionen.

Wählt man außerdem δ explizit so, wie in Satz 2.1.9 zur Garantie des Höchstabstands $\varepsilon > 0$ angegeben, also

$$\delta := \frac{\varepsilon}{\gamma r \log(p)} \tag{5.1}$$

mit einer zugehörigen Hoffman-Konstante γ, so liefert die Oberschranke an σ aus Lemma 5.1.2 die explizite Beziehung

$$\sigma \leq \frac{r - 1}{r} \frac{1}{\gamma L} \varepsilon \tag{5.2}$$

zwischen ε und den behandelbaren Mindestabständen σ.

Wegen $(r - 1)/r = 1 - 1/r \in (0, 1)$ möchten wir in (5.2) $r > 1$ möglichst groß wählen, um große Sicherheitsabstände σ behandeln zu können. Andererseits wird δ aus (5.1) mit wachsendem r kleiner, was im Hinblick auf die aufwendig hergeleitete kleinstmögliche Wahl der Hoffman-Konstante γ unbefriedigend ist. In Abschn. 5.6 interessiert uns daher noch eine geschickte Wahl des Parameters r. Dabei spielt insbesondere die Größe des Ausdrucks γL eine Rolle, also eine quantitative Beziehung zwischen Hoffman- und Lipschitz-Konstante.

5.2   Ein Mittelwertsatz für konvexe Funktionen

Der Mittelwertsatz für *differenzierbare* Funktionen $f : \mathbb{R}^n \to \mathbb{R}$ besagt, dass für alle $x, y \in \mathbb{R}^n$ mit $x \neq y$ ein z „auf der Verbindungsstrecke von x und y" mit

$$f(y) - f(x) = \langle \nabla f(z), y - x \rangle$$

existiert. Etwas genauer formuliert kann man dabei sogar ausschließen, dass z mit einem der Endpunkte x und y der Verbindungsstrecke übereinstimmt. Man kann also

$$z = x_t := x + t(y - x)$$

mit einem t aus dem *offenen* Intervall $(0, 1)$ wählen.

Abb. 5.3 illustriert für $n = 1$, dass ein analoges Ergebnis auch gelten könnte, wenn man die Differenzierbarkeitsvoraussetzung durch Konvexität der Funktion f ersetzt. Anstelle des eindeutigen Vektors $\nabla f(z)$ wählt man dann voraussichtlich einen passenden Subgradienten $s \in \partial f(z)$.

Dies werden wir in Satz 5.2.2 tatsächlich zeigen können. Zur Vorbereitung halten wir das folgende einfach zu beweisende Ergebnis fest.

5.2.1 Übung Zeigen Sie für eine konvexe Funktion $f : \mathbb{R}^n \to \mathbb{R}$ und Punkte $x, y \in \mathbb{R}^n$ mit $x \neq y$, dass die Funktion

$$\varphi : \ \mathbb{R} \to \mathbb{R}, \ \ t \mapsto f(x + t(y - x))$$

konvex auf $\mathbb{R}$ ist.

Abb. 5.3 Mittelwertsatz für
nichtglatte konvexe Funktionen

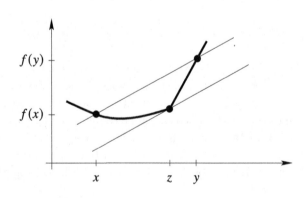

5.2.2 Satz *Die Funktion $f : \mathbb{R}^n \to \mathbb{R}$ sei konvex. Dann existieren für alle $x, y \in \mathbb{R}^n$ mit $x \neq y$ ein $t \in (0, 1)$ sowie ein $s \in \partial f(x + t(y - x))$ mit*

$$f(y) - f(x) = \langle s, y - x \rangle.$$

Beweis Wir wählen feste Punkte $x, y \in \mathbb{R}^n$ mit $x \neq y$ und zeigen die Behauptung zunächst für die eindimensionale Einschränkung

$$\varphi(t) = f(x + t(y - x)) = f(x_t)$$

von f auf die durch x und y verlaufende Gerade für die Punkte $t = 0$ und $t = 1$. Im zweiten Teil des Beweises klären wir, wie das dabei auftretende Subdifferential von φ mit dem von f zusammenhängt.

Dazu betrachten wir die Hilfsfunktion

$$\omega(t) := \varphi(t) - \varphi(0) - t\,(\varphi(1) - \varphi(0)).$$

Da φ nach Übung 5.2.1 konvex auf $\mathbb{R}$ ist, gilt dies auch für ω. Insbesondere ist ω stetig auf dem nichtleeren und kompakten Intervall $[0, 1]$, so dass ω auf $[0, 1]$ einen Minimalpunkt besitzt.

Zusätzlich gilt allerdings $\omega(0) = \omega(1) = 0$, so dass die Konvexität von ω die Nichtpositivität von ω auf $[0, 1]$ nach sich zieht. Daraus folgt, dass ω sogar einen Minimalpunkt $\bar{t}$ im *offenen* Intervall $(0, 1)$ besitzt (was nicht ausschließt, dass *auch* die Randpunkte Minimalpunkte sind). Nach Satz 4.1.4 ist $\bar{t}$ kritischer Punkt von ω; es gilt also $0 \in \partial\omega(\bar{t})$ mit $\bar{t} \in (0, 1)$.

Wir bringen dieses Subdifferential zunächst mit dem von φ an $\bar{t}$ in Verbindung. Wegen $\bar{t} \in (0, 1) = \mathrm{int}\,[0, 1]$ gilt nach Satz 4.1.6

$$\partial\omega(\bar{t}) = \{\sigma \in \mathbb{R}\,|\, \forall \delta \in \mathbb{R} : \omega'(\bar{t}, \delta) \geq \sigma\delta\,\},$$

weswegen die Bedingung $0 \in \partial\omega(\bar{t})$ für alle $\delta \in \mathbb{R}$ die Ungleichung $\omega'(\bar{t}, \delta) \geq 0$ impliziert. Es folgt für alle $\delta \in \mathbb{R}$

$$0 \leq \lim_{\tau \searrow 0} \frac{\omega(\bar{t} + \tau\delta) - \omega(\bar{t})}{\tau} = \lim_{\tau \searrow 0} \frac{\varphi(\bar{t} + \tau\delta) - \varphi(\bar{t}) - \tau\delta\,(\varphi(1) - \varphi(0))}{\tau}$$

$$= \varphi'(\bar{t}, \delta) - \delta\,(\varphi(1) - \varphi(0)), \tag{5.3}$$

was nach Satz 4.1.6 gerade

$$\varphi(1) - \varphi(0) \in \partial\varphi(\bar{t})$$

bedeutet, also die Behauptung des Mittelwertsatzes für die eindimensionale Einschränkung φ von f an den Punkten $t = 0$ und $t = 1$.

Um den Zusammenhang zum Subdifferential von f zu sehen, stellen wir mit Hilfe von Satz 4.1.31 für alle $\delta \in \mathbb{R}$

$$\varphi'(\bar{t}, \delta) = \lim_{\tau \searrow 0} \frac{\varphi(\bar{t} + \tau\delta) - \varphi(\bar{t})}{\tau} = \lim_{\tau \searrow 0} \frac{f(x + (\bar{t} + \tau\delta)(y - x)) - f(x + \bar{t}(y - x))}{\tau}$$

$$= \lim_{\tau \searrow 0} \frac{f(x_{\bar{t}} + \tau\delta(y - x)) - f(x_{\bar{t}})}{\tau} = f'(x_{\bar{t}}, \delta(y - x)) = \max_{s \in \partial f(x_{\bar{t}})} \langle s, \delta(y - x) \rangle$$

fest. Aus (5.3) erhalten wir also für alle $\delta \in \mathbb{R}$

$$\delta(f(y) - f(x)) \leq \max_{s \in \partial f(x_{\bar{t}})} \langle s, \delta(y - x) \rangle.$$

Insbesondere gilt für $\delta = 1$

$$f(y) - f(x) \leq \max_{s \in \partial f(x_{\bar{t}})} \langle s, y - x \rangle$$

und für $\delta = -1$

$$f(y) - f(x) \geq \min_{s \in \partial f(x_{\bar{t}})} \langle s, y - x \rangle,$$

insgesamt also

$$f(y) - f(x) \in \left[\min_{s \in \partial f(x_{\bar{t}})} \langle s, y - x \rangle, \max_{s \in \partial f(x_{\bar{t}})} \langle s, y - x \rangle \right] = \{\langle s, y - x \rangle \mid s \in \partial f(x_{\bar{t}})\},$$

wobei die benutzte Mengengleichheit aus der Stetigkeit des Skalarprodukts und der Kompaktheit des Subdifferentials folgt. Demnach existiert ein $s \in \partial f(x_{\bar{t}})$ mit

$$f(y) - f(x) = \langle s, y - x \rangle,$$

die Behauptung gilt also mit $t := \bar{t}$. $\qquad\qquad\qquad\qquad\qquad\qquad\qquad\qquad\qquad\qquad\square$

5.3   Existenz globaler Lipschitz-Konstanten

Analog zu Lemma 3.1.2 können wir nun hinreichende Bedingungen für Lipschitz-Stetigkeit sowie explizite globale Lipschitz-Konstanten einer konvexen Funktion auf einer konvexen Menge angeben.

5.3.1 Lemma

a) *Es seien $X \subseteq \mathbb{R}^n$ nichtleer und konvex, $f : \mathbb{R}^n \to \mathbb{R}$ konvex, und es gelte*

$$\sup_{x \in X} \max_{s \in \partial f(x)} \|s\|_2 < +\infty.$$

Dann ist f auf X Lipschitz-stetig, und jedes $L > 0$ mit

$$L \geq \sup_{x \in X} \max_{s \in \partial f(x)} \|s\|_2$$

ist eine Lipschitz-Konstante von f auf X.

b) *Es seien $X \subseteq \mathbb{R}^n$ nichtleer, konvex und kompakt, und $f : \mathbb{R}^n \to \mathbb{R}$ sei konvex. Dann ist f auf X Lipschitz-stetig, und jedes $L > 0$ mit*

$$L \geq \max_{x \in X} \max_{s \in \partial f(x)} \|s\|_2$$

ist eine Lipschitz-Konstante von f auf X.

Beweis Es seien $x, y \in X$. Da die Lipschitz-Bedingung für $x = y$ klar ist, sei $x \neq y$. Nach Satz 5.2.2 gibt es dann ein $t \in (0, 1)$ und ein $s \in \partial f(x + t(y - x))$ mit

$$f(y) - f(x) = \langle s, y - x \rangle,$$

wobei die Konvexität von X auch $x + t(y - x) \in X$ impliziert. Mit der Cauchy-Schwarz-Ungleichung folgt daraus

$$|f(y) - f(x)| = |\langle s, y - x \rangle| \leq \|s\|_2 \cdot \|y - x\|_2 \leq \left(\sup_{z \in X} \max_{s \in \partial f(z)} \|s\|_2 \right) \cdot \|y - x\|_2,$$

was den Beweis zu Aussage a beendet.

Die Funktion $u(x) = \max_{s \in \partial f(x)} \|s\|_2$ ist nach Lemma 4.1.28 oberhalbstetig. Nach Satz 3.4.10 nimmt sie daher unter der zusätzlichen Voraussetzung von Teil b auf der Menge X ihr Supremum als Maximum an. Damit liefert Aussage a die Behauptung. $\square$

Zur Frage, ob die in Lemma 5.3.1 angegebenen Lipschitz-Konstanten kleinstmöglich sind, sei auf Übung 3.1.4 verwiesen.

Nach Lemma 5.3.1b liegt die in Lemma 5.1.2 zur Gewährleistung eines Sicherheitsabstands geforderte Lipschitz-Stetigkeit von g_0 auf einer Menge $M_{\delta,r}$ mit $\delta > 0$ und $r > 1$ vor, wenn diese Menge nichtleer, kompakt und konvex ist. Diese Eigenschaften folgen aus Forderungen, die wir ohnehin häufig stellen, insbesondere wenn δ mit (P5) wie in Satz 4.5.2 gewählt wird.

5.3.2 Satz *Die Funktionen* g_i, $i \in I$, *seien auf* $\mathbb{R}^n$ *konvex und stetig differenzierbar, und die Menge* $M_0 = (g_0)^0_{\leq}$ *sei beschränkt und erfülle die SB. Zu vorgegebenem* $\varepsilon > 0$ *seien ein* $\delta > 0$ *mit (P5) aus Satz 4.5.2 sowie* $r > 1$ *gewählt. Dann ist* g_0 *Lipschitz-stetig auf* $M_{\delta,r}$, *und mit jeder zugehörigen Lipschitz-Konstante* $L > 0$ *garantiert für jeden Sicherheitsabstand*

$$0 < \sigma \leq \frac{(r-1)\log(p)}{L}\delta$$

die Wahl

$$\tau = \frac{L}{(r-1)\log(p)}\sigma$$

die Bedingung

$$\inf_{x \in \mathrm{bd}\, M_{t,r}} \mathrm{dist}(x, M_0) \geq \sigma \quad \text{für alle } t \in [\tau, \delta].$$

Beweis Die Menge $M_{\delta,r}$ ist offensichtlich nichtleer, abgeschlossen und konvex. Ihre Beschränktheit folgt aus der von M_0 und der Oberschranke ε für den Exzess $\mathrm{ex}(M_{\delta,r}, M_0)$: Für alle $x \in M_{\delta,r}$ gilt

$$\inf_{y \in M_0} \|y - x\|_2 = \mathrm{dist}(x, M_0) \leq \sup_{x \in M_{\delta,r}} \mathrm{dist}(x, M_0) = \mathrm{ex}(M_{\delta,r}, M_0) \leq \varepsilon.$$

Da M_0 nichtleer und kompakt ist, existiert nach dem Satz von Weierstraß ein $y \in M_0$ mit $\|y - x\|_2 \leq \varepsilon$. Aus der Beschränktheit von M_0 folgt außerdem die Existenz einer Konstante $K > 0$ mit $\|y\|_2 \leq K$ für alle $y \in M_0$ und somit

$$\|x\|_2 \leq \|y\|_2 + \|x - y\|_2 \leq K + \varepsilon.$$

Demnach erfüllen g_0 und $M_{\delta,r}$ die Voraussetzungen von Lemma 5.3.1b, und g_0 ist folglich Lipschitz-stetig auf $M_{\delta,r}$. Die restlichen Behauptungen folgen aus Lemma 5.1.2. $\square$

Die Forderung (P7) lässt sich also unter den Voraussetzungen von Satz 5.3.2 erfüllen.

5.4   Berechnung globaler Lipschitz-Konstanten

Wir befassen uns nun damit, wie eine der in Satz 5.3.2 auftretenden Lipschitz-Konstanten L von g_0 auf $M_{\delta,r}$ explizit berechnet werden kann. Dann wäre dort nämlich auch der Ausdruck für τ explizit berechenbar und (P8) damit erfüllt.

Nach Lemma 5.3.1b kann man in Satz 5.3.2 jedenfalls jedes $L > 0$ mit

$$L \geq \max_{x \in M_{\delta,r}} \max_{s \in \partial g_0(x)} \|s\|_2$$

wählen. Da die Voraussetzungen von Satz 5.3.2 außerdem die Gültigkeit der SB in $M_0 \subseteq M_{\delta,r}$ beinhalten, ist der Ausdruck $\max_{x \in M_{\delta,r}} \max_{s \in \partial g_0(x)} \|s\|_2$ selbst positiv, kann also als Lipschitz-Konstante benutzt werden.

Es sei darauf hingewiesen, dass der Ausdruck $\max_{s \in \partial g_0(x)} \|s\|_2$ *nicht* als Minimalwert eines konvexen Minimierungsproblems (und damit gegebenenfalls effizient) gewonnen werden kann, weil die nichtlinear konvexe Zielfunktion über einer konvexen zulässigen Menge *maximiert* wird. Das folgende Lemma macht aber genau von dieser Struktur Gebrauch.

5.4.1 Lemma *Die Funktionen g_i, $i \in I$, seien auf $\mathbb{R}^n$ konvex und stetig differenzierbar. Dann gilt für alle $x \in \mathbb{R}^n$*

$$\max_{s \in \partial g_0(x)} \|s\|_2 = \max_{i \in I_\star(x)} \|\nabla g_i(x)\|_2 .$$

Beweis Völlig analog zur Behauptung von Satz 4.1.9 zeigt man mit Hilfe von Lemma 3.4.2 zunächst

$$\partial g_0(x) = \text{conv}(\{\nabla g_i(x), \ i \in I_\star(x)\}).$$

Das Subdifferential stimmt also mit dem Polytop überein, das als konvexe Hülle der Vektoren $\nabla g_i(x)$, $i \in I_\star(x)$, definiert ist. Die Ecken dieses Polytops bilden dann eine Teilmenge der Menge $\{\nabla g_i(x), \ i \in I_\star(x)\}$. Da die euklidische Norm eine konvexe Funktion ist, liefert der Eckensatz der konvexen Maximierung [20, Cor. 32.3.4]

$$\max_{s \in \partial g_0(x)} \|s\|_2 = \max_{s \in \{\nabla g_i(x), i \in I_\star(x)\}} \|s\|_2 = \max_{i \in I_\star(x)} \|\nabla g_i(x)\|_2 .$$

$\square$

5.4.2 Bemerkung Ein alternativer Beweis zu Lemma 5.4.1 lautet

$$\max_{s \in \partial g_0(x)} \|s\|_2 = \max_{s \in \partial g_0(x)} \max_{\|d\|_2 = 1} \langle s, d \rangle = \max_{\|d\|_2 = 1} \max_{s \in \partial g_0(x)} \langle s, d \rangle$$

$$= \max_{\|d\|_2 = 1} g_0'(x, d) = \max_{\|d\|_2 = 1} \max_{i \in I_\star(x)} \langle \nabla g_i(x), d \rangle$$

$$= \max_{i \in I_\star(x)} \max_{\|d\|_2 = 1} \langle \nabla g_i(x), d \rangle = \max_{i \in I_\star(x)} \|\nabla g_i(x)\|_2 .$$

Damit haben wir das folgende Resultat gezeigt.

5.4.3 Satz *Unter den Voraussetzungen von Satz 5.3.2 ist*

$$L = \max_{x \in M_{\delta,r}} \max_{i \in I_\star(x)} \|\nabla g_i(x)\|_2$$

eine Lipschitz-Konstante von g_0 auf $M_{\delta,r}$.

5.4.4 Korollar *Unter den Voraussetzungen von Satz 5.3.2 seien die Funktionen $g_i(x), i \in I$, zusätzlich affin-linear; es gelte also $g_i(x) = \langle a^i, x \rangle - b_i$ mit $a^i \in \mathbb{R}^n, b_i \in \mathbb{R}, i \in I$. Dann sind*

$$L_1 = \max_{x \in M_{\delta,r}} \max_{i \in I_\star(x)} \|a^i\|_2$$

sowie

$$L_2 = \max_{i \in I} \|a^i\|_2 \geq L_1$$

Lipschitz-Konstanten von g_0 auf $M_{\delta,r}$.

Beweis Für alle $x \in M_{\delta,r}$ gilt $\nabla g_i(x) = a^i$, so dass wir

$$\max_{x \in M_{\delta,r}} \max_{i \in I_\star(x)} \|\nabla g_i(x)\|_2 = \max_{x \in M_{\delta,r}} \max_{i \in I_\star(x)} \|a^i\|_2 \leq \max_{i \in I} \|a^i\|_2$$

erhalten. Aus Satz 5.4.3 folgen demnach die Behauptungen. □

Zumindest die Lipschitz-Konstante L_2 aus Korollar 5.4.4 ist sehr leicht berechenbar, so dass unter den dort vorliegenden Voraussetzungen (P8) erfüllt ist.

5.5 Monotonie des Subdifferentials

Eine alternative Möglichkeit dafür, eine Lipschitz-Konstante für eine konvexe Funktion auf einer kompakten konvexen Menge X zu bestimmen, nutzt die Konvexität von f nicht nur durch die Verallgemeinerung des Mittelwertsatzes (Satz 5.2.2) aus, sondern zusätzlich durch die folgende Monotonieeigenschaft des Subdifferentials.

5.5.1 Lemma *Für eine konvexe Menge $X \subseteq \mathbb{R}^n$ und eine konvexe Funktion $f : X \to \mathbb{R}$ seien $x, y \in X$ sowie $v \in \partial f(x)$ und $w \in \partial f(y)$. Dann gilt*

$$\langle v - w, x - y \rangle \geq 0.$$

Beweis Nach Definition des Subdifferentials gelten die beiden Ungleichungen

$$f(y) \geq f(x) + \langle v, y - x \rangle$$

sowie

$$f(x) \geq f(y) + \langle w, x - y \rangle,$$

deren Addition

$$f(y) + f(x) \geq f(x) + f(y) - \langle v, x - y \rangle + \langle w, x - y \rangle$$

liefert. Daraus folgt die Behauptung. $\qquad\square$

5.5.2 Übung Die Funktion $f : \mathbb{R} \to \mathbb{R}$ sei konvex und stetig differenzierbar. Zeigen Sie mit Hilfe von Lemma 5.5.1, dass die Funktion f' dann monoton wachsend auf $\mathbb{R}$ ist.

5.5.3 Bemerkung Die Konvexität stetig differenzierbarer Funktionen $f : \mathbb{R}^n \to \mathbb{R}$ lässt sich durch die Monotonie von ∇f sogar *charakterisieren* [25]. Im nichtglatten Fall scheitert die offensichtliche Verallgemeinerung dieses Resultats daran, dass sich die Bedingung an die Subdifferentiale für eine allgemeine Funktion $f : \mathbb{R}^n \to \mathbb{R}$ gar nicht formulieren lässt, wenn keine Subdifferentiale existieren (s. aber [4, Sec. 6.1, Ex. 9] für eine solche Charakterisierung im Fall lokal Lipschitz-stetiger Funktionen).

Mit Hilfe der Monotonieeigenschaft aus Lemma 5.5.1 können wir unter einer zusätzlichen Kompaktheitsannahme an X die Unterschranke für Lipschitz-Konstanten aus Lemma 5.3.1 dadurch verbessern, dass sie nicht per Maximierung über *längste*, sondern über *kürzeste* Subgradienten bestimmt wird. Die Maximierung muss außerdem nicht über ganz X erfolgen, sondern nur über die Menge der Randpunkte bd X von X.

Im Beweis benutzen wir das folgende Hilfsresultat.

5.5.4 Übung Die Menge $X \subseteq \mathbb{R}^n$ sei nichtleer, kompakt und konvex. Zeigen Sie, dass dann für alle $x, y \in X$ mit $x \neq y$ die Menge $\{t \in \mathbb{R} \mid x + t(y - x) \in X\}$ ein Intervall $[t_\ell, t_u]$ mit $-\infty < t_\ell \leq 0 < 1 \leq t_u < +\infty$ ist. Zeigen Sie außerdem, dass die Punkte $x_\ell := x + t_\ell(y - x)$ und $x_u := x + t_u(y - x)$ Randpunkte von X sind.

5.5.5 Satz *Es seien $X \subseteq \mathbb{R}^n$ nichtleer, konvex und kompakt, und $f : \mathbb{R}^n \to \mathbb{R}$ sei konvex. Dann ist f auf X Lipschitz-stetig, und jedes $L > 0$ mit*

$$L \geq \sup_{\bar{x} \in \mathrm{bd}\, X} \, \min_{s \in \partial f(\bar{x})} \|s\|_2$$

ist eine Lipschitz-Konstante von f auf X.

Beweis Die Lipschitz-Stetigkeit von f auf X sowie die Möglichkeit, jedenfalls jedes $L > 0$ mit $L \geq \max_{\bar{x} \in X} \max_{s \in \partial f(\bar{x})} \|s\|_2$ als Lipschitz-Konstante zu wählen, folgen aus Lemma 5.3.1b. Wegen bd $X \subseteq X$ und $\min_{s \in \partial f(\bar{x})} \|s\|_2 \leq \max_{s \in \partial f(\bar{x})} \|s\|_2$ erfüllt die im vorliegenden Satz behauptete Unterschranke für Lipschitz-Konstanten aber

$$\sup_{\bar{x} \in \mathrm{bd}\, X} \, \min_{s \in \partial f(\bar{x})} \|s\|_2 \ \leq \ \max_{\bar{x} \in X} \, \max_{s \in \partial f(\bar{x})} \|s\|_2 \ < \ +\infty,$$

ist also gegebenenfalls kleiner und damit besser als die aus Lemma 5.3.1b. Die nicht notwendigerweise vorliegende Oberhalbstetigkeit der Funktion $\ell(x) = \min_{s \in \partial f(x)} \|s\|_2$ verhindert dabei möglicherweise selbst für nichtleeres und kompaktes X (und eine damit kompakte Randmenge bd X), dass das endliche Supremum $\sup_{\bar{x} \in \mathrm{bd}\, X} \ell(\bar{x})$ als Maximum angenommen wird.

Nach Satz 5.2.2 gibt es für alle $x, y \in X$ mit $x \neq y$ ein $\bar{t} \in (0, 1)$ und ein $\bar{s} \in \partial f(x + \bar{t}(y - x))$ mit

$$f(y) - f(x) = \langle \bar{s}, y - x \rangle.$$

Nach Übung 5.5.4 gilt

$$\{t \in \mathbb{R} \,|\, x + t(y - x) \in X\} \ = \ [t_\ell, t_u]$$

mit $-\infty < t_\ell \leq 0 < 1 \leq t_u < +\infty$. Wegen $\bar{t} \in (0, 1)$ folgt insgesamt also

$$-\infty < t_\ell < \bar{t} < t_u < +\infty.$$

Die Punkte $x_\ell := x + t_\ell(y - x)$ und $x_u := x + t_u(y - x)$ liegen nach Übung 5.5.4 im Rand von X und damit insbesondere in X. Mit $x_{\bar{t}} := x + \bar{t}(y - x) \in X$ gilt nach Lemma 5.5.1 also für jedes $s_u \in \partial f(x_u)$

$$0 \ \leq \ \langle s_u - \bar{s}, x_u - x_{\bar{t}} \rangle \ = \ \langle s_u - \bar{s}, (t_u - \bar{t})(y - x) \rangle,$$

wegen $t_u > \bar{t}$ also

$$f(y) - f(x) \ = \ \langle \bar{s}, y - x \rangle \ \leq \ \langle s_u, y - x \rangle \ \leq \ \|s_u\|_2 \, \|y - x\|_2.$$

Aus der Beliebigkeit von $s_u \in \partial f(x_u)$ folgt damit

$$f(y) - f(x) \leq \left(\min_{s \in \partial f(x_u)} \|s\|_2 \right) \|y - x\|_2 \,,$$

und da nach Übung 5.5.4 $x_u \in \mathrm{bd}\, X$ gilt, schließlich

$$f(y) - f(x) \leq \left(\sup_{\bar{x} \in \mathrm{bd}\, X} \min_{s \in \partial f(\bar{x})} \|s\|_2 \right) \|y - x\|_2 \,.$$

Da nach Lemma 5.5.1 für jedes $s_\ell \in \partial f(x_\ell)$

$$0 \leq \langle \bar{s} - s_\ell, x_{\bar{\imath}} - x_\ell \rangle$$

erfüllt ist, folgt völlig analog

$$f(x) - f(y) \leq \left(\sup_{\bar{x} \in \mathrm{bd}\, X} \min_{s \in \partial f(\bar{x})} \|s\|_2 \right) \|y - x\|_2 \,,$$

insgesamt also

$$|f(y) - f(x)| \leq \left(\sup_{\bar{x} \in \mathrm{bd}\, X} \min_{s \in \partial f(\bar{x})} \|s\|_2 \right) \|y - x\|_2 \,.$$

Dies liefert die Behauptung. $\qquad\qquad\qquad\qquad\qquad\qquad\qquad\qquad\qquad\qquad\quad\square$

Ein Vorteil der Berechnung von Lipschitz-Konstanten per Satz 5.5.5 besteht im Vergleich zu Lemma 5.3.1 darin, dass das innere Optimierungsproblem in der Berechnung der Unterschranke $\sup_{\bar{x} \in X} \min_{s \in \partial f(\bar{x})} \|s\|_2$ als konvexes Minimierungsproblem gegebenenfalls effizient lösbar ist, während das innere Optimierungsproblem in der Berechnung der Unterschranke $\max_{\bar{x} \in X} \max_{s \in \partial f(\bar{x})} \|s\|_2$ ein konvexes Maximierungsproblem ist. Außerdem ist die äußere Maximierung nicht über ganz X, sondern nur über die kleinere Menge $\mathrm{bd}\, X$ zu bilden. Nachteilig ist, dass das äußere Supremum zwar endlich ist, gegebenenfalls aber nicht als Maximalwert angenommen wird.

Immerhin lässt sich durch Satz 5.5.5 ein übersichtlicher Zusammenhang zwischen der Größe gewisser gültiger Lipschitz- und Hoffman-Konstanten herstellen, wenn die Menge X zusätzlich funktional beschrieben ist. Die Kombination mit Korollar 4.4.4 liefert nämlich das folgende Resultat, wobei die Positivität der angegebenen Lipschitz-Konstante daraus folgt, dass eine konvexe Funktion f für eine beschränkte und die Slater-Bedingung erfüllende Menge $M = f_{\leq}^0$ nicht konstant sein kann.

5.5.6 Korollar *Die Funktion* $f : \mathbb{R}^n \to \mathbb{R}$ *sei konvex, und die Menge* $M = f_{\leq}^0$ *sei beschränkt und erfülle die SB. Dann existiert eine globale Fehlerschranke für die Ungleichung* $f(x) \leq 0$, *und die Funktion* f *ist Lipschitz-stetig auf* M. *Eine gültige Hoffman-Konstante ist*

$$\gamma = \left(\min_{\bar{x} \in f_{=}^0} \min_{s \in \partial f(\bar{x})} \|s\|_2 \right)^{-1},$$

und eine gültige Lipschitz-Konstante ist

$$L = \sup_{\bar{x} \in f_{=}^0} \min_{s \in \partial f(\bar{x})} \|s\|_2.$$

Die in Korollar 5.5.6 angegebenen Hoffman- und Lipschitz-Konstanten sind beide durch die Optimierung des kürzesten Subgradienten von f über die Nullstellenmenge von f bestimmt. Außerdem stehen sie offensichtlich in der Relation $\gamma^{-1} \leq L$, die im folgenden Abschnitt eine wichtige Rolle spielt.

5.6   Eine Wahl des Parameters r

Um bei der Glättung der Hindernismenge gleichzeitig einen Höchstabstand ε und einen Mindestabstand σ einzuhalten, erhalten wir mit der Definition von δ aus Satz 2.1.9 sowie der Definition von τ aus Satz 5.3.2 als mögliche Parameterwahlen

$$t \in [\tau, \delta] = \left[\frac{L\sigma}{(r-1)\log(p)}, \frac{\gamma^{-1}\varepsilon}{r\log(p)} \right]$$

mit $r > 1$. Also ist beispielsweise

$$t = \frac{\tau + \delta}{2} = \frac{1}{2\log(p)} \left(\frac{L\sigma}{r-1} + \frac{\gamma^{-1}\varepsilon}{r} \right) \tag{5.4}$$

eine Wahl von t, mit der sowohl der Höchstabstand ε als auch der Mindestabstand σ eingehalten werden.

Störend ist hier noch die Abhängigkeit des Glättungsparameters t vom Parameter r, und es stellt sich die Frage, ob wir den Wert $r > 1$ in irgendeiner Weise „geschickt" wählen können. Wie am Ende von Abschn. 5.1 diskutiert sind wir einerseits an großen Werten von r interessiert, um große Sicherheitsabstände realisieren zu können, aber andererseits auch an kleinen Werten, um δ nicht unnötig zu verkleinern.

Die Abhängigkeit des t aus (5.4) von r ist allerdings nicht leicht zu untersuchen, da die Zahl L wegen ihrer Wahl als Lipschitz-Konstante von g_0 auf $M_{\delta,r}$ im Allgemeinen ebenfalls von r (und von $\delta = \delta(r)$) abhängt. Zumindest im polyedrischen Fall, in dem mit $L_2 = \max_{i \in I} \|a^i\|_2$ aus Korollar 5.4.4 eine von r und δ unabhängige Lipschitz-Konstante vorliegt, lässt sich die freie Wählbarkeit von $r > 1$ aber noch ausnutzen.

Dazu stellen wir fest, dass in Lemma 5.1.2 zu *gegebenem* $r > 1$ die Menge der möglichen Sicherheitsabstände σ durch

$$\sigma \;\leq\; \frac{(r-1)\log(p)}{L}\,\delta \;=\; \frac{r-1}{r}\,\frac{1}{\gamma L}\,\varepsilon \tag{5.5}$$

beschränkt wird, wobei δ wieder aus Satz 2.1.9 stammt. Die Wahlen von σ werden also durch die Wahl von r eingeschränkt.

Umgekehrt kann man auch fragen, ob zu einem *gegebenem* $\sigma < \varepsilon$ ein möglichst kleines r so bestimmt werden kann, dass (5.5) gilt. Sofern L unabhängig von r gewählt wird (wie im polyedrischen Fall), und sofern *außerdem*

$$\frac{L\sigma}{\gamma^{-1}\varepsilon} \;<\; 1 \tag{5.6}$$

gilt, lässt sich (5.5) zu

$$r \;\geq\; \left(1 - \frac{L\sigma}{\gamma^{-1}\varepsilon}\right)^{-1} \;>\; 1$$

auflösen. Die kleinstmögliche Wahl für r ist damit

$$r \;:=\; \left(1 - \frac{L\sigma}{\gamma^{-1}\varepsilon}\right)^{-1},$$

woraus mit (5.4)

$$t \;=\; \frac{\gamma^{-1}\varepsilon - L\sigma}{\log(p)}$$

folgt.

Es bleibt die Einschränkung der für diese Konstruktion möglichen Sicherheitsabstände σ durch (5.6) zu untersuchen. Aufgelöst nach σ lautet sie

$$\sigma \;<\; \frac{\gamma^{-1}}{L}\,\varepsilon. \tag{5.7}$$

Da aus Übung 1.1.5 bereits die Relation $\sigma \leq \varepsilon$ bekannt ist, stellt sich hier die Frage, ob $\gamma^{-1} \geq L$ gelten kann, was Wahlen von σ beliebig nahe bei ε ermöglichen würde.

Die Interpretationen von inverser Hoffman-Konstante γ^{-1} und Lipschitz-Konstante L als gewisse kleinste bzw. größte Sekantensteigungen der zugrunde liegenden Funktion sowie die nach Korollar 5.5.6 formulierte Schlussfolgerung legen es allerdings nahe, dass sie stets die Beziehung $\gamma^{-1} \leq L$ erfüllen. (In Bezug auf Korollar 5.5.6 ist dabei anzumerken, dass dort

Lipschitz- und Hoffman-Konstante auf derselben Menge verglichen werden, während wir nunmehr die Hoffman-Konstante der Ungleichung zur Hindernismenge mit der Lipschitz-Konstante einer äußeren Approximation vergleichen müssen.)

Mit Hilfe des Subdifferentials zeigen wir im nächsten Resultat, dass dies (auch ohne Voraussetzung der Polyedralität) für einige der zuvor angegebenen expliziten Berechnungs-vorschriften von γ^{-1} und L tatsächlich der Fall ist.

5.6.1 Satz *Unter den Voraussetzungen von Satz 5.3.2 sei γ eine der beiden Wahlen für eine Hoffman-Konstante aus Satz 4.5.2, nämlich die bestmögliche mit*

$$\gamma^{-1} = \inf_{\bar{x} \in (g_0)^0_{\underline{\ }}} \psi(\bar{x})$$

oder die gegebenenfalls leichter berechenbare mit

$$\gamma^{-1} = \min_{\bar{x} \in (g_0)^0_{\underline{\ }}} \ \min_{s \in \partial g_0(\bar{x})} \|s\|_2 \,,$$

und die Lipschitz-Konstante L sei gewählt wie in Satz 5.4.3, also als

$$L = \max_{x \in M_{\delta,r}} \ \max_{s \in \partial g_0(x)} \|s\|_2 \,.$$

Dann gilt

$$\gamma^{-1} \leq L.$$

Beweis Aus (P4) folgt zunächst $M_0 \subseteq M_{\delta,r}$ und damit auch $(g_0)^0_{\underline{\ }} \subseteq M_{\delta,r}$. Für die Lipschitz-Konstante impliziert dies

$$L \geq \max_{\bar{x} \in (g_0)^0_{\underline{\ }}} \ \max_{s \in \partial g_0(\bar{x})} \|s\|_2 \,.$$

Nach Satz 4.4.2 gilt also

$$\min_{\bar{x} \in (g_0)^0_{\underline{\ }}} \ \min_{s \in \partial g_0(\bar{x})} \|s\|_2 \leq \inf_{\bar{x} \in (g_0)^0_{\underline{\ }}} \psi(\bar{x}) \leq \sup_{\bar{x} \in (g_0)^0_{\underline{\ }}} \psi(\bar{x}) \leq \max_{\bar{x} \in (g_0)^0_{\underline{\ }}} \ \max_{s \in \partial g_0(\bar{x})} \|s\|_2 \leq L,$$

woraus die Behauptungen folgen.   □

Da $\gamma^{-1} = L$ nur in Spezialfällen auftreten kann, gilt nach Satz 5.6.1 üblicherweise $\gamma^{-1} < L$, und σ ist dann nach (5.7) im Verhältnis zu ε so zu wählen, dass

$$\frac{\sigma}{\varepsilon} < \frac{\gamma^{-1}}{L} < 1$$

erfüllt ist. Diese Einschränkung an σ erklärt, dass die Forderung (P7) nur für *hinreichend kleine* σ anstatt für alle $\sigma \leq \varepsilon$ gestellt wird.

Wir fassen unsere Überlegungen zum polyedrischen Fall wie folgt zusammen.

5.6.2 Satz *Für eine (p, n)-Matrix A und $b \in \mathbb{R}^p$ sei $M_0 = \{x \in \mathbb{R}^n \mid Ax \leq b\}$ beschränkt und erfülle die SB. Die Zeilen der Matrix A seien mit $(a^i)^\top, i \in I = \{1, \dots, p\}$, bezeichnet. Ferner seien γ eine Hoffman-Konstante zur Ungleichung $\max_{i \in I}(\langle a^i, x \rangle - b_i) \leq 0$ sowie $L = \max_{i \in I} \|a^i\|_2$. Dann liefern für jede Wahl von $\varepsilon, \sigma > 0$ mit $\sigma/\varepsilon < \gamma^{-1}/L$ die Setzungen*

$$r := \left(1 - \frac{L\sigma}{\gamma^{-1}\varepsilon}\right)^{-1}$$

und

$$t := \frac{\gamma^{-1}\varepsilon - L\sigma}{\log(p)}$$

eine glatt berandete Menge $M_{t,r} \supseteq M_0$ mit den Eigenschaften

$$\mathrm{ex}(M_{t,r}, M_0) \leq \varepsilon$$

und

$$\inf_{x \in \mathrm{bd}\, M_{t,r}} \mathrm{dist}(x, M_0) \geq \sigma.$$

5.6.3 Beispiel

Bei der durch die vier linearen Ungleichungsfunktionen

$$g_1(x) = x_1 - 2,$$
$$g_2(x) = x_2 - 1,$$
$$g_3(x) = -x_1 - 2,$$
$$g_4(x) = -x_2 - 1$$

beschriebenen Box $M_0 = [-2, 2] \times [-1, 1]$ aus Beispiel 1.2.6. lauten die Gradienten der Ungleichungsrestriktionen

$$\nabla g_1(x) = \begin{pmatrix} 1 \\ 0 \end{pmatrix}, \quad \nabla g_2(x) = \begin{pmatrix} 0 \\ 1 \end{pmatrix}, \quad \nabla g_3(x) = \begin{pmatrix} -1 \\ 0 \end{pmatrix}, \quad \nabla g_4(x) = \begin{pmatrix} 0 \\ -1 \end{pmatrix},$$

so dass wir nach Korollar 5.4.4 die von r und δ unabhängige Lipschitz-Konstante

Abb. 5.4 Glättung einer Box
mit Höchst- und
Sicherheitsabstand

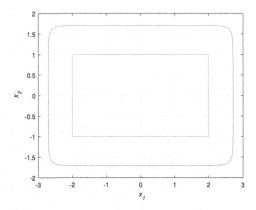

$$L = \max\left\{\left\|\begin{pmatrix}1\\0\end{pmatrix}\right\|_2, \left\|\begin{pmatrix}0\\1\end{pmatrix}\right\|_2, \left\|\begin{pmatrix}-1\\0\end{pmatrix}\right\|_2, \left\|\begin{pmatrix}0\\-1\end{pmatrix}\right\|_2\right\} = 1$$

wählen können. Mit der in Beispiel 3.4.6 berechneten bestmöglichen Hoffman-Konstante $\gamma = \sqrt{2}$ erhalten wir zu gegebenem $\varepsilon > 0$ die Einschränkung

$$\sigma < \frac{\gamma^{-1}}{L}\varepsilon = \frac{\varepsilon}{\sqrt{2}}$$

an mögliche Sicherheitsabstände. Für solche Wahlen von ε und σ liefern

$$r = \left(1 - \frac{L\sigma}{\gamma^{-1}\varepsilon}\right)^{-1} = \left(1 - \sqrt{2}\frac{\sigma}{\varepsilon}\right)^{-1}$$

und

$$t = \frac{\gamma^{-1}\varepsilon - L\sigma}{\log(p)} = \frac{\varepsilon/\sqrt{2} - \sigma}{\log(4)}$$

nach Satz 5.6.2 die gewünschte Glättung $M_{t,r}$ von M_0, die sowohl den Höchstabstand ε als auch den Sicherheitsabstand σ einhält. Abb. 5.4 illustriert eine solche Glättung für $\varepsilon = 1$ und $\sigma = 0.7$. Die dabei auftretenden Parameter lauten $r \approx 3.414$ und $t \approx 0.149$. ◄

Abstiegsrichtungen und Stationaritätsbedingungen

Inhaltsverzeichnis

Zum Abschluss dieses Buchs klären wir eine Frage, die nicht durch Hindernismengen oder Fehlerschranken aufgeworfen wird, sondern durch die in Korollar 2.3.5 und Satz 4.1.4 „nebenbei" hergeleiteten Stationaritätsbedingungen: Wie lässt sich Stationarität für *restringierte und nichtglatte* konvexe Optimierungsprobleme so definieren, dass die globalen Minimalpunkte genau den stationären Punkten entsprechen?

Nach einer Motivation für das entsprechende Stationaritätskonzept in Abschn. 6.1 führt Abschn. 6.2 als Hilfsmittel und wichtigen Aspekt der konvexen Analysis den Begriff des Sattelpunkts ein. In Abschn. 6.3 illustrieren wir die Anwendung dieses Konzepts zunächst durch die Berechnung einer Richtung des steilsten Abstiegs für eine unrestringierte nichtglatte konvexe Funktion. Abschn. 6.4 überträgt diese Ideen auf den restringierten Fall und zeigt damit, dass auch dort Stationarität und globale Minimalität übereinstimmen. In Abschn. 6.5 stellen wir abschließend den Zusammenhang der geometrisch motivierten Stationarität zum algorithmisch handhabbareren Konzept des Karush-Kuhn-Tucker-Punkts im nichtglatten Fall her.

6.1   Stationarität im restringierten nichtglatten Fall

Zu Stationarität wissen wir bislang zum einen aus Korollar 2.3.5, dass die globalen Minimalpunkte x einer auf einer konvexen Menge $X \subseteq \mathbb{R}^n$ konvexen und *stetig differenzierbaren*

O. Stein, *Grundzüge der Konvexen Analysis*,
https://doi.org/10.1007/978-3-662-62757-0_6

Funktion $f : X \to \mathbb{R}$ mit ihren stationären Punkten übereinstimmen, also mit den x, die

$$0 \in \nabla f(x) + N(x, X)$$

erfüllen. Zum anderen besagt Satz 3.2.14, dass die globalen Minimalpunkte einer *unre-stringierten*, aber nicht notwendigerweise glatten konvexen Funktion f ebenfalls mit ihren stationären Punkten übereinstimmen. Nach Satz 4.1.4 handelt es sich dabei genau um die kritischen Punkte x, also diejenigen mit

$$0 \in \partial f(x).$$

Dadurch liegt es nahe, einen stationären Punkt für *restringierte und nichtglatte* konvexe Probleme wie folgt zu definieren.

6.1.1 Definition (Stationärer Punkt – restringierter nichtglatter Fall)
Die Menge $X \subseteq \mathbb{R}^n$ und die Funktion $f : X \to \mathbb{R}$ seien konvex. Dann heißt $x \in X$ *stationärer Punkt* von f auf X, wenn

$$0 \in \partial f(x) + N(x, X)$$

gilt.

Die alternative Formulierung von Stationarität im *glatten* restringierten Fall als $-\nabla f(x) \in N(x, X)$ lässt sich bei Bedarf wie folgt auf den nichtglatten Fall übertragen.

6.1.2 Übung Die Menge $X \subseteq \mathbb{R}^n$ und die Funktion $f : X \to \mathbb{R}$ seien konvex. Zeigen Sie, dass $x \in X$ genau dann stationärer Punkt von f auf X im Sinne von Definition 6.1.1 ist, wenn

$$-\partial f(x) \cap N(x, X) \neq \emptyset$$

gilt. Letzteres ist natürlich wiederum zu $\partial f(x) \cap (-N(x, X)) \neq \emptyset$ äquivalent.

Im Folgenden sehen wir, dass tatsächlich auch im restringierten nichtglatten konvexen Fall die globalen Minimalpunkte genau mit den stationären Punkten übereinstimmen. Dass dabei Stationarität im Sinne von Definition 6.1.1 hinreichend für Optimalität ist, lässt sich leicht zeigen.

6.1.3 Lemma *Die Menge $X \subseteq \mathbb{R}^n$ und die Funktion $f : X \to \mathbb{R}$ seien konvex, und x sei ein stationärer Punkt von f auf X. Dann ist x auch globaler Minimalpunkt von f auf X.*

Beweis Wegen $0 \in \partial f(x) + N(x, X)$ (bzw. wegen Übung 6.1.2) existiert ein $s \in N(x, X)$ mit $-s \in \partial f(x)$. Daher gilt gleichzeitig

$$\forall\, y \in X: \quad 0 \ge \langle s, y - x \rangle$$

und

$$\forall\, y \in X: \quad f(y) \ge f(x) + \langle -s, y - x \rangle.$$

Die Addition dieser beiden Ungleichungen liefert die Behauptung. $\qquad\square$

Der Beweis dafür, dass jeder globale Minimalpunkt von f auf X auch stationärer Punkt im Sinne von Definition 6.1.1 ist, benötigt noch einige Vorbereitungen. Er verläuft ähnlich wie im restringierten *glatten* Fall [25], weshalb wir im Wesentlichen zeigen werden, dass an einem globalen Minimalpunkt keine zulässige Abstiegsrichtung existieren kann. Das entscheidende Instrument dafür ist das Konzept des Sattelpunkts.

6.2 Sattelpunkte

Das Konzept des Sattelpunkts spielt in der konvexen Analysis eine wichtige Rolle. Man nutzt es nicht nur wie hier zur Herleitung von Stationaritätsbedingungen restringierter Probleme, sondern beispielsweise auch für Dualitätsaussagen, zum Nachweis der Existenz von Gleichgewichten in nichtkooperativen Spielen sowie zur algorithmischen Behandlung exakter Straftermfunktionen [3, 26].

6.2.1 Definition (Sattelpunkt)
Für Mengen $X \subseteq \mathbb{R}^n$ und $Y \subseteq \mathbb{R}^m$ sowie eine Funktion $e : X \times Y \rightarrow \mathbb{R}$ heißt $(\bar{x}, \bar{y}) \in X \times Y$ *Sattelpunkt* von e auf $X \times Y$, falls

$$\forall\, (x, y) \in X \times Y: \quad e(x, \bar{y}) \le e(\bar{x}, \bar{y}) \le e(\bar{x}, y)$$

gilt.

Typisches Beispiel eines Sattelpunkts ist $(\bar{x}, \bar{y}) = (0, 0)$ für die Funktion $e(x, y) = y^2 - x^2$. Im Folgenden treffen wir Kompaktheits- und Stetigkeitsannahmen, die die Charakterisierung von Sattelpunkten mit Hilfe gewisser „Minimax"-Ausdrücke erlauben.

6.2.2 Lemma *Die Mengen* $X \subseteq \mathbb{R}^n$ *und* $Y \subseteq \mathbb{R}^m$ *seien nichtleer und kompakt, und die Funktion e sei für jedes* $x \in X$ *stetig auf* $\{x\} \times Y$ *sowie für jedes* $y \in Y$ *stetig auf* $X \times \{y\}$. *Dann gelten die folgenden Aussagen:*

a) *Die Funktion*
$$\underline{e}(x) \ := \ \min_{y \in Y} e(x, y)$$
ist auf X *wohldefiniert und stetig.*

b) *Die Funktion*
$$\overline{e}(y) \ := \ \max_{x \in X} e(x, y)$$
ist auf Y *wohldefiniert und stetig.*

c) *Die Optimalwerte* $\max_{x \in X} \underline{e}(x)$ *und* $\min_{y \in Y} \overline{e}(y)$ *sind wohldefiniert und stehen in der Relation*
$$\max_{x \in X} \underline{e}(x) \ \leq \ \min_{y \in Y} \overline{e}(y).$$

Beweis Um Aussage a zu sehen, stellen wir fest, dass nach dem Satz von Weierstraß für jedes $x \in X$ das Infimum der Funktion $e(x, \cdot)$ über $y \in Y$ als Minimum angenommen wird. Daher ist die Funktion $\underline{e}$ auf Y wohldefiniert. Ihre Stetigkeit wird unter den gegebenen Voraussetzungen in [26] gezeigt. Aussage b beweist man analog.

Nochmals nach dem Satz von Weierstraß folgt aus Aussage a, dass die Funktion $\underline{e}$ ihr Supremum über X als Maximum annimmt, sowie analog, dass die Funktion $\overline{e}$ ihr Infimum über Y als Minimum annimmt.

Schließlich gilt für jedes $(x, y) \in X \times Y$

$$\underline{e}(x) \ \leq \ e(x, y) \ \leq \ \overline{e}(y).$$

Aus $\underline{e}(x) \leq \overline{e}(y)$ resultiert wegen der Beliebigkeit von $x \in X$ die Abschätzung $\max_{x \in X} \underline{e}(x) \leq \overline{e}(y)$ sowie aus der Beliebigkeit von $y \in Y$ die Behauptung $\max_{x \in X} \underline{e}(x) \leq \min_{y \in Y} \overline{e}(y)$. $\qquad \square$

Die in Lemma 6.2.2 definierten Hilfsfunktionen $\underline{e}$ und $\overline{e}$ sind Optimalwertfunktionen [26]. Wir benötigen sie, weil wir an einem Sattelpunkt die Variable x als Maximierungs- und die Variable y als Minimierungsvariable betrachten werden. Lemma 6.2.2 benutzt den Begriff des Sattelpunkt allerdings noch nicht, sondern trifft allgemeingültige Aussagen über diese Optimalwertfunktionen. Insbesondere lautet die Ungleichung aus Lemma 6.2.2c in ausgeschriebener Form

$$\max_{x \in X} \min_{y \in Y} e(x, y) \ \leq \ \min_{y \in Y} \max_{x \in X} e(x, y)$$

und ist auch als *Minimax-Ungleichung* bekannt.

Die Voraussetzungen von Lemma 6.2.2 erlauben im nächsten Schritt eine Charakterisierung von Sattelpunkten mit Hilfe zweier Optimierungsprobleme.

6.2.3 Satz *Die Mengen $X \subseteq \mathbb{R}^n$ und $Y \subseteq \mathbb{R}^m$ seien nichtleer und kompakt, und die Funktion e sei für jedes $x \in X$ stetig auf $\{x\} \times Y$ sowie für jedes $y \in Y$ stetig auf $X \times \{y\}$. Dann ist $(\bar{x}, \bar{y})$ genau dann ein Sattelpunkt von e auf $X \times Y$, wenn die folgenden drei Aussagen gleichzeitig gelten:*

a) *$\bar{x}$ ist Maximalpunkt von $\underline{e}$ auf X.*
b) *$\bar{y}$ ist Minimalpunkt von $\overline{e}$ auf Y.*
c) *Der Maximalwert von $\underline{e}$ auf X und der Minimalwert von $\overline{e}$ auf Y stimmen überein,*

$$\underline{e}(\bar{x}) = \overline{e}(\bar{y}).$$

Beweis Zunächst sei $(\bar{x}, \bar{y})$ ein Sattelpunkt von e auf $X \times Y$. Dann gilt

$$\min_{y \in Y} \overline{e}(y) \leq \overline{e}(\bar{y}) = \max_{x \in X} e(x, \bar{y}) \leq e(\bar{x}, \bar{y}) \leq \min_{y \in Y} e(\bar{x}, y) = \underline{e}(\bar{x}) \leq \max_{x \in X} \underline{e}(x) \leq \min_{y \in Y} \overline{e}(y).$$

Die letzte Ungleichung gilt dabei nach Lemma 6.2.2c und impliziert Gleichheit in der gesamten Ungleichungskette. Daraus folgen die Aussagen a, b und c.

Andererseits seien für $(\bar{x}, \bar{y})$ die Aussagen a, b und c erfüllt. Dann gilt

$$e(\bar{x}, \bar{y}) \leq \max_{x \in X} e(x, \bar{y}) = \overline{e}(\bar{y}) = \underline{e}(\bar{x}) = \min_{y \in Y} e(\bar{x}, y) \leq e(\bar{x}, \bar{y}),$$

so dass auch in dieser Ungleichungskette überall Gleichheit gilt. Aus $\overline{e}(\bar{y}) = e(\bar{x}, \bar{y}) = \underline{e}(\bar{x})$ folgt die Behauptung. $\square$

Satz 6.2.3c liefert in ausgeschriebener Form, dass für einen Sattelpunkt $(\bar{x}, \bar{y})$ von e auf $X \times Y$ notwendigerweise die *Minimax-Gleichung*

$$\max_{x \in X} \min_{y \in Y} e(x, y) = \min_{y \in Y} \max_{x \in X} e(x, y) \tag{6.1}$$

gilt. Hier scheint allerdings eine Information zu fehlen, da der Punkt $(\bar{x}, \bar{y})$ in (6.1) gar nicht explizit auftritt.

Tatsächlich liefert der Beweis von Satz 6.2.3 als notwendige Bedingung für die Sattelpunktseigenschaft von $(\bar{x}, \bar{y})$ für e auf $X \times Y$ auch die Gleichung

$$\max_{x \in X} \min_{y \in Y} e(x, y) = e(\bar{x}, \bar{y}) = \min_{y \in Y} \max_{x \in X} e(x, y). \tag{6.2}$$

Diese kann man zum Einsatz bringen, wenn man einen Sattelpunkt und mit ihm auch den Wert $e(\bar{x}, \bar{y})$ *berechnen* möchte (Abschn. 6.3).

Aus der reinen *Existenz* eines Sattelpunkts folgt aber bereits die Minimax-Gleichung (6.1), mit der sich häufig auch ohne die (oft aufwendige) explizite Berechnung des Sattelpunkts wichtige Schlussfolgerungen ziehen lassen (Abschn. 6.4). Dazu benötigen wir allerdings allgemeine Bedingungen, unter denen Sattelpunkte existieren.

Satz 6.2.6 wird zeigen, dass Konvexität solche Bedingungen liefert. Wir beweisen ihn mit Hilfe des folgenden Resultats, das den Fixpunktsatz von Brouwer (also die Existenz eines Fixpunkts für jede Funktion, die von einer nichtleeren, kompakten und konvexen Menge stetig in sich selbst abbildet [22]) auf mengenwertige Abbildungen verallgemeinert.

> **6.2.4 Satz (Fixpunktsatz von Kakutani [22])**
> *Die Menge $Z \subseteq \mathbb{R}^n$ sei nichtleer, kompakt und konvex, und die mengenwertige Abbildung $F : Z \rightrightarrows Z$ besitze einen abgeschlossenen Graphen $\mathrm{gph}(F, Z) = \{(z, w) \in Z \times \mathbb{R}^n \,|\, w \in F(z)\}$ sowie nichtleere und konvexe Bilder $F(z)$ für alle $z \in Z$. Dann existiert für F auf Z ein Fixpunkt, d. h. ein Punkt $\bar{z} \in F(\bar{z})$.*

In der parametrischen Optimierung werden mengenwertige Abbildungen mit abgeschlossenem Graphen auch abgeschlossen oder außerhalbstetig genannt [26].

6.2.5 Übung Zeigen Sie unter den Voraussetzungen von Satz 6.2.4, dass die Bildmengen $F(z)$ für alle $z \in Z$ nicht nur nichtleer und konvex, sondern auch kompakt sind.

> **6.2.6 Satz (Sattelpunktstheorem)**
> *Die Mengen $X \subseteq \mathbb{R}^n$ und $Y \subseteq \mathbb{R}^m$ seien nichtleer, kompakt und konvex, und $e : \mathbb{R}^n \times \mathbb{R}^m \to \mathbb{R}$ sei konkav auf $\mathbb{R}^n$ für jedes feste $y \in Y$, konvex auf $\mathbb{R}^m$ für jedes feste $x \in X$ sowie stetig auf $X \times Y$. Dann besitzt e auf $X \times Y$ einen Sattelpunkt.*

Beweis Wir identifizieren zunächst eine mengenwertige Abbildung F, für die die Existenz eines Fixpunkts die Behauptung liefern würde. Dazu bezeichne $\overline{S}(y)$ für jedes $y \in Y$ die Menge der Maximalpunkte von $e(x, y)$ auf X, also

$$\overline{S}(y) := \{\bar{x} \in X \,|\, \forall \, x \in X : e(x, y) \le e(\bar{x}, y)\},$$

sowie analog für jedes $x \in X$

$$\underline{S}(x) := \{\bar{y} \in Y \mid \forall y \in Y : e(x, \bar{y}) \leq e(x, y)\}$$

die Menge der Minimalpunkte von $e(x, y)$ auf Y. Mit $z := (x, y)$ können wir dann die auf $Z := X \times Y$ definierte mengenwertige Abbildung

$$F(z) := \overline{S}(y) \times \underline{S}(x)$$

bilden. *Falls* sie einen Fixpunkt $\bar{z} = (\bar{x}, \bar{y})$ besitzt, dann erfüllt dieser

$$(\bar{x}, \bar{y}) = \bar{z} \in F(\bar{z}) = \overline{S}(\bar{y}) \times \underline{S}(\bar{x}).$$

Insbesondere gilt $\bar{x} \in \overline{S}(\bar{y})$, also $\bar{x} \in X$ und

$$\forall x \in X : e(x, \bar{y}) \leq e(\bar{x}, \bar{y}),$$

sowie $\bar{y} \in \underline{S}(\bar{x})$, also $\bar{y} \in Y$ und

$$\forall y \in Y : e(\bar{x}, \bar{y}) \leq e(\bar{x}, y).$$

Insgesamt liefert dies genau die definierende Eigenschaft eines Sattelpunkts $(\bar{x}, \bar{y})$ von e auf $X \times Y$, nämlich

$$\forall (x, y) \in X \times Y : \quad e(x, \bar{y}) \leq e(\bar{x}, \bar{y}) \leq e(\bar{x}, y).$$

Es bleibt zu zeigen, dass die mengenwertige Abbildung $F(z) = \overline{S}(y) \times \underline{S}(x)$ tatsächlich einen Fixpunkt besitzt, wofür wir im Folgenden die Voraussetzungen von Satz 6.2.4 überprüfen.

Zunächst ist die Menge $Z = X \times Y$ offensichtlich nichtleer, kompakt und konvex, und F ist eine Abbildung von Z nach Z (d. h., es gilt $F(z) \subseteq Z$ für alle $z \in Z$).

Dass die Bilder $F(z)$ für alle $z \in Z$ nichtleer sind, ist äquivalent dazu, dass die Optimalpunktmengen $\overline{S}(y)$ für alle $y \in Y$ sowie $\underline{S}(x)$ für alle $x \in X$ nichtleer sind. Dies resultiert wie im Beweis zu Lemma 6.2.2a und b aus dem Satz von Weierstraß.

Als Optimalpunktmenge eines konvexen Minimierungsproblems ist die Menge $\underline{S}(x)$ außerdem für jedes $x \in X$ konvex [24]. Analog ist auch $\overline{S}(y)$ für jedes $y \in Y$ konvex, so dass die Bildmengen $F(z)$ ebenfalls konvex sind.

Zuletzt zeigen wir die Abgeschlossenheit des Graphen $\mathrm{gph}(F, Z)$. Mit $w = (u, v)$ gilt

$$\begin{aligned}
\mathrm{gph}(F, Z) &= \{(z, w) \in Z \times \mathbb{R}^{2n} \mid w \in F(z)\}\} \\
&= \{(x, y, u, v) \in X \times Y \times \mathbb{R}^{2n} \mid (u, v) \in \overline{S}(y) \times \underline{S}(x)\} \\
&= \{(x, y, u, v) \in \mathbb{R}^{4n} \mid y \in Y, \, u \in \overline{S}(y), \, x \in X, \, v \in \underline{S}(x)\} \\
&= \{(x, y, u, v) \in \mathbb{R}^{4n} \mid (y, u) \in \mathrm{gph}(\overline{S}, Y), \, (x, v) \in \mathrm{gph}(\underline{S}, X)\}.
\end{aligned}$$

Bis auf eine Vertauschung der Reihenfolge der Variablen (die aber an der Abgeschlossenheitseigenschaft nichts ändert) gilt also

$$\mathrm{gph}(F, Z) \; = \; \mathrm{gph}(\overline{S}, Y) \times \mathrm{gph}(\underline{S}, X).$$

Mit der Hilfsfunktion $\overline{e}$ erhalten wir ferner für alle $y \in Y$

$$\overline{S}(y) \; = \; \{\tilde{x} \in X \,|\, \overline{e}(y) \leq e(\tilde{x}, y)\}$$

und damit

$$\mathrm{gph}(\overline{S}, Y) \; = \; \{(y, u) \in Y \times X \,|\, \overline{e}(y) \leq e(u, y)\}.$$

Nach Lemma 6.2.2b ist die Funktion $\overline{e}$ auf Y stetig, und e ist als stetig auf der abgeschlossenen Menge $X \times Y$ vorausgesetzt. Damit ist die Menge $\mathrm{gph}(\overline{S}, Y)$ abgeschlossen.

Analog sieht man mit Lemma 6.2.2a die Abgeschlossenheit des Graphen $\mathrm{gph}(\underline{S}, X)$, so dass wir insgesamt wie gewünscht die Abgeschlossenheit der Menge $\mathrm{gph}(F, Z)$ bewiesen haben.   □

Eine alternative Beweismöglichkeit für Satz 6.2.6 ohne Rückgriff auf Resultate der Funktionalanalysis (wie den Fixpunktsatz von Kakutani) wird in [3] vorgestellt.

Es sei darauf hingewiesen, dass man prinzipiell auch versuchen kann, die Existenz eines Sattelpunkts von e auf $X \times Y$ nachzuweisen, indem man einen Punkt $(\bar{x}, \bar{y}) \in X \times Y$ aus den Bedingungen a, b und c in Satz 6.2.3 sowie Gl. (6.2) explizit konstruiert. Dazu sind keine Konvexitätsannahmen erforderlich. Allerdings ist diese explizite Konstruktion in vielen Anwendungen sehr aufwendig oder nicht handhabbar.

6.2.7 Übung Nach Lemma 4.4.1 gilt bei jeder konvexen Funktion $f : \mathbb{R}^n \to \mathbb{R}$ mit die SB erfüllender Menge $M = f_{\leq}^0$ für die kleinste Steigung an $\bar{x}$ in normierte Normalenrichtungen

$$\psi(\bar{x}) \; = \; \min_{d \in \partial f(\bar{x})} \; \max_{s \in \partial f(\bar{x})} \left\langle s, \frac{d}{\|d\|_2} \right\rangle.$$

Lässt sich Satz 6.2.6 benutzen, um die eventuelle Identität von $\psi(\bar{x})$ mit dem Ausdruck

$$\max_{s \in \partial f(\bar{x})} \; \min_{d \in \partial f(\bar{x})} \left\langle s, \frac{d}{\|d\|_2} \right\rangle$$

zu zeigen?

6.3   Abstiegsrichtungen im unrestringierten Fall

Für nichtglatte konvexe Funktionen $f : \mathbb{R}^n \to \mathbb{R}$ wissen wir bereits, dass Stationarität und Kritikalität an einem Punkt $x \in \mathbb{R}^n$ übereinstimmen, dass also

$$\forall \, d \in \mathbb{R}^n : \quad f'(x, d) \geq 0$$

genau für $0 \in \partial f(x)$ gilt. Dies liefert allerdings noch keine Information darüber, wie man an einem nichtkritischen Punkt x (also für $0 \notin \partial f(x)$) eine Abstiegsrichtung d für f in x explizit angeben kann (so dass also $f'(x, d) < 0$ gilt), wie es beispielsweise für numerische Abstiegsverfahren zur Minimierung von f erforderlich ist [10].

Im *glatten* Fall besteht eine einfache Möglichkeit zur Konstruktion einer Abstiegsrichtung an einem nichtkritischen Punkt x von f in der Setzung $d := -\nabla f(x)$ (wegen $\langle \nabla f(x), d \rangle = -\|\nabla f(x)\|_2^2 < 0$). Man könnte also vermuten, dass im nichtglatten Fall an einem nichtkritischen Punkt x von f die Setzung $d := -s$ mit jedem Subgradienten $s \in \partial f(x)$ eine Abstiegsrichtung liefert. Dass dies leider *nicht* wahr ist, zeigt das folgende Beispiel.

6.3.1 Beispiel

Für die Funktion $g_0(x) = \max\{g_1(x), g_2(x)\}$ mit $g_1(x) = x_2 - 2$ und $g_2(x) = x_1 - x_2$ stellt Abb. 6.1 die untere Niveaumenge $(g_0)^0_\leq$ dar. Am Punkt $\bar{x} = (2, 2)^\mathsf{T}$ gilt $g_0(\bar{x}) = 0$, und das Subdifferential von g_0 lautet nach Satz 4.1.9 $\partial g_0(\bar{x}) = \mathrm{conv}\{(0, 1)^\mathsf{T}, (1, -1)^\mathsf{T}\}$. Daher ist $\bar{x}$ kein kritischer Punkt von g_0, und an $\bar{x}$ muss eine Abstiegsrichtung d für g_0 existieren. Beispielsweise für den Subgradienten $s = (1, -1)^\mathsf{T}$ ist jedoch der Vektor $d := -s = (-1, 1)^\mathsf{T}$ *keine* Abstiegsrichtung, denn für alle $t > 0$ gilt

$$g_0(\bar{x} + td) = g_0(1 + t, 1 - t) = \max\{-t, 2t\} = 2t > 0 = g_0(\bar{x}),$$

so dass es sich bei d um eine *An*stiegsrichtung handelt. ◄

Wenigstens *existiert* an einem nichtkritischen Punkt x von f stets ein Subgradient $s \in \partial f(x)$, für den $d := -s$ eine Abstiegsrichtung für f in x ist. Im Folgenden sehen wir, dass der *kürzeste* Subgradient, also das $\bar{s} \in \partial f(x)$ mit $\|\bar{s}\|_2 = \min_{s \in \partial f(x)} \|s\|_2$, sogar die steilste Abstiegsrichtung für f in x ist (analog zu $d = -\nabla f(x)$ im glatten Fall). Dabei kann der

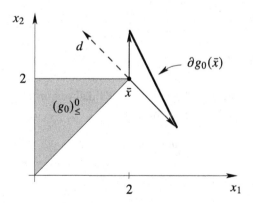

Abb. 6.1 Negative Subgradientenrichtung

kürzeste Subgradient nicht $\bar{s} = 0$ lauten, weil x als nichtkritischer Punkt vorausgesetzt ist. Die Eindeutigkeit des kürzesten Subgradienten folgt aus seiner Interpretation als orthogonale Projektion des Nullpunkts auf die Menge $\partial f(x)$ (also als $\bar{s} = \mathrm{pr}(0, \partial f(x))$) und aus Satz 2.3.8.

Für die Richtung des steilsten Abstiegs genügt es, sie unter den normierten Richtungen zu suchen, also in der Einheitssphäre $B_=(0, 1) = \{d \in \mathbb{R}^n \mid \|d\|_2 = 1\}$. Da diese allerdings nicht konvex ist (wie wir es in Satz 6.2.6 benötigen), dehnen wir unsere Suche auf die gesamte Kugel $B_\leq(0, 1) := \{d \in \mathbb{R}^n \mid \|d\|_2 \leq 1\} \, (= B_2(0, 1))$ aus und bezeichnen deren Elemente (etwas lax) ebenfalls als normierte Richtungen. Der folgende Satz zeigt unter anderem, dass die in $B_\leq(0, 1)$ gesuchte Richtung des steilsten Abstiegs tatsächlich in $B_=(0, 1)$ liegt.

6.3.2 Satz *Für die konvexe Funktion $f : \mathbb{R}^n \to \mathbb{R}$ seien x ein nichtkritischer Punkt, $\bar{s} := \mathrm{pr}(0, \partial f(x))$ und $\bar{d} := -\bar{s}/\|\bar{s}\|_2$. Dann löst $\bar{d}$ das Problem*

$$\min_d \ f'(x, d) \quad s.t. \quad \|d\|_2 \leq 1$$

mit Optimalwert $f'(x, \bar{d}) = -\|\bar{s}\|_2 < 0$, ist also insbesondere Richtung des steilsten Abstiegs für f in x.

Beweis Nach Satz 4.1.31 lautet der Optimalwert des Problems des steilsten Abstiegs

$$\min_{d \in B_\leq(0,1)} \ f'(x, d) \ = \ \min_{d \in B_\leq(0,1)} \ \max_{s \in \partial f(x)} \ \langle s, d \rangle.$$

Wir interessieren uns daher für einen Sattelpunkt der Funktion $e(s, d) = \langle s, d \rangle$ auf der Menge $\partial f(x) \times B_\leq(0, 1)$.

Dabei ist die Menge $B_\leq(0, 1)$ natürlich nichtleer, kompakt und konvex, und für die Menge $\partial f(x)$ gilt nach Satz 4.1.20 dasselbe. Nach Satz 6.2.6 besitzt die Funktion $e(s, d) = \langle s, d \rangle$ auf $\partial f(x) \times B_\leq(0, 1)$ also einen Sattelpunkt $(\bar{s}, \bar{d})$, und die Minimax-Gleichung (6.1) liefert

$$\min_{d \in B_\leq(0,1)} \ f'(x, d) \ = \ \min_{d \in B_\leq(0,1)} \ \max_{s \in \partial f(x)} \ \langle s, d \rangle \ = \ \max_{s \in \partial f(x)} \ \min_{d \in B_\leq(0,1)} \ \langle s, d \rangle.$$

Dabei können wir für jedes $s \in \mathbb{R}^n$ den inneren Minimalwert im letzten Term beispielsweise per Cauchy-Schwarz-Ungleichung explizit zu

$$\min_{d \in B_\leq(0,1)} \ \langle s, d \rangle \ = \ -\|s\|_2$$

berechnen. Für diesen letzten Term folgt

$$\max_{s \in \partial f(x)} \ \min_{d \in B_\leq(0,1)} \ \langle s, d \rangle \ = \ \max_{s \in \partial f(x)} \ (-\|s\|_2) \ = \ - \min_{s \in \partial f(x)} \ \|s\|_2.$$

Beim Ausdruck $\min_{s \in \partial f(x)} \|s\|_2$ handelt es sich um den Optimalwert des Projektionsproblems $Pr(0, \partial f(x))$, das nach Satz 2.3.8 und Satz 4.1.20 den eindeutigen Optimalpunkt $\bar{s} = \mathrm{pr}(0, \partial f(x))$ besitzt (also den kürzesten Subgradienten von f an x).

Insgesamt erhalten wir als Schlussfolgerung aus Satz 6.2.6

$$\min_{d \in B_\leq(0,1)} f'(x, d) = -\|\bar{s}\|_2 < 0,$$

wobei die Negativität daraus folgt, dass x als nichtkritischer Punkt vorausgesetzt ist.

Aus Satz 6.2.6 können wir allerdings *nicht* schließen, durch welches $\bar{d}$ der Minimalwert $\min_{d \in B_\leq(0,1)} f'(x, d)$ realisiert wird. Dafür nutzen wir stattdessen Gl. (6.2), die

$$\min_{d \in B_\leq(0,1)} f'(x, d) = \langle \bar{s}, \bar{d} \rangle = -\|\bar{s}\|_2$$

liefert. Daraus folgt die noch fehlende Behauptung $\bar{d} = -\bar{s}/\|\bar{s}\|_2$. $\qquad \Box$

6.3.3 Übung Wie lauten die für den Sattelpunkt aus dem Beweis zu Satz 6.3.2 relevanten Hilfsfunktionen $\underline{e}$ und $\overline{e}$?

6.4 Zulässige Abstiegsrichtungen im restringierten Fall

Wir betrachten jetzt wieder das restringierte Problem, eine konvexe Funktion f auf einer konvexen Menge $X \subseteq \mathbb{R}^n$ zu minimieren. Da wir die Ergebnisse zu einseitigen Richtungsableitungen von f in Abschn. 3.2 nicht an Randpunkten von X bewiesen haben, setzen wir im Folgenden die Konvexität von f nicht nur auf X voraus, sondern auf ganz $\mathbb{R}^n$. Die Resultate gelten aber auch allgemeiner für nur auf X konvexe Funktionen f [16].

Für die folgenden Argumente erinnern wir an den Begriff des Tangentialkegels

$$C(x, X) = \{d \in \mathbb{R}^n \,|\, \exists t^k \searrow 0, \, d^k \to d : \forall k \in \mathbb{N} : \; x + t^k d^k \in X\}$$

an X in x aus Definition 4.2.2. Wenn man die Richtungen aus $C(x, X)$ als „nach erster Ordnung zulässige Richtungen" auffasst, dann besagt das folgende Resultat, dass an einem globalen Minimalpunkt x keine nach erster Ordnung zulässige Abstiegsrichtung erster Ordnung existieren kann.

6.4.1 Lemma *Die Menge $X \subseteq \mathbb{R}^n$ und die Funktion $f : \mathbb{R}^n \to \mathbb{R}$ seien konvex, und x sei globaler Minimalpunkt von f auf X. Dann existiert kein $d \in C(x, X)$ mit $f'(x, d) < 0$.*

Beweis Es sei $d \in C(x, X)$. Dann gibt es Folgen $t^k \searrow 0$ und $d^k \to d$ mit $x + t^k d^k \in X$ für alle $k \in \mathbb{N}$. Da x globaler Minimalpunkt ist, erhalten wir $f(x + t^k d^k) \geq f(x)$ und damit

$$\frac{f(x + t^k d^k) - f(x)}{t^k} \geq 0$$

für alle $k \in \mathbb{N}$. Wie im Beweis von Lemma 4.2.3 sieht man mit Hilfe der lokalen Lipschitz-Stetigkeit von f an x, dass die linke Seite dieser Ungleichung gegen $f'(x, d)$ konvergiert. Es folgt die Behauptung $f'(x, d) \geq 0$.   □

Als Nächstes beweisen wir den bereits in Bemerkung 2.3.3 erwähnten Zusammenhang zwischen Tangential- und Normalenkegel. Dazu führen wir den Begriff des Polarkegels ein.

6.4.2 Definition (Polarkegel)
Für eine Menge $A \subseteq \mathbb{R}^n$ heißt

$$A° = \{s \in \mathbb{R}^n \mid \langle s, d \rangle \leq 0 \text{ für alle } d \in A\}$$

Polarkegel von A.

Den in Definition 2.3.1 eingeführten Normalenkegel an eine konvexe Menge X können wir damit als

$$N(x, X) = (X - x)°$$

schreiben. Er besitzt auch die folgende alternative Darstellung als Polarkegel des Tangentialkegels.

6.4.3 Lemma *Die Menge $X \subseteq \mathbb{R}^n$ sei konvex. Dann gilt für jedes $x \in X$*

$$N(x, X) = C°(x, X).$$

Beweis Es seien $x \in X$ und $s \in N(x, X)$. Für jedes $d \in C(x, X)$ existieren Folgen $t^k \searrow 0$ und $d^k \to d$ mit $x + t^k d^k \in X$ für alle $k \in \mathbb{N}$. Per Definition von $N(x, X)$ gilt dann

$$0 \geq \langle s, (x + t^k d^k) - x \rangle = t^k \langle s, d^k \rangle,$$

woraus $0 \geq \langle s, d^k \rangle$ und im Grenzübergang $0 \geq \langle s, d \rangle$ folgt, also $s \in C°(x, X)$.

Andererseits sei ein $s \notin N(x, X)$ gegeben. Dann existiert ein $y \in X$ mit $\langle s, y - x \rangle > 0$. Mit $\bar{d} := y - x$ sowie den Folgen $t^k := 1/k$ und $d^k \equiv \bar{d}$ erhalten wir wegen $x, y \in X$ und der Konvexität von X ferner

$$x + t^k d^k = x + \frac{1}{k}(y - x) \in X$$

für alle $k \in \mathbb{N}$. Wir haben also ein $\bar{d} \in C(x, X)$ mit $\langle s, \bar{d} \rangle > 0$ konstruiert, was den Beweis beendet. □

Der Begriff des Tangentialkegels ist auch für nichtkonvexe Mengen X sinnvoll, so dass Lemma 6.4.3 die Möglichkeit einer Verallgemeinerung der Definition des Normalenkegels von konvexen auf nichtkonvexe Mengen X liefert [25]. Davon machen wir hier aber keinen Gebrauch. Allerdings halten wir eine spezielle Eigenschaft des Tangentialkegels für den Fall einer konvexen Menge X fest.

6.4.4 Übung Die Menge $X \subseteq \mathbb{R}^n$ sei konvex. Zeigen Sie, dass dann für jedes $x \in X$ auch der Tangentialkegel $C(x, X)$ konvex ist.

Da $C(x, X)$ nach Lemma 4.2.5 für alle $x \in X$ außerdem ein abgeschlossener Kegel ist, handelt es sich beim Tangentialkegel an eine konvexe Menge X um einen abgeschlossenen konvexen Kegel. Die Menge der normierten Tangentialrichtungen $C(x, X) \cap B_\leq(0, 1)$ ist demnach nichtleer, kompakt und konvex.

Wir können jetzt die gewünschte notwendige Stationaritätsbedingung für restringierte konvexe Probleme beweisen.

6.4.5 Satz *Die Menge $X \subseteq \mathbb{R}^n$ und die Funktion $f : \mathbb{R}^n \to \mathbb{R}$ seien konvex, und x sei ein globaler Minimalpunkt von f auf X. Dann ist x ein stationärer Punkt von f auf X.*

Beweis Der Punkt $x \in X$ sei nicht stationär für f auf X. Wir zeigen, dass x dann kein globaler Minimalpunkt sein kann.

Da x nicht stationär ist, gilt nach Übung 6.1.2 $\partial f(x) \cap (-N(x, X)) = \emptyset$, also $-s \notin N(x, X)$ für jedes $s \in \partial f(x)$. Mit Lemma 6.4.3 folgt daraus für jedes $s \in \partial f(x)$ die Existenz eines $d \in C(x, X) \cap B_\leq(0, 1)$ mit

$$\langle -s, d \rangle > 0.$$

Da die Menge der normierten Tangentialrichtungen $C(x, X) \cap B_\leq(0, 1)$ nichtleer und kompakt ist, impliziert Letzteres für jedes $s \in \partial f(x)$

$$\min_{d\in C(x,X)\cap B_\le(0,1)} \langle s,d\rangle \;<\; 0.$$

Diese Funktion ist nach [26] stetig in s, so dass mit Satz 4.1.20 außerdem

$$\max_{s\in\partial f(x)} \min_{d\in C(x,X)\cap B_\le(0,1)} \langle s,d\rangle \;<\; 0$$

folgt. Aus diesem Grund sind wir an der Existenz eines Sattelpunkts der Funktion $e(s,d) = \langle s,d\rangle$ auf der Menge $\partial f(x) \times (C(x,X)\cap B_\le(0,1))$ interessiert. Da sowohl das Subdifferential $\partial f(x)$ als auch die Menge der normierten Tangentialrichtungen $C(x,X)\cap B_\le(0,1)$ nichtleer, kompakt und konvex sind, liefert Satz 6.2.6 tatsächlich die Existenz dieses Sattelpunkts.

Ohne explizite Kenntnis dieses Sattelpunkts (im Gegensatz zum Beweis von Satz 6.3.2) schließen wir daraus mit der Minimax-Gleichung (6.1) und Satz 4.1.31

$$0 > \max_{s\in\partial f(x)} \min_{d\in C(x,X)\cap B_\le(0,1)} \langle s,d\rangle \;=\; \min_{d\in C(x,X)\cap B_\le(0,1)} \max_{s\in\partial f(x)} \langle s,d\rangle$$
$$=\; \min_{d\in C(x,X)\cap B_\le(0,1)} f'(x,d).$$

Also existiert eine Richtung $\bar d \in C(x,X)\cap B_\le(0,1)$ mit $f'(x,\bar d) < 0$. Lemma 6.4.1 schließt dann wie gewünscht aus, dass x globaler Minimalpunkt von f auf X ist. □

Lemma 6.1.3 und Satz 6.4.5 liefern wieder eine Charakterisierung globaler Minimalpunkte als stationäre Punkte.

6.4.6 Korollar *Die Menge $X \subseteq \mathbb{R}^n$ und die Funktion $f : \mathbb{R}^n \to \mathbb{R}$ seien konvex. Dann stimmen die globalen Minimalpunkte von f auf X genau mit den stationären Punkten von f auf X überein.*

Es sei betont, dass die notwendige Optimalitätsbedingung aus Satz 6.4.5 und damit auch Korollar 6.4.6 ohne die Voraussetzung einer Constraint Qualification auskommen. Eine solche ließe sich auch gar nicht formulieren, da in diesen Ergebnissen keine funktionale Beschreibung der Restriktionsmenge X vorliegt. Der folgende Abschnitt zeigt, wie sich eine solche Beschreibung zusätzlich ausnutzen lässt.

6.5 Karush-Kuhn-Tucker-Punkte im nichtglatten Fall

Wir betrachten die Minimierung einer konvexen Funktion $f : \mathbb{R}^n \to \mathbb{R}$ über der zulässigen Menge $M := g_\le^0$ mit einer konvexen Funktion $g : \mathbb{R}^n \to \mathbb{R}$, also das konvex beschriebene

Optimierungsproblem

$$P: \quad \min \ f(x) \quad \text{s.t.} \quad g(x) \leq 0.$$

Die scheinbar allgemeinere funktionale Beschreibung $M = \{x \in \mathbb{R}^n \,|\, g_i(x) \leq 0, \ i \in I\}$ der zulässigen Menge mit endlich vielen konvexen Funktionen $g_i, \ i \in I$, lässt sich durch die Definition $g = \max_{i \in I} g_i$ auf den Fall einer einzelnen konvexen Funktion zurückführen, da die Glattheit von g hier keine Rolle spielt.

6.5.1 Definition (Karush-Kuhn-Tucker-Punkt – nichtglatter Fall)
Für ein konvex beschriebenes Optimierungsproblem P heißt ein Punkt $\bar{x} \in \mathbb{R}^n$ *Karush-Kuhn-Tucker-Punkt* (*KKT-Punkt*) mit Multiplikator $\bar{\lambda}$, falls das System

$$0 \in \partial f(\bar{x}) + \bar{\lambda}\, \partial g(\bar{x}), \qquad (6.3)$$
$$0 = \bar{\lambda}\, g(\bar{x}), \qquad (6.4)$$
$$0 \leq \bar{\lambda}, \qquad (6.5)$$
$$0 \geq g(\bar{x}) \qquad (6.6)$$

erfüllt ist.

Die Aussagen in (6.4), (6.5) und (6.6) bilden eine *Komplementaritätsbedingung*. Sie sorgt neben der Zulässigkeit von $\bar{x}$ im Wesentlichen dafür, dass im Fall $g(\bar{x}) < 0$ (also bei Inaktivität von g an $\bar{x}$) der Multiplikator $\bar{\lambda}$ den Wert null besitzen muss, während für $g(\bar{x}) = 0$ die Wahl $\lambda \geq 0$ möglich ist. Auch im glatten Fall (Definition 1.7.1) lassen sich die Karush-Kuhn-Tucker-Bedingungen mit Hilfe von Komplementaritätsbedingungen anstelle von Aktive-Index-Mengen $I_0(\bar{x})$ angeben [24, 25].

Für KKT-Punkte im nichtglatten konvexen Fall können wir analoge Resultate zeigen wie im glatten konvexen Fall. Wir beginnen mit der Verallgemeinerung der hinreichenden Optimalitätsbedingung aus Satz 1.7.5, die wie im glatten Fall ohne Constraint Qualification auskommt.

6.5.2 Satz *Für ein konvex beschriebenes Optimierungsproblem P sei $\bar{x}$ sei ein KKT-Punkt. Dann ist $\bar{x}$ globaler Minimalpunkt von P.*

Beweis Wir zeigen die Stationarität von $\bar{x}$ für P im Sinne von Definition 6.1.1, weil Lemma 6.1.3 dann die Behauptung liefert. Tatsächlich folgt aus (6.6) zunächst die Zulässigkeit $\bar{x} \in M$, und (6.3) und (6.5) implizieren die Existenz eines $\bar{s} \in \partial f(\bar{x})$ mit

$-\bar{s} \in \mathrm{ray}(\partial g(\bar{x}))$. Nach Lemma 4.3.5 liegt $-\bar{s}$ auch in $N(\bar{x}, M)$, so dass die Menge $\partial f(\bar{x}) \cap (-N(\bar{x}, M))$ nichtleer ist. Letzteres ist gleichbedeutend zur Stationarität von $\bar{x}$ (Übung 6.1.2). $\qquad\square$

Wie zu erwarten ist für die Verallgemeinerung der *notwendigen* Optimalitätsbedingung aus Satz 1.7.4 eine Constraint Qualification erforderlich.

> **6.5.3 Satz** *Für ein konvex beschriebenes Optimierungsproblem P erfülle M die SB, und $\bar{x} \in M$ sei ein Minimalpunkt von P. Dann ist $\bar{x}$ KKT-Punkt von P.*

Beweis Nach Satz 6.4.5 ist jeder Minimalpunkt $\bar{x}$ von P stationär; es gilt also $\bar{x} \in M$ und $0 \in \partial f(\bar{x}) + N(\bar{x}, M)$. Wir unterscheiden die beiden Fälle $g(\bar{x}) < 0$ und $g(\bar{x}) = 0$. Im ersten Fall ist $\bar{x}$ innerer Punkt von M, was nach Übung 2.3.2 $N(\bar{x}, M) = \{0\}$ impliziert, also $g(\bar{x}) < 0$ und $0 \in \partial f(\bar{x})$. Daher lassen sich die Bedingungen in (6.3) bis (6.6) mit $\bar{\lambda} = 0$ erfüllen, und $\bar{x}$ ist KKT-Punkt.

Im Fall $g(\bar{x}) = 0$ gilt nach Satz 4.3.6 die Beziehung $N(\bar{x}, M) = \mathrm{ray}(\partial g(\bar{x}))$, und wir erhalten $0 \in \partial f(\bar{x}) + \mathrm{ray}(\partial g(\bar{x}))$. Folglich existiert ein $\bar{s} \in \partial f(\bar{x})$ mit $-\bar{s} \in \mathrm{ray}(\partial g(\bar{x}))$, was wiederum die Existenz eines $\bar{\lambda} \geq 0$ und eines $\bar{t} \in \partial g(\bar{x})$ mit $-\bar{s} = \bar{\lambda}\bar{t}$ nach sich zieht. Es gilt also $0 = \bar{s} + \bar{\lambda}\bar{t}$ mit $\bar{s} \in \partial f(\bar{x})$ und $\bar{t} \in \partial g(\bar{x})$, womit (6.3) und (6.5) bewiesen sind. Die Aussagen in (6.4) und (6.6) folgen aus der Aktivität von g an $\bar{x}$, so dass $\bar{x}$ insgesamt auch in diesem Fall ein KKT-Punkt ist. $\qquad\square$

Wir notieren noch die aus Satz 6.5.2 und Satz 6.5.3 resultierende Charakterisierung globaler Minimalpunkte.

> **6.5.4 Korollar** *Für ein konvex beschriebenes Optimierungsproblem P erfülle M die SB. Dann stimmen die globalen Minimalpunkte mit den KKT-Punkten von P überein.*

6.5.5 Beispiel

Wir betrachten bezüglich der ℓ_1-Norm die Projektion eines Punkts $z \in \mathbb{R}^n$ auf einen Halbraum $H_\leq(a, b) = \{x \in \mathbb{R}^n | \langle a, x \rangle \leq b\}$ mit $a \in \mathbb{R}^n \setminus \{0\}$ und $b \in \mathbb{R}$, also das nichtglatte Projektionsproblem

$$Pr_1(z, H_\leq(a, b)): \quad \min_x \|x - z\|_1 \quad \text{s.t.} \quad \langle a, x \rangle \leq b$$

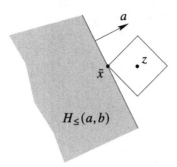

Abb. 6.2 ℓ_1-Projektionsproblem

(Abb. 6.2). Da für $\langle a, z \rangle \leq b$ ein globaler Minimalpunkt durch $\bar{x} = z$ gegeben ist, interessieren wir uns im Folgenden nur für den Fall $\langle a, z \rangle > b$.

Die Zielfunktion $f(x) := \|x - z\|_1$ ist nach Übung 1.3.4 und Übung 1.3.5 konvex, und die Restriktionsfunktion $g(x) := \langle a, x \rangle - b$ ist als lineare Funktion ebenfalls konvex. Das Problem $Pr_1(z, H_\leq(a, b))$ ist also konvex beschrieben. Außerdem erfüllt seine zulässige Menge die SB. Daher stimmen seine globalen Minimalpunkte nach Korollar 6.5.4 mit seinen KKT-Punkten überein.

Ein Punkt $\bar{x}$ ist genau dann KKT-Punkt von $Pr_1(z, H_\leq(a, b))$, wenn ein $\bar{\lambda}$ mit

$$0 \in \partial f(\bar{x}) + \bar{\lambda}\, \partial g(\bar{x}),$$
$$0 = \bar{\lambda}\, (\langle a, \bar{x} \rangle - b),$$
$$0 \leq \bar{\lambda},$$
$$0 \geq \langle a, \bar{x} \rangle - b$$

existiert. Aus Satz 4.1.34 und Beispiel 4.1.12 folgt mit der dort definierten Vorzeichen-abbildung

$$\partial f(\bar{x}) = \mathrm{conv}(\mathrm{sign}(\bar{x} - z)),$$

und außerdem gilt $\partial g(\bar{x}) = \{a\}$. Die erste Zeile der KKT-Bedingungen ist also gleich-bedeutend mit

$$-\bar{\lambda}\, a \in \mathrm{conv}(\mathrm{sign}(\bar{x} - z)).$$

Es sei $k \in \{1, \dots, n\}$ ein Index mit $|a_k| = \|a\|_\infty$. Dann folgt $a_k \neq 0$ aus $a \neq 0$, so dass wir den Punkt $\bar{x} \in \mathbb{R}^n$ mit

$$\bar{x}_i = \begin{cases} z_i, & i \neq k \\ \left(b - \sum_{j \neq k} a_j z_j\right)/a_k, & i = k \end{cases}$$

definieren dürfen. Wir zeigen im Folgenden, dass $\bar{x}$ ein KKT-Punkt mit Multiplikator $\bar{\lambda} = \|a\|_\infty^{-1}$ ist.

Tatsächlich gilt $\bar{x}_i - z_i = 0$ und damit $\text{sign}(\bar{x}_i - z_i) = \{\pm 1\}$ für jedes $i \neq k$ sowie

$$\bar{x}_k - z_k = \left(b - \sum_{j \neq k} a_j z_j \right) / a_k - z_k = \frac{b - \langle a, z \rangle}{a_k} = \text{sign}(a_k) \frac{b - \langle a, z \rangle}{\|a\|_\infty},$$

woraus wegen $b - \langle a, z \rangle < 0$

$$\text{sign}(\bar{x}_k - z_k) = -\text{sign}(a_k)$$

folgt (wir haben hier zur Vereinfachung der Notation die einpunktige Menge $\text{sign}(a_k)$ durch ihr Element ersetzt). Wir erhalten also

$$\partial f(\bar{x}) = \text{conv}(\text{sign}(\bar{x} - z)) = \text{conv}(\{\pm 1\} \times \ldots \times \{-\text{sign}(a_k)\} \times \ldots \times \{\pm 1\})$$
$$= \{s \in B_\infty(0, 1) | \, s_k = -\text{sign}(a_k)\}.$$

Wegen $a \neq 0$ dürfen wir den Multiplikator $\bar{\lambda} = \|a\|_\infty^{-1} > 0$ bilden. Mit ihm gilt $-\bar{\lambda} a \in B_\infty(0, 1)$ und

$$\left(-\bar{\lambda} a\right)_k = -\frac{a_k}{\|a\|_\infty} = -\frac{a_k}{|a_k|} = -\text{sign}(a_k),$$

insgesamt also $-\bar{\lambda} a \in \text{conv}(\text{sign}(\bar{x} - z))$.

Es bleibt zu zeigen, dass $\bar{x}$ auch die Komplementaritätsbedingung erfüllt. Wegen

$$\langle a, \bar{x} \rangle = \sum_{i \neq k} a_i z_i + a_k \left(b - \sum_{j \neq k} a_j z_j \right) / a_k = b$$

folgt sie aus der Aktivität der Ungleichung $\langle a, x \rangle \leq b$.

Dies zeigt, dass für jedes $k \in \{1, \ldots, n\}$ mit $|a_k| = \|a\|_\infty$ der so definierte Punkt $\bar{x}$ ein KKT-Punkt und damit ein globaler Minimalpunkt von $Pr_1(z, H_\leq(a, b))$ ist. Da der Index k nicht notwendigerweise eindeutig ist, kann $Pr_1(z, H_\leq(a, b))$ mehrere globale Minimalpunkte besitzen. Weil es sich bei $Pr_1(z, H_\leq(a, b))$ um ein konvexes Optimierungsproblem handelt, besteht dann auch die gesamte konvexe Hülle dieser Punkte aus globalen Minimalpunkten ([24]; Übung 6.5.6). Im Gegensatz zum Projektionsproblem bezüglich der euklidischen Norm (Abschn. 2.3) ist $Pr_1(z, H_\leq(a, b))$ also nicht notwendigerweise eindeutig lösbar.

Zur Bestimmung des optimalen *Werts* von $Pr_1(z, H_\leq(a, b))$ genügt die Kenntnis eines einzigen Optimalpunkts. Wir erhalten für ein beliebiges $k \in \{1, \ldots, n\}$ mit $|a_k| = \|a\|_\infty$

$$\|\bar{x} - z\|_1 = |\bar{x}_k - z_k| = \left| \text{sign}(a_k) \frac{b - \langle a, z \rangle}{\|a\|_\infty} \right| = \frac{\langle a, z \rangle - b}{\|a\|_\infty}.$$

◄

6.5.6 Übung Modifizieren Sie die Situation aus Abb. 6.2 so, dass die Menge der globalen Optimalpunkte von $Pr_1(z, H_{\leq}(a, b))$ nicht eindeutig ist.

Projektionsprobleme bezüglich der ℓ_1-Norm mit der speziellen Wahl $z = 0$ werden in der Datenanalyse häufig betrachtet, um *dünnbesetzte (sparse)* Lösungen von Ungleichungs- oder Gleichungssystemen zu erzeugen. Beispiel 6.5.5 zeigt für den Fall $b < 0$, dass in jedem Optimalpunkt $\bar{x}$ von $Pr_1(0, H_{\leq}(a, b))$ die Gleichung $\langle a, \bar{x} \rangle = b$ gilt, wobei sich nur *ein* Eintrag von $\bar{x}$ von null unterscheidet. Der Optimalwert beträgt $|b| / \|a\|_{\infty}$.

6.5.7 Übung Bestimmen Sie einen Optimalpunkt und den optimalen Wert des Problems

$$Pr_1(0, H_{=}(a, b)) : \quad \min_x \|x\|_1 \quad \text{s.t.} \quad \langle a, x \rangle = b$$

mit $a \in \mathbb{R}^n \setminus \{0\}$ und $b \in \mathbb{R}$.

Literatur

1. Bagirov, A., Karmitsa, N., Mäkelä, M.M.: Introduction to Nonsmooth Optimization. Springer, Cham (2014)
2. Belousov, E.G., Andronov, V.G.: Solvability and Stability for Problems of Polynomial Programming. Moscow University Publications, Moscow (1993). (in Russian)
3. Bertsekas, D.P.: Convex Analysis and Optimization. Athena Scientific, Belmont MA (2003)
4. Borwein, J., Lewis, A.: Convex Analysis and Nonlinear Optimization: Theory and Examples, 2. Aufl. Springer, New York (2006)
5. Boyd, S., Vandenberghe, L.: Convex Optimization. Cambridge University Press, Cambridge (2004)
6. Clarke, F.H.: Optimization and Nonsmooth Analysis. Society for Industrial and Applied Mathematics, Philadelphia PA (1990)
7. Fischer, G.: Lineare Algebra. SpringerSpektrum, Berlin (2014)
8. Güler, O.: Foundations of Optimization. Springer, Berlin (2010)
9. Heuser, H.: Lehrbuch der Analysis, Teil 2. SpringerVieweg, Wiesbaden (2008)
10. Hiriart-Urruty, J.-B., Lemaréchal, C.: Fundamentals of Convex Analysis. Springer, Berlin (2001)
11. Hoffman, A.J.: On approximate solutions of systems of linear inequalities. J. Res. Nat. Bur. Stan. **49**, 263–265 (1952)
12. Jänich, K.: Lineare Algebra. Springer, Berlin (2008)
13. Klatte, D., Li, W.: Asymptotic constraint qualifications and global error bounds for convex inequalities. Math. Program. **84**, 137–160 (1999)
14. Lewis, A.S., Pang, J.-S.: Error bounds for convex inequality systems. In: Crouzeix, J.P., Martinez-Legaz, J.E., Volle, M. (Hrsg.) Generalized Convexity, Generalized Monotonicity: Recent Results, S. 75–110. Kluwer Academic Publishers, Dordrecht (1998)
15. Li, X.: An aggregate function method for nonlinear programming. Sci. China **34**, 1467–1473 (1991)
16. Mordukhovich, B., Nam, N.M.: An Easy Path to Convex Analysis and Applications. Morgan & Claypool Publishers, San Rafael CA (2014)
17. Nickel, S., Puerto, J.: Location Theory: A Unified Approach. Springer, Berlin (2005)
18. Nickel, S., Stein, O., Waldmann, K.-H.: Operations Research, 2. Aufl., SpringerGabler, Berlin (2014)
19. Robinson, S.M.: An application of error bounds for convex programming in a linear space. SIAM J. Control Optim. **13**, 271–273 (1975)
20. Rockafellar, R.T.: Convex Analysis. Princeton University Press, Princeton (1970)

© Der/die Autor(en), exklusiv lizenziert durch Springer-Verlag GmbH, DE, ein Teil von Springer Nature 2021
O. Stein, *Grundzüge der Konvexen Analysis,*
https://doi.org/10.1007/978-3-662-62757-0

21. Rockafellar, R.T., Wets, R.J.B.: Variational Analysis. Springer, Berlin (1998)
22. Rudin, W.: Functional Analysis. McGraw-Hill, New York (1991)
23. Stein, O.: Twice differentiable characterizations of convexity notions for functions on full dimensional convex sets. Schedae Informaticae **21**, 55–63 (2012)
24. Stein, O.: Grundzüge der Globalen Optimierung, 2. Aufl., SpringerSpektrum, Berlin (2021)
25. Stein, O.: Grundzüge der Nichtlinearen Optimierung, 2. Aufl., SpringerSpektrum, Berlin (2021)
26. Stein, O.: Gundzüge der Parametrischen Optimierung. SpringerSpektrum, Berlin (2021)
27. Stein, O., Steuermann, P.: On smooth relaxations of obstacle sets. Optim. Eng. **15**, 3–33 (2014)
28. Ziegler, G.M.: Lectures on Polytopes. Springer, New York (1995)

Stichwortverzeichnis

© Der/die Autor(en), exklusiv lizenziert durch Springer-Verlag GmbH, DE, ein Teil von   179
Springer Nature 2021
O. Stein, *Grundzüge der Konvexen Analysis*,
https://doi.org/10.1007/978-3-662-62757-0

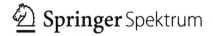

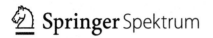

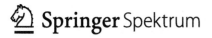

Printed in the United States
By Bookmasters